JN117159

はしがき

　環境法を学ぶにあたり，法律学の他の分野と異なる，環境法ならではの特殊性がいくつかある。

　まず，「学際性」である。自然科学を理解することで環境法の必要性がより明確になるため，環境法を学ぶ際には，各種環境問題のメカニズムに対する理解や，身近な自然環境に慣れ親しむことが必要といえる。

　次に，「協働性」である。環境問題は全人類共通の解決すべき課題であることから，環境法も法律学を専門に学ぶ者に閉じられたものであってはならず，多種多様な分野の専門家や市民も積極的に環境法を学び，彼ら同士による環境法に関するコミュニケーションも必要といえる。

　そして，「未来性」である。法律学は基本的に行為を行った時点や現時点を基準に判断する。しかし，環境法は未来に目を向けた学問であり，将来世代がよりよい生活を送ることができるようなルールづくりが必要といえる。

　このような特殊性から考えると，環境法は，「将来世代」と「共生」するための未来を創造するための学問といえるのではないだろうか。

　また，環境法は，過去・現在・未来をつなぐものであり，「未来」は，過去・現在を知らずして創造できるものではない。最近，気候変動が原因と思われる災害のニュースを多く聞く。しかし，その原因となるこれまでの人間の行動には，どこか「他人事」になっていないだろうか。過去・現在の生活の営みがこのような事態を引き起こしているのだとしたら，それを変えていかなくてはならないだろう。現状のままでも「自分さえ逃げ切れればよい」と思うかもしれないが，実際には，いずれ近いうちに私たち自身，さもなければ子どもや孫の世代で問題になるのは必至である。だからこそ，「今」考えなくてはいけない。

　本書は，単なる「環境法」ではなく「将来世代との共生」というサブタイトルがついている。これは，上述のような環境法が目指すものを意識しての

ことである。本書のコンセプトは，環境法を法政策の観点から網羅的に取り上げて紹介することはもちろん，環境法が作られる背景としての過去を振り返りつつも，「将来世代の目線」で現行制度の特徴と課題を挙げるというものである。

そして，環境問題は，いまや地域を超え，国を超え，世界規模で問題になっている。環境基本法はその理念のひとつとして，「国際的協調による地球環境問題の積極的推進」を掲げているが，海洋プラスチック問題などは，発生源である各国内の廃棄物処理関係法における対策が肝要であるとともに，流出してしまったものについては国際条約によって国際的協働が求められている。こうした国内法と国際法の連携を強く意識させることができるように，同じ問題であっても国内法と国際法のそれぞれの個所で詳しく議論する工夫を凝らしてみた。

さらに，本書は基本的には学部学生向けの教科書であるものの，疑義のある問題や外国法の知見なども，脚注やコラムにおいて積極的に取り上げ，「研究書」にやや近づけるようにして，大学院以上の学習や研究においても利用されることを想定している。

本書の読者，すなわち，現在世代であるわれわれが，「将来世代」の目線で環境問題を解決する法のあり方を考え，「共生」するための一助になれば幸いである。

地球沸騰化の時代を迎えた夏の日に
編者を代表して
長島光一

目　次

法令・条約名略称一覧

　本書で取り上げた法令および条約のうち，略称で紹介されることが一般的なものについて，その一覧を下記に記す。

【国内法】

エネルギー供給強靱化法：強靱かつ持続可能な電気供給体制の確立を図るための電気事業法等の一部を改正する法律

オゾン層保護法：特定物質等の規制等によるオゾン層の保護に関する法律

海岸漂着物処理法：美しく豊かな自然を保護するための海岸における良好な景観及び環境並びに海洋環境の保全に係る海岸漂着物等の処理等の推進に関する法律

海洋汚染防止法：海洋汚染等及び海上災害の防止に関する法律

化管法／PRTR法：特定化学物質の環境への排出量の把握等及び管理の改善の促進に関する法律

化審法：化学物質の審査及び製造等の規制に関する法律

家電リサイクル法：特定家庭用機器再商品化法

カルタヘナ法：遺伝子組換え生物等の使用等の規制による生物の多様性の確保に関する法律

環境配慮促進法：環境情報の提供の促進等による特定事業者等の環境に配慮した事業活動の促進に関する法律

外来生物法：特定外来生物による生態系等に係る被害の防止に関する法律

グリーン購入法：国等による環境物品等の調達の推進等に関する法律

建設資材リサイクル法：建設工事に係る資材の再資源化等に関する法律

公健法：公害健康被害補償法

原子炉等規制法：核原料物質，核燃料物質及び原子炉の規制に関する法律

原賠法：原子力損害の賠償に関する法律

工場排水規制法：工場排水等の規制に関する法律

小型家電リサイクル法：使用済小型電子機器等の再資源化の促進に関する法律

再エネ特措法／FIT法：電気事業者による再生可能エネルギー電気の調達に関する特別措置法

里地里山法／生物多様性地域連携促進法：地域における多様な主体の連携による生物の多様性の保全のための活動の促進等に関する法律

GX 推進法：脱炭素成長型経済構造への円滑な移行の推進に関する法律

資源有効利用促進法：資源の有効な利用の促進に関する法律

自動車 NOx・PM 法：自動車から排出される窒素酸化物及び粒子状物質の特定地域における総量の削減等に関する特別措置法

自動車リサイクル法：使用済自動車の再資源化等に関する法律

種の保存法：絶滅のおそれのある野生動植物の種の保存に関する法律

循環基本法：循環型社会形成推進基本法

食品リサイクル法：食品循環資源の再生利用等の促進に関する法律

JOGMEC 法：独立行政法人石油天然ガス・金属鉱物資源機構法

水質保全法：公共用水域の水質の保全に関する法律

水質二法：水質保全法及び工場排水規制法

政府補償契約法：原子力損害賠償補償契約に関する法律

地球温暖化対策法／温対法：地球温暖化対策の推進に関する法律

鳥獣保護管理法：鳥獣の保護及び管理並びに狩猟の適正化に関する法律（鳥獣の保護及び狩猟の適正化に関する法律（鳥獣保護法）を2014年改正で名称変更）

電源三法：電源開発促進税法，電源開発促進対策特別会計法，発電用施設周辺地域整備法

毒劇法：毒物及び劇物取締法

ばい煙規制法：ばい煙の排出の規制等に関する法律

廃棄物処理法／廃掃法：廃棄物の処理及び清掃に関する法律

バーゼル国内法：特定有害廃棄物等の輸出入等の規制に関する法律

ビル用水法：建築物用地下水の採取の規制に関する法律

プラスチック資源循環促進法：プラスチックに係る資源循環の促進等に関する法律

放射性物質汚染対処特措法：平成23年3月11日に発生した東北地方太平洋沖地震に伴う原子力発電所の事故により放出された放射性物質による環境の汚染への対処に関する特別措置法

容器包装リサイクル法：容器包装に係る分別収集及び再商品化の促進等に関する法律

【条約】

油汚染事故公海措置条約：油による汚染を伴う事故の場合における公海上の措置

に関する国際条約

オーフス条約：環境問題における情報へのアクセス，意思決定への市民参加及び
　司法へのアクセスに関する条約

海水油濁防止条約：油による海水の汚濁の防止のための国際条約

カルタヘナ議定書：生物の多様性に関する条約のバイオセーフティに関するカル
　タヘナ議定書

気候変動枠組条約：気候変動に関する国際連合枠組条約

京都議定書：気候変動に関する国際連合枠組条約京都議定書

国連海洋法条約：海洋法に関する国際連合条約

世界遺産条約：世界の文化遺産及び自然遺産の保護に関する条約

生物多様性条約：生物の多様性に関する条約

バーゼル条約：有害廃棄物の国境を越える移動及びその処分の規制に関するバー
　ゼル条約

バラスト水管理条約：船舶のバラスト水および沈殿物の規制および管理のための
　国際条約

ロンドン条約：廃棄物その他の物の投棄による海洋汚染の防止に関する条約

ワシントン条約：絶滅のおそれのある野生動植物の種の国際取引に関する条約

AFS 条約：船舶の有害防汚方法規制条約

CLC 条約：油による汚染損害についての民事責任に関する国際条約

FC 条約：油による汚染損害の補償のための国際基金の設立に関する国際条約

HNS 条約：危険及び有害物質の船舶による海上輸送に伴う損害についての責任並
　びに賠償及び補償に関する国際条約

MARPOL 条約／海洋汚染防止条約：1978年の議定書によって修正された1973年
　の船舶による汚染の防止のための国際条約

MARPOL 条約議定書：1973年の船舶による汚染の防止のための国際条約に関す
　る1978年の議定書

OPRC 条約：油汚染準備対応協力国際条約

POPs 条約：残留性有機汚染物質に関するストックホルム条約

第**1**章

環境法のパラダイム転換

▌Ⅰ 戦前の公害〜２つの鉱山問題

1 足尾銅山鉱毒事件

　わが国の環境問題，とくに環境法の発展生成の歴史をたどると，明治時代の鉱山問題を端緒として挙げることになる。明治政府は富国強兵国策のもとで，徳川幕府や各藩が所有していた鉱山の国有化を推進して石見銀山，生野銀山，足尾銅山，別子銅山，日立鉱山などの鉱山を大規模に開発し，これらの多くはその後に財閥企業に払い下げられた。このうち，1890年代に被害が深刻化し，被害農民による押し出し（強訴）や田中正造による明治天皇への直訴にまで発展した足尾銅山の鉱毒事件はあまりにも有名である[1]。足尾銅山は，1877年に古河市兵衛へ経営移管されたことにより生産技術の近代化が進み，銅の生産量が急伸し日本最大の銅山になった。これに伴い，渡良瀬川の洪水とあいまって鉱滓が流出し，下流の農地を汚染した。また，銅の精錬工程からの亜硫酸ガスにより，周辺の山林等の植物への被害も発生した。足尾銅山鉱毒事件は，明治政府が幾度となく鉱毒予防令を発出して，鉱毒を沈殿さるための渡良瀬遊水地として谷中村を水没させるなどの，強硬ともいえ

---

(1)下野新聞社編『田中正造物語』（随想舎，2010）53頁によれば，1890年8月23日の渡良瀬川大洪水を契機に鉱毒問題が広く認識され，同年10月11日に下野新聞に寄稿された長祐之の論文「足尾の鉱毒を如何せん」が「鉱毒」という語の嚆矢であるという。

る対策をいくつも講じて，鉱毒問題は一応の解決をみたとされてきた。しかし，渡良瀬川流域ではその後も鉱毒被害が拡大し，問題は戦後にまで尾を引き，煙害による山林の荒廃と植林・治山事業，流域の市町村と加害者側企業との間で公害防止協定が締結され，あるいは公害等調整委員会で調停がなされるなど，今日に至るまで完全解決には至っていない。

2　別子銅山鉱毒事件

　足尾銅山鉱毒事件とほぼ同時期に，現在の愛媛県新居浜市に所在する別子銅山からの銅精錬排ガスによる農業被害事件も発生している。わが国有数の巨大企業グループのひとつである住友グループは，元禄時代に別子銅山の経営を独占したことによってその礎を築いたとされる。明治時代になり，三井とならぶ大財閥として権勢を誇った住友による別子銅山開発はますます盛んになるが，足尾銅山鉱毒事件と同様に，鉱毒水による河川水汚染と精錬に伴って排出される亜硫酸ガスによる煙害が深刻化する。鉱毒水は河口域の漁民に対して漁業被害をもたらし，煙害は精錬所近在の農民に農業被害をもたらした。これに対して住友は虫害説を流布したり，直談判にやってくる農民らを警察力によって強制排除したり，はなはだしきは農地を買収して被害農民を小作人化するなどして，力ずくで解決しようとした。しかし，ついに呼吸器系疾患を病む被害者が現れて事態が深刻化すると，当時の住友財閥を実質的に掌握していた伊庭貞剛により1895年に新居浜の精錬所は四阪島という無人島へと移転させることが決定し，1904年に四阪島精錬場が本格始動した[2]。伊庭は，移転先である四阪島を自費で購入したばかりでなく，煙害により荒れ果てた別子の山に植林をして自然を回復させることにも心血を注いだ。ちなみに，この植林地を管理するために設立されたのが，のちの住友林業株式会社である。この伊庭の業績に対しては，田中正造をして「わが国銅山の模範なり」と言わしめたという。しかし，操業開始後から，瀬戸内海の気流により再び農業被害が発生した。そこで，住友は，農民に賠償金を支払

（2）作道洋太郎編著『住友財閥史』（教育社，1979）123頁。

うとともに，産銅量制限を含む厳しい協定を締結した[3]。

　ところで，足尾銅山鉱毒事件や別子銅山事件は，強権的な国家体制下において，農作物に対する深刻な財産的被害を受けた農民と政府および財閥企業との直接対決に終始したが，同じ財産的被害を司法的救済によって解決した事例も存在する。たとえば，「大阪アルカリ事件」[4]は，加害者側工場からの排ガスによる農作物に対する財産的被害に苦しんだ農民による損害賠償請求事件であり，大審院は原審を差戻し，差戻し後の控訴審[5]では原告勝訴判決が出ており，当時の政治状況を考慮すると極めて画期的なものであった。また，「信玄公旗掛松事件」[6]は，個人が所有する歴史的由来のある古木が，蒸気機関車のばい煙等によって枯死したことに対する損害賠償請求事件であり，一個人が国（鉄道院）を相手取った訴訟という点で目を見張るだけでなく，権利濫用の法理がはじめて適用されて勝訴した事例としてこれまた画期的であった。

Ⅱ　産業発展による激甚公害

1　公害立法の萌芽

　戦後になると，荒廃した国土の復興作業が優先課題とされ，1950年の朝鮮戦争特需をはずみとしてはじまる高度経済成長は急速に重工業化を推し進め，これに伴って全国各地で大規模な工場を汚染源とする公害問題が頻発した。当初は，本州製紙江戸川工場から放出されたパルプ廃液が下流の漁場を汚染し，それに抗議する浦安の漁民が1958年6月10日に本州製紙江戸川工場に乱入して警官隊と衝突した浦安事件[7]のように，財産的被害を訴えるもの

（3）独立行政法人環境再生機構大気環境・ぜん息などの情報館 Web サイト参照。
（4）大判大正5年12月22日民録22輯2474頁。
（5）大阪控判大正8年12月27日新聞1659号11頁。
（6）大判大正8年3月3日民録25輯356頁。
（7）宮本憲一『戦後日本公害史』（岩波書店，2014）45頁は，当該事件からわずか半年後に制定されたいわゆる水質二法について，「公害を根絶するよりも企業の公害対策の限度を決めるような調和的な性格を持ち，以後の法制の原型を作った」として手厳しい評価をする。

が多かったが，四大公害事件などは生命・健康を脅かす人身的被害を訴える
ものであり，公害被害の様相がより深刻なものへと変化して行った[8]。他方
で，人身的被害が顕著になると，被害者救済に対する関心は当事者のみなら
ず社会全体において最大関心事項となり，司法，行政，立法の三権が一丸と
なって法規制による対策に乗り出した。

　まず，地方自治体条例としては，1949年に東京都が他の自治体に先駆けて
全国ではじめて公害を規制する東京都工場公害防止条例を制定し，その後に
大阪府（1950年）や神奈川県（1951年）も同様の条例を制定するなど，全国
に条例制定の動きが拡大していった。このときは，国の規制法がまだ存在し
ていなかったため，条例における規制範囲，いわゆる上乗せ・横出し条例の
可否が問題とされた。つぎに，国の法律としては，前述の浦安事件をきっか
けとして1958年に水質保全法と工場排水規制法が制定された（これらの法律
をあわせて水質二法という）。しかし，問題が起きた地域のみに法が適用され
る指定水域制度が導入されたものの，産業の発展が優先されていたことか
ら，水域の指定が遅れ，水質汚濁が発生して深刻化してからようやく指定水
域とされるなど，対策が後手に回っているとの批判が強く寄せられていた。
実際に，水俣湾が指定水域とされたのは1969年になってからであり，このと
きすでに胎児性水俣病が確認されて久しく時間が経過していた[9]。また，四
日市ぜんそく事件をきっかけとして1962年にばい煙規制法（ばい煙の排出の
規制等に関する法律）が制定されたが，調和条項の存在，指定地域制の導
入，厳格な指定要件，地域指定の遅れ（四日市市は1966年に指定されてい
る），規制対象物質の少なさ（有害物質や自動車排気ガス対策は除外）など，水
質二法と同じ構造をとっていたことからやはり批判の対象とされた。当時

（8）西條辰義編著『フューチャー・デザイン　七世代を見据えた社会』（勁草書房，2015）
　　111頁は，四大公害訴訟事件の代表的な公害は，非常によく似た特徴があり，それは
　　いずれの問題においても環境に汚染物質を排出することによる影響に対する科学的知
　　見を欠いており，汚染物質の排出に対する認識が十分でなかったこと，またそれを取
　　り締まる法律が十分に整備されていない中で経済活動を最優先した結果として引き起
　　こされたこと，さらに，汚染は周辺住民に対して，目に見える形で人体の被害をもた
　　らしたことであり，当時は将来世代人どころか，同世代人への配慮すらできていな
　　かったためにこの悲惨な事態を招いたと指摘する。

の，政財界の環境政策に対する基本的な理念は，生活環境保全と産業振興の
調和を図るべしとする「調和論」であり，これをめぐる攻防が，日本の公害
対策の思想と現実を作って行くことになったとされる[10]。

2　高度経済成長の代償

　1967年には公害対策基本法が制定され，四大公害訴訟の起爆剤にもなっ
て，司法が大いに影響力を発揮して公害被害者救済の道を拓き，被害者側勝
訴の判決が相次いだ（熊本水俣病第 1 次訴訟判決[11]，新潟水俣病第 1 次訴訟
判決[12]，イタイイタイ病訴訟判決[13]，四日市ぜんそく訴訟判決[14]）。一連の
公害訴訟では，過失論，損害賠償論，共同不法行為論，因果関係論などの私
法分野での法理論が深化するなどの影響も見逃すことはできない。他方で，
公害対策基本法には「生活環境の保全については，経済の健全な発展との調
和が図られるようにする」といういわゆる経済調和条項が設けられており，
あくまでも産業の発展が優先されるという公害対策としては不十分な状態で
あったことに加え，自然環境保全等の問題には全く対処していなかったとい
う限界もあった[15]。

　こうした法律上の問題に加えて，産業の発展に起因する新たな公害問題も
多発し，公害問題が国政上の重要課題となり，1970年の第64回臨時国会にお
いて公害対策基本法が改正されて経済調和条項が削除され，1968年に制定さ

（9）朝日新聞西部本社編『原田正純の遺言』（岩波書店，2013）259頁に，胎児性水俣病の
　　発見者であり，その生涯を水俣病の研究と被害者救済のために捧げた原田正純博士の
　　言として，「公害が起こると差別が起こるんじゃなくて，もともと差別のあるところに
　　公害問題は押し付けられるんだな」という言葉が収録されている。原田博士は，無私
　　公平であるべき医師という立場にあったからこそ，水俣病被害拡大と救済遅延の原因
　　の一端が，地域差別にあったことに気が付いたのであろう。環境問題と差別・貧困は
　　裏腹であるということを深く理解できる言葉である。なお，水俣の地域差別の構造に
　　ついては，色川大吉『不知火海民衆史（上）』（揺籃社，2020）135頁以下が詳しい。
（10）宮本・前掲注（ 7 ）135頁。
（11）熊本地判昭和48年 3 月20日判時696号15頁。
（12）新潟地判昭和46年 9 月29日下民22巻 9 =10号別冊 1 頁。
（13）名古屋高金沢支判昭和47年 8 月 9 日判時674号25頁。
（14）津地四日市支判昭和47年 7 月24日判時672号30頁。
（15）大塚直『環境法（第 4 版）』（有斐閣，2020）10頁。

6

れたばかりの大気汚染防止法も改正されたほか，水質二本を一本化した水質汚濁防止法，廃棄物処理法（廃棄物の処理及び清掃に関する法律），司法解決とは別途の公害紛争の迅速かつ適切な解決を図るための公害紛争処理法など14件もの公害関係法の制定・改正が行われた。そのため，この時の国会は「公害国会」と呼ばれ，今日の環境法の基本構造がほぼ形成されたのである。また，1971年には各省庁の公害行政を一本化するため，環境庁が設置された。さらに，1972年には，自然環境保全を目的とした自然環境保全法が制定され，公害被害者救済だけでなく，自然環境も包摂する総合的な環境法体系の構築に向けて大きく前進した。1973年には，四大公害訴訟事件の各判決により企業の責任が明確になったことを受けて，公健法（公害健康被害の補償等に関する法律）が制定された。この法律は，事業活動や人の活動に伴って生ずる相当範囲にわたる著しい大気汚染または水質汚濁の影響による健康被害に係る損害を填補することを目的としており，その原資は汚染原因者（主としてばい煙発生施設等設置者）から徴収した賦課金をもって補償金に充てられた[16]。

III　公害問題から環境問題へ

1　インフラ建設に伴う公害

　1970年代前半までは公害対策をめぐる法政策は急進展するが，1973年に始まるオイルショックにより経済が停滞したこともあり，1990年頃までは環境立法および環境行政は足踏みをすることになる。

---

(16) 政野淳子『四大公害病』（中公新書，2013）217頁は，公健法制定以来，2012年度までに原因企業らが負担した補償給付費の合計は大気汚染を対象とする指定地域だけでも2.7兆円を超え，公害保健福祉事業（リハビリテーション，転地療養，療養用具支給，家庭療養指導，インフルエンザ予防接種費用助成など）に72億円が費やされてきており，その半分を事業者と自動車重量税が，残りの半分を国，県，市が負担しており，長期にわたる負担は社会・企業ともに重くのしかかっている，と指摘する。このことは，将来への配慮を欠いた経済活動が，結果として公害を惹起し，将来世代が負担する社会コストを増大させることになるということを明快に証明している。

　1964年に東京でオリンピックが開催され，それに合わせるように東海道新幹線が開業し，高速道路の整備が急ピッチで進み，さらには空港の建設や拡張が推進され，これらの交通インフラに伴う騒音や排ガスによる公害が問題視されるようになり，訴訟も相次いで提起された。たとえば，「阪神高速道路訴訟事件」[17]，「大阪国際空港事件」[18]，「名古屋新幹線訴訟事件」[19]などが挙げられる。とくに，道路をめぐる問題は，汚染発生源が不特定多数で移動するうえに，被害者も加害者となり得るという点に特徴があり，交通を集積させて大気汚染や騒音を悪化させるに至った道路管理者の責任を問う裁判が相次いだ。「国道43号線訴訟事件」[20]は，大気汚染や騒音に苦しむ住民らが道路管理者に対して道路供用の差止および損害賠償を請求した事案で，裁判所は差止請求については実質的な判断枠組みを示したうえで住民らの被害は受忍限度を超えていないとしてこれを棄却し，損害賠償請求については受忍限度を超えたとして一部を認容した。この判決が示した差止請求に対する判断枠組みはその後の下級審判決に受け継がれ，「尼崎公害訴訟事件」[21]では，工場排煙と道路排煙との競合汚染が争われ汚染物質の排出差止が認容された。

　また，エネルギー政策の転換に伴う発電所などの大規模事業所に対する訴訟についても触れておかなくてはならない。1960年代以降，石炭から石油へとエネルギー変換が進む過程で，重油専焼火力発電所の新設が相次ぎ，硫黄酸化物などによる大気汚染が問題視された。「伊達火力発電所事件」[22]および「豊前火力発電所訴訟事件」[23]は，いずれも環境権に基づき発電所の建設差止を求めた事案である[24]。両判決とも，環境権の内容が不明確であるとして，実体法上の権利性は否定したが，前者は環境権に基づく訴えの適法性

---

(17) 神戸地尼崎支決昭和48年 5 月11日判時702号18頁。
(18) 最大判昭和56年12月16日民集35巻10号1369頁。
(19) 名古屋高判昭和60年 4 月12日判時1150号30頁。
(20) 最判平成 7 年 7 月 7 日民集49巻 7 号1870頁。
(21) 神戸地判平成12年 1 月31日判時1726号20頁。
(22) 札幌地判昭和55年10月14日判時988号37頁。
(23) 最判昭和60年12月20日判時1181号77頁。

を肯定したのに対し，後者は不適法として却下した。その後のオイルショックを契機として，わが国は石油以外のエネルギー，すなわち原子力発電へと大きくエネルギー政策のかじを切ることとなった。

1974年には，電源開発促進税法，電源開発促進対策特別会計法，発電用施設周辺地域整備法のいわゆる電源三法が制定され，原発を建設することで立地自治体に多額の交付金が支払われる仕組みができあがった。しかし，広島と長崎への原爆投下とそれによるあまりにも凄惨な被害を経験したわが国において，原子力発電所の建設に対してはこれを大いに不安に思い，疑問視する声が訴訟となってこだまのごとく響き始めた。「伊方原発訴訟事件」[25]，「福島第2原発訴訟事件」[26]，「もんじゅ事件上告審判決」[27]，「志賀原発運転差止請求事件」[28]など，一連の原発訴訟は現代型訴訟のひとつであり，科学的技術的問題に対して裁判所がどの程度まで関与し得るかという問題に加え，周辺住民の原告適格はどこまで認められるのかという問題が提起された。しかし，これらの判例における司法判断の論理的枠組みは，2011年3月11日の東日本大震災に伴う巨大津波による福島第1原発事故によりもろくも崩れ去ったといってよく，今後の再検証が必要となっている[29]。

2 自然環境・景観保全意識の高まり

1986年に始まるバブル景気と1991年のその崩壊は，主に土地に対する過剰

---

(24) 伊達火力発電所訴訟事件は，わが国初の環境権訴訟である。また，豊前火力発電所事件訴訟事件は，最後まで本人訴訟で進められた。松下竜一『豊前環境権裁判』（日本評論社，1980）7頁によれば，両訴訟の当事者たちが連携し，情報交換をしあっていたことが確認できる。

(25) 最判平成4年10月29日民集46巻7号1174頁。

(26) 最判平成4年10月29日判時1441号50頁。

(27) 最判平成4年9月22日民集46巻6号571頁。

(28) 名古屋高判平成21年3月18日判時2045号3頁。

(29) 海渡雄一『原発訴訟』（岩波新書，2011）222～223頁は，裁判所が原発関係訴訟の審理を通じて，多くの危険性に関する証拠に接しながらも，結果として福島第一原発事故を防ぎ得なかった原因のひとつとして，最高裁が過去に下級審裁判官の判断を厳しく統制しようとしてきた歴史が，完全に清算されていないこと（裁判官の独立への重大な影響）を指摘する。

投機によって成り立っていたこともあり，自然環境破壊や眺望景観あるいは歴史的景観の破壊という新しい環境問題を引き起こした。「自然公園法不許可補償事件」[30]は自然公園内での岩石採取計画が問題とされ，「伊場遺跡事件」[31]は史跡保存を求める研究者の原告適格が，「二風谷ダム事件」[32]ではアイヌ民族の文化的環境の保護がそれぞれ争点となった。とりわけ，二風谷ダム事件判決は，わが国の先住民族の権利保護や継承されてきた生活文化的環境に対して，公共の福祉による私権制限が認められ得る公共事業においてさえ，マイノリティへの最大限の配慮を払うべきだとし，開発によって「得られる利益」と「失われる利益」との比較衡量を行ったときに，前者の必要性や重大性が後者に当然に優るものとはいえないことを示した。これは，過去の世代から現代世代へ，そして将来世代へと継承すべき「利益」の存在を意識したものとして評価できよう[33]。

　また，「アマミノクロウサギ訴訟事件」[34]は，自然物が原告となるいわゆる自然の権利訴訟のわが国における先駆け的事案であるが，自然の権利訴訟はその後も頻繁に提起されるもののいまだに勝訴判決に至ったものはなく，自然開発に対する司法的対応の限界が指摘されている。また，「京都仏教会事件」[35]は歴史的景観を破壊するとされたホテルの建築差止の可否が争われ，「国立高層マンション景観侵害事件」[36]や「鞆の浦景観訴訟事件」[37]はともに景観の利益侵害が認められた画期的な判決であった。

---

(30) 東京高判昭和63年4月20日判時1279号12頁。
(31) 最判平成元年6月20日判時1334号201頁。
(32) 札幌地判平成9年3月27日判時1598号33頁。
(33) 小笠原信之『アイヌ共有財産裁判』（緑風出版，2004）170頁は，当該判決の意義は，アイヌ民族の先住性を認めたことが，アイヌ民族を国際法主体として認めたことになる点にある，と指摘する。
(34) 鹿児島地判平成13年1月22日LEX/DB28061380，福岡高裁宮崎支部判平成14年3月19日LEX/DB25410243。
(35) 京都地判平成4年8月6日判時1432号125頁。
(36) 最判平成18年3月30日民集60巻3号948頁。
(37) 広島地判平成21年10月1日判時2060号3頁。

Ⅳ　グローバルな環境問題

　前述のように，1973年のオイルショック以降，1990年頃まではエネルギー政策の転換，経済活動の激変に政局の混乱も加わり，環境立法および環境行政は停滞ないしは後退していた。しかし，1990年代に入ると環境問題は地球規模で重要課題とされ，国際的に歩調をそろえて対処することが求められるようになり状況は一変した。1992年に各国首脳はブラジルのリオ・デ・ジャネイロに集まり，地球環境問題に対処するための「環境と開発に関する国連会議（国連地球サミット）」が開催され，持続可能な開発に向けた地球規模での新たなパートナーシップの構築に向けた環境と開発に関するリオ・デ・ジャネイロ宣言（リオ宣言），これを具体的に実現するための行動計画（アジェンダ21）および森林原則声明が合意され，さらに気候変動枠組条約と生物多様性条約などが採択された。

　こうした国際状況に呼応するかのごとく，わが国では従前の公害対策基本法を廃止して1993年に環境基本法が制定され，大気汚染，水質汚濁，土壌汚染，悪臭，騒音，振動，地盤沈下の典型7公害についてそれぞれ個別法を以て対応して行くことになった。環境基本法では，大規模開発事業に対して環境への影響を事前に調査して予測する環境アセスメントの推進が位置付けられていたが，政局の混乱などの事由から環境影響評価法が制定されたのは1997年になってからであった。個別法として制定されて機能していた大気汚染防止法や水質汚濁防止法などは，その後の新しい問題に対応すべく頻繁に改正が行われた。とくに，有害化学物質への関心の高まりとともに，単に排出を規制するだけでなく，物質の移動や保管あるいは汚染原因者に対する汚染除去の責任を負わせる仕組みを盛り込んだ立法や改正も行われた。たとえば，1999年には，人の健康や生態系に有害なおそれのある化学物質の排出量や移動量を把握しようとすることを目的とするPRTR法が，2002年には，土壌汚染の状況把握および人の健康被害防止を目的とする土壌汚染対策法がそれぞれ制定された。

　典型 7 公害とはされなかったものの，廃棄物をめぐる問題も新しい環境問題として深刻化し，1991年に再生資源の利用の促進に関する法律（2000年に資源の有効な利用の促進に関する法律に改称）が，1995年に容器包装リサイクル法が，1998年には家電リサイクル法がそれぞれ制定されたほか，既存の廃掃法もたびたび改正されてリサイクルの促進に関する施策が強化され，2000年に循環型社会形成推進基本法が制定されるに至った。同基本法は，リサイクル，リデュース，リユースの「3 R」をかかげ，それができないものは燃やして熱回収，最後は埋め立てというように，再生利用の幅を広げている。

　地球温暖化問題に対しては，1998年に地球温暖化対策法が，2011年には再生可能エネルギー特措法がそれぞれ制定されているが，東日本大震災以降は関連立法や施策にやや停滞感があることは否めない。そして，2015年のCOP21において新たな法的枠組みとして採択されたパリ協定が締結された。わが国は，2030年までに2013年比で温室効果ガス（Greenhouse Gas：GHG）排出量を26％削減し（2005年比では25.4％削減），2030年までに自然エネルギーの発電量を22～24％にすることを目標として掲げた[38]。

　自然保護に関しては，1993年に生物多様性条約を締結しながらもこれを国内法化する作業に手間取り，生物多様性基本法が制定されたのは2008年になってからであった[39]。しかし，1992年には種の保存法を，2003年にはカルタヘナ法を，2004年には外来生物法をそれぞれ制定したほか，鳥獣保護法や自然環境保全法，自然公園法の改正などもあわせて行い，個別動植物だけでなく，その生息地域である生態系全体に配慮した立法と施策を講じる努力を行ってきたのである。

---

(38) 斎藤幸平『大洪水の前に～マルクスと惑星の物質代謝』（堀之内出版，2019）288頁は，環境危機（とくに気候変動）の問題は資本主義という社会システムが人間の自由で，持続可能な発展という観点にとって非合理的なシステムであるということであり，それは気候正義への階級闘争という問題によって意識的に感覚されなくてはならないと指摘する。

(39) 及川敬貴『生物多様性というロジック』（勁草書房，2010）63頁は，開発促進や産業保護を目的としてきた諸法に，環境保護や生態系保全関連の規定が加えられたり，場合によって，それらの法律が新法となって生まれ変わったりする現象，すなわち開発法制の環境法化（グリーン化）を提唱する。

V　めまぐるしく変化する環境問題

　2011年3月11日の東日本大震災および福島原発事故は，わが国の環境法政策にとっても大きな転換期であった。安全性の確保という極めて当たり前の観点から，原発の新設および稼働に再考を促す一方で，再生可能エネルギーを推進する方法が模索され始めた。また，地下資源をめぐる周辺国との摩擦も少なからず発生し，それはわが国特有の安全保障の在り方としての米軍基地問題に新しい課題を投げかけている。前者に関しては関西電力大飯原発3・4号機の再稼働の差止を認める判決[40]が，後者に対しては厚木基地における騒音をめぐって自衛隊機の夜間飛行を禁止するとともに国に対して70億円の賠償を命令する判決[41]がそれぞれ出された。また，主に中国を発生源として飛来する微小粒子状物質，いわゆるPM2.5による健康被害への不安などは，物質の有害性ではなく，サイズを問題にする点において従来の環境問題とは異なる様相を見せている。さらには，近年全国各地で多発している局地的集中豪雨，いわゆるゲリラ豪雨などによる水害あるいは土石流災害なども，地球温暖化や急激な都市化が原因ではないかとされることから環境問題として扱うべき要素が多い[42]。

　戦前から1990年頃までのわが国の環境法の歴史を概観すると，政治や経済の動きとほぼ連動して立法や行政が動いてきたが，1990年代以降は地球規模で動くとともに，科学的に解明されていない事象や不確実な問題に起因する環境問題への対応が求められてきているのではないだろうか。環境法の基本

---

(40) 福井地判平成26年5月21日判時2228号72頁。控訴審は，名古屋高判平成30年7月4日判例時報2413・2414号合併号71頁。

(41) 横浜地判平成26年5月21日判時2277号123頁。控訴審は，東京高裁平成27年7月30日判時2277号84頁，上告審は，最判平成28年12月8日判時2325号37頁。

(42) 津久井進『大災害と法』（岩波新書，2012）25頁は，防災中心主義による日本の災害法制の限界が，阪神・淡路大震災および東日本大震災で明らかになり，自然を完全に克服することは絶対にできない以上，被害を少しでも小さくする「減災」を組み入れた法制度にシフトすべきであり，その後の被害発生への対応として，持続可能な復旧・復興の法制度の拡充が求められると指摘するが，その担い手は将来世代にほかならないであろう。

原則のひとつひとつをよく理解しながら，将来世代のことを十分に意識し，そして将来に対する配慮を大前提とした，適宜適時の立法と施策が推進されることが期待されるところである。

COLUMN

スギ花粉症は公害なのか？

　スギ花粉症がゆえに，春が憂鬱な人は多いだろう。しかし，世界的に見てもここまでの国民病になっているケースは寡聞にして知らず，国内でも北海道の一部と沖縄はほとんど無縁である。スギ花粉症発生の原因のひとつとして取りざたされているのは，戦後のわが国の植林政策である。戦後復興の掛け声のもとで，1950年〜1970年頃にかけて，政府からの補助金も投下されて全国各地の山地において，広葉樹から針葉樹への造林活動が展開された。その結果，紅葉狩りなどは極めて限られた地域での風流となり，栃の実から作る「とち餅」などは希少食品となりつつある。そういえば，広葉樹の樹液を好むカブトムシやクワガタムシなども，もはやペットショップでみかけることの方が日常となった。また，広葉樹の落葉が作り出す森の栄養分は，河川を伝って海に溶け込み，豊かな海の生物を育んできた。「森は海の恋人」といわれるゆえんである。しかし，腐葉土を作らず，下草の成長を阻害する針葉樹の森は砂漠化し，海はミネラル不足となって「磯焼け」という「海の砂漠化」をも引き起こしている。磯焼けが生じた海には，海藻が生えず，これらをエサや産卵床にしている魚介類も失われている。このように，当時の人々のためには良かれと思って始まった法政策が，時を経て次世代の人々や自然環境にとって深刻な影響をもたらしたことがわかる。その意味では，スギ花粉症は現在のわれわれの健康と自然環境に著しい影響を与えている公害であるといえよう。ある時代の法政策が，将来に取り返しのつかない問題を引き起こすことがあり得るという現象を，環境法を学ぶ者は十分に意識しなければならない。

参考文献：畠山重篤『森は海の恋人』（文春文庫，2006），松永勝彦『森が消えれば海も死ぬ』（講談社，2010）

第 2 章

環境法の基本的な考え方

I 基本理念と基本原則

1 各法分野の理念と原則

　各法分野には，それぞれの基本理念や基本原則がある。それらは，当該法制度の根本を形成している基本的な考え方であるが，明文で規定されているとは限らない。たとえば，日本国憲法は「国民主権」，「平和主義」および「基本的人権の尊重」を，民法に代表される近代私法は「権利能力平等の原則」，「私的自治の原則」および「所有権絶対の原則」を，刑法は「罪刑法定主義」，「行為主義」および「責任主義」を，それぞれの基本原則としている。これらの基本原則は，人間でたとえるならば，身体を形作る骨格であり，人となりを現す人格ともいうべき要素である。

　さて，少なくともわが国の環境法は，公害問題の克服を原点としてきたことから，被害者救済という視点では民法に多くを委ね，被害防止という視点では行政法そのものとして機能してきた側面がある。つまり，環境法は，民法や行政法の基本原則を援用する一面を有している。しかし，環境法もひとつの独立した法分野である以上，基本理念や基本原則が存在している。

2 環境法の基本理念と基本原則

　環境基本法（1993年）は，基本理念として，「環境の恵沢の享受と継承」

16

（3条），「持続可能な発展」（4条）および「国際的協調による地球環境保全の積極的推進」（5条）を挙げていると読み取ることができる[1]。これらのうち，とくに「持続可能な発展」が中心的な基本理念として位置づけられよう。

　また，基本原則としては，環境政策を実施するうえでの規制原則として「未然防止原則・予防原則」，環境汚染防止等の費用負担原則として「汚染者負担原則」および環境保護の主体の広がりを希求する「環境権」を挙げることができる。そして，基本理念の実現を目指して，基本原則を堅持しつつ各種法制度を構築し，条文に書かれた内容を具現化することが求められる[2]。なお，「環境権」については，別章において詳述しているため，本章では割愛する。

　もっとも，環境法の基本理念や基本原則も，個別の環境法解釈において議論されることはあるが，法的拘束力を有しているものではない[3]。なお，環境法は，環境問題の展開とともに発展生成してきており，基本原則が確立したとは言い切れない。しかし，このことが学問分野としての存在を否定する理由にはならず，むしろ将来の問題解決を思考する環境法の特徴を示しているのではないだろうか。

（1）大塚直『環境法（第4版）』（有斐閣，2020）49頁は，「国際的協調による地球環境保全の積極的推進」については，国際環境問題に対する政府の姿勢として重要だが，環境法の基本理念としてはとくに取り上げないとする。
（2）北村喜宣『環境法（第5版）』（弘文堂，2020）56頁は，環境法の基本理念と基本原則との関係について，基本理念が基本原則よりも格上の概念であるとする。他方で，大塚・前掲注（1）49頁は，基本理念と原則とを同格に扱う。
（3）桑原勇進「環境規制における基本原則の機能」大久保規子＝高村ゆかり＝赤渕芳宏＝久保田泉編『環境規制の現代的展開－大塚直先生還暦記念論文集』（法律文化社，2019）25〜27頁は，環境法の基本原則の機能について，「今のところ，何らかの正当化機能は認められるものの，予防的行動をしなければ違法であるとか，原因者に責任を配分しない措置は違法であるといったような，行為の義務付け機能は有していない」とする一方で，「権利ないし義務の主体が特定されており，要件効果を定める体裁に置き直すことができさえすれば，規範内容が明確でなくとも，行為の義務付け機能を認めることは可能であるといえそうである」と指摘する。

Ⅱ　基本理念としての持続可能な発展

1　『成長の限界』による警鐘

　「持続可能な発展（Sustainable Development：SD）」は，もともとは漁業や森林伐採など，国際的な資源管理において生成されてきた考え方である[4]。なお，"development" を「発展」と訳すか，「開発」と訳すかについては議論がある[5]。本章では，外務省等の公定訳や慣用句となっている場合を除いて，基本的に「発展」を用いる。これは，とくに何らかのイデオロギーを発露するものではないが，「開発」には不可逆的な場合が多分にして存在することから，その使用を意識的に忌避しているからである[6]。

　1972年に，ローマクラブが刊行した報告書『成長の限界』において，「人口は幾何級数的に増加するが，食料は算術級数的にしか増加しないので，人口増加や環境汚染などが続けば，100年以内に世界の経済成長は限界に達する」と警鐘が鳴らされた。この当時，世界の多くの国は，物質的な豊かさを求めて，成長と繁栄の道を歩むことが当然視されており，経済発展に限界があるという認識は一般的ではなかった[7]。当該報告書の指摘によって，全世界が，現状の成長モデルのままでは地球環境に取り返しのつかない影響が及

（4）たとえば，大塚・前掲注（1）51頁は，国際捕鯨取締条約（1946年）や北太平洋漁業協定（1952年）において，漁業資源保護の指針として採用された「最大維持可能漁獲量（Maximum Sustainable Yield：MSY）」，あるいは林業分野で採用された「最大伐採可能量（Maximum Allowable Cut：MAC）」という考え方を挙げる。

（5）西村智朗「「持続可能な発展」概念の拡張と国際環境法」世界法年報第38号（2019）4頁は，「"development" を「発展」と訳すか，「開発」と訳すかについては，SD の法的評価を検証する上で常に意識しておかなければならない問題であり，そこには，幾許かのイデオロギーが内在することも事実である。」としたうえで，「発展」の訳語を当てる。

（6）奥田進一「環境法における土地所有権の本質的機能 -「不可逆性」を軸として-」小賀野晶一＝黒川哲志編『環境法のロジック』（成文堂，2022）81頁以下は，「不可逆性」という概念を法学的に論じる。

（7）辻信一『環境法入門』（信山社，2021）30〜31頁。

ぶという危機に覚醒したのである。他方で，環境を多少犠牲にしても経済発展を優先すべきと考える発展途上国と，環境保全を優先すべきと考える先進国との間で対立構造が存在した。

2　国際社会の共通理念へ

1972年には，世界初の環境に関する国際会議として，「国連人間環境会議」が114の国と地域が参加してストックホルムで開催され，「かけがえのない地球（Only One Earth）」のスローガンの下で，環境問題に国際的に取り組むことの必要性を謳った「人間環境宣言」が採択された。

そして，1980年に，世界自然保護基金（WWF），国際自然保護連合（IUCN）および国連環境計画（UNEP）の3団体によって策定された自然保護の戦略計画書である「世界自然資源保全戦略」において，「持続可能な発展」という語がはじめて使用され，「基本的な自然システムの維持」，「遺伝資源の保護」，「環境の持続的利用」の3点に配慮した発展の方向を示した。

また，1987年の環境と発展に関する世界委員会（ブルントラント委員会）の報告書『我ら共有の未来（Our Common Future）』において，「持続可能な発展」が環境と発展に共通の理念として用いられ，各方面に大きな影響を与えた。

さらに，1992年にリオデジャネイロで開催された国連環境開発会議（地球サミット）では，現在の持続可能な発展に関する行動の基本原則である「予防原則」，「汚染者負担原則」などを収めた「リオ宣言」と，これを実行に移すための行動綱領としての「アジェンダ21」が採択されるとともに，気候変動枠組条約や生物多様性条約も締結された。地球サミットは，「持続可能な発展」を「将来の世代が自らのニーズを満たす能力をそこなうことなく現在の世代のニーズを満たすような発展」として定義付け，環境分野における国際社会共通の基本理念として採用したのである。

3　SDからMDGsへ，そしてSDGsへ

2000年に，189ヵ国が参加した国連ミレニアム・サミットにおいて，21世

紀の国際社会の目標として，国連ミレニアム宣言が採択された。この宣言は，①平和，安全および軍縮，②開発および貧困撲滅，③共有の環境の保護，④人権，民主主義および良い統治，⑤弱者の保護，⑥アフリカの特別なニーズへの対応，⑦国連の強化，の 7 つのテーマに関して，国際社会が連携・協調して取り組むことを合意したものである。そして，この宣言と，1990年代に開催された主要な国際会議やサミットにおいて採択された国際開発目標を統合して，「ミレニアム開発目標（Millennium Development Goals：MDGs）」が公表された。MDGs は，発展途上国の貧困削減を掲げ， 8 つの目標（①極度の貧困と飢餓の撲滅，②初等教育の完全普及の達成，③ジェンダー平等推進と女性の地位向上，④乳幼児死亡率の削減，⑤妊産婦の健康の改善，⑥HIV／エイズ，マラリア，その他の疾病の蔓延の防止，⑦環境の持続可能性確保，⑧開発のためのグローバルなパートナーシップの推進），21のターゲット，60の指標が設定され，ほとんどの目標は1990年を基準年とし，2015年を達成期限としていた。

　2015年に発表された「MDGs 報告2015」によれば，たとえば，発展途上国で極度の貧困に暮らす（ 1 日 1 ドル25セント未満で暮らす）人々の割合は，1990年の47％から14％に減少し，初等教育就学率も2000年の83％から91％に改善された。他方で， 5 歳未満児や妊産婦の死亡率削減について改善は見られたものの目標水準に及ばず，女性の地位についても就職率や政治参加で男性との間に大きな格差が残ったという。また，二酸化炭素の排出量が1990年比較で50％以上増加しており，気候変動が開発の大きな脅威となっていることも指摘している[8]。

　そして，2015年 9 月に，国連本部にて開催された「持続可能な開発に関するサミット」において，「持続可能な開発のためのアジェンダ2030」が採択され，MDGs の後継として2030年までに達成すべき「持続可能な発展目標（Sustainable Development Goals：SDGs）」が公表された。SDGs では，発展途

（ 8 ）独立行政法人国際協力機構 Web サイト「ミレニアム開発目標（MDGs）の達成状況」
　　参照。

上国だけでなく，先進国も対象として，世界中の国々が自国や世界の問題に取り組むことで，貧困を終わらせ，社会的・経済的状況にかかわらずすべての人が尊厳を持って生きることができる，「誰ひとり取り残さない」世界の実現を目指し，2016年から2030年までの間を達成期限として，発展と環境に関する新たな17の目標と169のターゲットが掲げられた。もっとも，SDGsの目標は多岐にわたっており，「持続可能な発展」はもはや環境保護だけに関する理念に止まらず，貧困や飢餓，教育や雇用，差別や平和などの問題解決のための行動理念へと昇華したといえよう。

　なお，2002年に国際法協会（(International Law Association：ILA) が，「持続可能な発展に関する国際法原則（ニューデリー宣言）」において，「持続可能な発展」が導き出す国際法原則として，①天然資源の持続可能な利用を確保する国の義務，②衡平の原則および貧困の除去，③共通だが差異ある責任原則，④人間の健康，天然資源および生態系に対する予防的な取組方法，⑤公衆参加の原則並びに情報および司法へのアクセス，⑥グッドガバナンスの原則，⑦人権並びに社会上，経済上および環境上の目的に関する統合および相互依存の原則，が提示された。各国は，「持続可能な発展」をすべての環境法政策を実施する基本理念として，国内法のもとでの具体化が必要であり，あらゆる分野での環境負荷の低減が継続的にされるようなインセンティブを制度化しなくてはならない。とりわけ，「衡平」については，現代世代間内での衡平に加えて，将来世代と現代世代との世代間衡平を強く意識しながら，環境配慮型の成長が希求されている。

Ⅲ　未然防止原則と予防原則

1　リスクへの対応

　産業革命以降の技術革新は，文字通り日進月歩の勢いで進展し，われわれの日常生活は飛躍的に便利になり，豊かになったことは事実である。しかし，その技術やそれに裏付けられた各種政策が，われわれの生命健康にとっ

て安全かつ安心なものであり，環境に対して何らかの負の影響を及ぼすか否か，すなわちどれほどのリスクを内包しているのか否かは未知数である。ほとんどの公害被害は，このリスク回避の失敗により発生したといっても過言ではない。その意味では，われわれは，すでにリスクを回避しないことによる重大な結果を了知し，それを回避しなければならないこともまた理解できているはずである。しかし，想定外の事態や想定とは真逆の結果が発生し，その対応に日々追われているのもまた事実であろう。

　さらに，人類が文字を発明して以来，絶え間なく積み上げられてきた学問的叡智の厚みは測り知れないものの，この世界にはわれわれが知らないことの方がはるかに多い。そうであるにもかかわらず，あたかもすべての現象が解明され，安全や安心が確保されているという情報を社会に喧伝しながら，結果としてその情報に欠陥や不確実部分が存在し，安全性を大きく損なった事象も発生している。2011年の福島原発事故などは，その好事例といってよいであろう。また，われわれは，さまざまなリスクを回避するために技術を発展させ，そのこと自体が新たなリスクを生み出してきたこともまた事実である[9]。ところで，リスク回避のための活動を規制するに際して，「未然防止原則（Preventive Principle）」および「予防原則（Precautionary Principle）」という 2 つの考え方が存在するが，環境法の分野ではいずれを基本原則とすべきであろうか。とくに，将来世代の存在を念頭において，この疑問に一定の解答を出してみたい。

2　未然防止原則

　未然防止原則とは，科学的に因果関係が証明されており，かつ不具合・被害発生の可能性がある場合には，過去に前例がなくともあらかじめリスク回避のための規制や対策を進めようとする考え方である。この考え方は，すでに1941年のトレイル溶鉱所事件仲裁判決[10]において採用され，慣習国際法

（9）戸部真澄『不確実性の法的制御』（信山社，2009）8 頁は，「我々は，現代社会において，科学技術の発展・利用等によって自身を取り巻く状況を自らますます不確実かつカオス的なものにしている」と指摘する。

の位置を占めているとされる(11)。また，環境基本法 4 条は，「環境の保全
は，…科学的知見の充実の下に環境の保全上の支障が未然に防がれることを
旨として，行われなければならない。」とし，さらに同法21条は，環境の保
全上の支障を防止するための規制を詳細に規定しており，未然防止原則を規
制のための原則として規定しており，個別の環境法の条文解釈においても基
本原則とされている。

　しかし，未然防止原則は，何らかの被害が発生してから，その被害と因果
関係があるか否かが科学的に証明されている場合に，ようやく行政による規
制権限が行使されることになり，結果として事後的対応になるという批判も
ある(12)。たとえば，水質保全法および工場排水規制法の，いわゆる水質二
法は，1950年代初期から顕在化した水俣病およびイタイイタイ病への対策と
して1958年に制定されたが，問題水域を個々に指定し，あるいは業種別に必
要に応じて規制を定めるなど，規制自体が後手に回った結果，工場排水に含
まれる鉛やカドミウム，水銀を規制することができず，熊本水俣病の被害を
拡大させ，さらには新潟水俣病やイタイイタイ病の発生を容認する結果と
なった。後に，「水俣病関西訴訟事件」(13)は，水俣病の発生および被害拡大
を有効に阻止し得なかった国および熊本県の責任を是認しており，未然防止
原則に否定的な考え方を示したといえよう。また，行為と結果との因果関係
について，科学的知見において不明である場合に，事業者は事業を進め，行
政はこれを規制する術がなく，結果として不可逆的な環境への影響が発生す
ることが想定され，これを将来的にも基本原則として掲げて行くことには，

(10)アメリカ合衆国政府とカナダ政府との間で発生した紛争につき，国際仲裁裁判所が
　　1941年 3 月11日に，「ばい煙による損害が重大な結果を伴い，そしてその損害が明白
　　かつ納得させうる証拠により立証される場合には，いかなる国家も他国の領土内で，
　　もしくは他国の領土，領土内の財産や人に対して，ばい煙による損害を発生させるよ
　　うな方法で自国の領土の使用を許す権利を有するものではない。カナダはトレイル溶
　　鉱所の行為に対しては国際法上の責任があり，溶鉱所の行為に注意を払うことはカナ
　　ダ政府の義務である。」という判決を下した。
(11)大塚・前掲注（ 1 ）57頁。
(12)北村・前掲注（ 2 ）71頁。
(13)最判平成16年10月15日民集58巻 7 号1802頁。

幾分以上に疑問を抱かざるを得ない。

3　予防原則

　予防原則とは，環境に脅威を与える物質または活動を，その物質や活動と環境への損害とを結びつける科学的証明が不確実，すなわち「科学的不確実性」があったとしても，なにも行動をしないのではなく，環境に悪影響を及ぼさないようにするべきであるという考え方である。この考え方は，1982年に国連総会で採択された「世界自然憲章」で初めて国際的に認知され，1992年のリオ宣言第15原則は，「環境を保護するため，予防的方策は，各国により，その能力に応じて広く適用されなければならない。深刻な，あるいは不可避的な被害のおそれがある場合には，完全な科学的確実性の欠如が，環境悪化を防止するための費用対効果の大きな対策を延期する理由としては使われてはならない。」として予防原則を掲げ，ほかにも気候変動枠組条約，生物多様性条約，カルタヘナ条約などの国際条約に明記されているものの，すでに慣習国際法上の原則になったとまでは言い切れる状況にはない。国内法においては，生物多様性基本法や食品・化学物質分野の個別法において規定されているが，やはり法原則といえるような状況にはない。ただし，予防原則を取り入れたと考えられる判例は比較的多く，前述の「水俣病関西訴訟事件」，「O157訴訟事件」[14]，「宮古島温泉水排水訴訟事件」[15]のほかに，公害等調整委員会における原因裁定事件である「杉並病原因裁定事件」[16]など多岐にわたっている。

　予防原則が注目されるようになった背景には，地球温暖化問題や化学物質リスクなど，過去の公害問題と比べて，因果関係の立証が非常に困難なもの，あるいはそもそも原因が不明なものが急増してきたことがある。これらの問題には，不可逆性，長距離移動性および残留性・生体濃縮性という特徴

---

(14) 東京地判平成13年5月30日判時1762号6頁。なお，控訴審（東京高判平成15年5月21日判時1835号77頁）は，予防原則によらない判断をしたものと思われる。
(15) 那覇地判平成20年9月9日判時2067号99頁。
(16) 公調委裁定平成14年6月26日判時1789号34頁。

がある。予防原則は，「科学的不確実性が前提であること」，「起こりうる損害が深刻なまたは不可逆のおそれがあることを必要とすること」，「科学的不確実性を以て対策を延期する理由として用いてはならないこと」という特徴を有しており，とくに「科学的不確実性」を前提としている点で未然防止原則とは異なる。もっとも，科学技術の発達やそれに伴う副作用に，環境影響についての研究・検討が追い付いていない状況がある[17]。また，科学的不確実性を前提として適用されるものであることから，科学的なリスク調査を実施しない，あるいは調査の結果が不明というような場合に，「不確実ゆえにすべて禁止」といような，極端な解釈が行われることがある。また，因果関係を科学的に立証することに困難を伴うことから，潜在的なリスクがあると思われる行為者に証明責任を転換させることの是非も問題視されている[18]。

　科学的不確実性に対処するに際して，「科学的知識が確実になるまで何もしない」という選択肢があれば，「科学的不確実であっても被害を予防すべく対策（規制）を講じる」という選択肢もあろう。前者を選択した場合には社会経済の停滞が，後者を選択した場合には社会経済の混乱（過剰規制による損失や行政訴訟）[19]が発生し得る。しかし，将来世代への環境の継承を念頭に置いたとき，発生が想定される被害の重大性・不可逆性が存在する限り，因果関係についての科学的知見が不十分あるいは不明であっても，予防原則を適用することが環境法の基本原則といえるのではないだろうか。

---

(17) たとえば，微粒子というサイズによる影響を議論するナノ問題，聞き取ることのできない音量の低周波や電磁波の影響などがある。
(18) 越智敏裕『環境訴訟法（第2版）』（日本評論社，2020）134頁は，予防原則を採用することにより証明責任の転換が生じるような場合に，「制御として行為者が知りえた物質の有害性情報の提供など，一定の情報提供義務，調査義務を課すだけの法政策もあり，少なくとも損害の重大性・不可逆性による限定があれば，法に基づく制御が正当化されるものと解する。」と主張する。
(19) 科学的知見が不確実な場合に，行政が予防原則を適用して行為者に何らかの規制を行う場合には，比例原則により過剰規制は回避しなければならないであろう。

Ⅳ　汚染者負担原則

1　外部不経済の内部化

　個人や団体の経済活動が，これとは無関係の第三者に対して何らかの影響を及ぼすことを，経済学において「外部性」という。その影響が負の影響である場合には，「外部不経済」という。環境問題における外部不経済の例としては，市場の外で工場から発生する煙や廃棄物が近隣住民の暮らしへ悪影響を及ぼす公害が典型事例として挙げられよう。熊本水俣病，新潟水俣病，四日市ぜんそく，イタイイタイ病の四大公害病事件では，原因となった企業等は多くの利益を得た一方で，周辺に居住する多くの人々に深刻な健康被害をもたらした。これらの被害を将来的に発生させないためには，経済活動の意思決定の中に環境配慮を組み込み，環境に配慮した行動をとると利益を得るが，そうでないときは逆に損失を被るように，市場メカニズムを修正する必要があり[20]，このような行動モデルを「外部不経済の内部化」という。

　外部不経済を内部化させるためには，社会に悪影響を及ぼす経済主体に対して，行政が規制をかけて罰金等によって取り締まり，あるいは発生するコストを課税という形で負担させることもできよう。たとえば，地球温暖化対策強化のための「炭素税」や「環境税」などは，このような発想に基づいている。汚染者負担原則または汚染者支払原則（Pollution Pays Principle：PPP）も，外部不経済の内部化を目的とした考え方のひとつで，汚染者が環境を保持するための汚染防止費用および回復費用を負担すべきであるという原則である。

---

(20)淡路剛久編集代表，磯崎博司＝大塚直＝北村喜宣編集委員『環境法辞典』（有斐閣，2002）37頁。

2　OECDの汚染者負担に関する考え方

　1972年に，経済協力開発機構（OECD）が，「環境政策の国際経済面に関する指針」について理事会勧告を行い，汚染者が負担すべき費用に関する原則を明示し，1975年には欧州共同体（EC）もこの考え方を汚染防止の国際的原則として採択した。米国でも1980年に制定されたスーパーファンド法（包括的環境対処補償責任法）において，有害廃棄物の放出に責任のある者（潜在的責任当事者）に汚染浄化費用負担義務を課した。また，1992年のリオ宣言の第16原則も，「国の機関は，汚染者が原則として汚染による費用を負担するとの方策を考慮しつつ，また，公益に適切に配慮し，国際的な貿易および投資を歪めることなく，環境費用の内部化と経済的手段の使用の促進に努めるべきである」と表明しており，OECDが示した汚染者負担に関する考え方（以下「OECD型PPP」という。）の趣旨が反映されている。OECD型PPPは，「外部不経済の内部化」と「国際貿易における均衡」という目的を有している。後者は，汚染防止費用に対して国や自治体が補助金を支出することを禁止するものである。すなわち，汚染防止費用を国が補助する国の製品と，そうでない国の製品とが国際市場で競合した場合に，補助金を支出する国の製品の競争力が強くなるという格差が発生することを禁止するものである。しかし，結局のところ，OECD型PPPは，経済原則の域を出るものではなく，国際経済を規制するものでもなかった[21]。このことは，OECD型PPPが，汚染防止費用だけを対象としており，回復費用や損害賠償などの被害者救済については考慮していないという点からも首肯できるのではないだろうか。

3　日本の汚染者負担に関する考え方

　日本では，1950年代以降，四大公害訴訟事件に代表される，深刻な産業公害の克服に多くの時間と労力を費やしてきた。そして，公害被害者の救済を

---

(21) 宮本憲一『戦後日本公害史論』（岩波書店，2014）415頁。

大幅に認めただけでなく，受忍限度論や共同不法行為論など，不法行為に関する法理論を飛躍的に発展させた「四日市ぜんそく事件」[22]の判決は，産業界に対して非常に大きな衝撃を与えた。同判決によって大気汚染について損害賠償責任を負わされる蓋然性が増大したと感じるようになった産業界が，責任負担の危険分散と訴訟抑止のために新しい制度の創設に積極的に動き，1973年に公害健康被害補償法（以下「公健法」という。）が制定された。公健法のシステムは，民事責任を踏まえた行政による公害被害者の救済を特徴としており，補償内容は，医療関係費だけではなく，健康被害によって生じる生活困難に対処するための所得補償的な性格を持つ障害保障費等を含むものであった[23]。この新たな被害者救済制度は，制度の対象となる者の認定方法（因果関係の割り切り），補償給付の内容，汚染者負担の原則に基づいた費用負担のあり方など，どちらかといえば法学上の原則としての性格が強い，国際的にも類例を見ない特徴を有しており，そのため日本型汚染者負担原則（以下「日本型PPP」という。）といわれる[24]。とくに，費用については，事務経費の一部を除き汚染者負担とされ，汚染物質を排出する企業等からの賦課金と自動車重量税からの交付金が原資であった。

　しかし，公健法の制度に対しては，企業が負担する賦課金は，公健法によって指定された地域以外の企業も負担を強いられ，補償を慰謝料ではなく逸失利益を主体として，平均賃金を基準にしたので，性別や年齢による大きな格差が生じているなどの問題点が，わが国の公害弁護士連合会やOECDなどから批判的に指摘された[25]。他方で，OECD理事会は，1991年に「環境政策における経済的手法の活用に関するOECD理事会勧告」において，経済的手法として，課徴金および税，排出権の市場での売買，デポジット

<hr>

(22) 津地裁四日市支部判決昭和47年 7 月24日判時672号30頁。

(23) 公健法 3 条は，指定地域の公害病の認定患者には，療養の給付および療養費，障害補償費，遺族補償費，遺族補償一時金，児童補償手当，療養手当，葬祭料が，月ごとに給付されることを規定する。

(24) 大塚・前掲注（ 1 ）81頁は，経済学上の原則としてのOECD型PPPと区別するために，日本型PPPのように法学上の汚染者負担原則について「原因者負担原則」という語を用いる。

(25) 宮本・前掲注(21)437～440頁は，各界から指摘された問題点について詳述する。

（預り金）制度，資金援助（補助金等）の４つを挙げ，各国の社会経済的状況を考慮しつつ，経済的手法を環境政策において利用することを勧告し，汚染者負担原則の適用範囲に，汚染に起因する損害賠償費用が含まれるとしたことで，OECD型PPPが日本型PPPに近接した[26]。

　もっとも，日本型PPPによって，日本企業の多くが汚染除去費用の全てを負担して公害による社会的損失を償ったわけではない。政府による多くの補助政策が行われ，企業経営の安全と成長が図られてきたという側面[27]を念頭に置かなければならない。また，OECD型PPPにせよ，日本型PPPにせよ，汚染（被害）が発生した後にその除去費用を負担する制度では，環境リスクが顕在化した場合の被害回復費用が莫大に過ぎて負担しきれない事態も生じており，環境問題への対処に専門化した保険制度の構築とそれへの事前加入の義務化なども検討しなければならないだろう[28]。

4　拡大生産者責任

　1990年以降，経済活動におけるエネルギー消費がより一層増加し，さらに廃棄物問題が深刻化し，とくに使用済み製品のリサイクルの推進が社会的課題になると，汚染者負担原則を貫徹することが困難になり，製品設計の段階から製品の使用済み後までの生産者（事業者）の役割を重視する，拡大生産者責任（Extended Producer Responsibility：EPR）が各国で導入されるようになった。2001年にOECDが公表した「拡大生産者責任，対各国政府ガイダンス・マニュアル」によれば，拡大生産者責任とは，「製品に対する生産者の物理的および・または金銭的な責任が，製品ライフサイクルの使用後の段階にまで拡大されるという環境政策のアプローチ」と定義されている。

　日本においてもこの考え方が導入され，そこには「汚染者の概念を生産者に拡大させて責任を負わせる」および「生産者が製品設計において環境配慮

(26)辻・前掲注（7）38頁。
(27)宮本・前掲注(21)444頁。
(28)大坂恵理「環境リスク管理における費用負担」小賀野晶一＝黒川哲志編『環境法のロジック』（成文堂，2022）70〜72頁。

を行う」という 2 つの特徴を見出すことができる。つまり，使用済み製品の処理（回収・リサイクル）に係るコストを，その製品の生産者に負担させるようにするものである。これにより，廃棄物処理に必要な社会的費用を低減させるとともに，生産者が使用済み製品の処理にかかるコストをできるだけ低減させようとすることがインセンティブとなって，結果的に環境に配慮した製品設計に移行することを企図している。

　拡大生産者責任は，循環型社会形成推進基本法（2000年）をはじめとして，容器包装リサイクル法（1995年），家電リサイクル法（1998年），自動車リサイクル法（2002年）等のリサイクル関連法において採用されている。なお，拡大生産者責任における「責任」は，法的責任ではなく，「役割」のようなものであり，「ものの考え方」にとどまるとされる[(29)]。他方で，「ライフ事件」[(30)]のように，容器包装リサイクル法が規定する再商品化の費用負担につき，生産者がその合憲性をめぐって訴訟を提起した事例も存在し，消費者も含めた汚染者の概念を議論しつつ，合理的で公平な費用負担のあり方を検討し続けるべきことはいうまでもない。

COLUMN

コロナ対策と予防原則

　2019年末に始まり，世界中を底知れぬ不安と恐怖に陥れたコロナ災禍は，環境法の基本原則である「予防原則」のあり方を体感するに十分であった。当初は，感染経路，治療方法（治療薬），対処方法のすべてが不明であった。そのため，巷間では憶測に基づく，あるいはそれすらされないさまざまな情報が飛び交い，中央政府をはじめとする行政も思考停止状態に陥りながら，時には首をかしげるような場当たり的な対策を講じたこともあった。新型インフルエンザ等対策特別措置法に基づいて発令された緊急事態宣言およびまん延防止等重点措置，およびそれに伴って都道府県知事が発出した外出自粛要請，公共施設の使用制限，事業者への休業要請，飲食店への営業時間

---

(29) 北村・前掲注（2）63頁。
(30) 東京地判平成20年 5 月21日判タ1279号122頁。

短縮の要請・命令等は，予防原則に基づく措置であったといえる。さらに，これらの措置は，予防原則に内在する科学的不確実性への対応，具体的にいえば「検証」の必要性という問題点を見事に露呈させたといえよう。

　たとえば，外出自粛要請，事業者への休業要請，飲食店への営業時間短縮の要請について考えてみる。人流増加と感染拡大とは概ね比例関係にあったので，外出自粛要請はそれなりの効果があったのだろう。また，レジャー施設や飲食・宿泊施設が休業していれば，自ずと行楽地や歓楽街への人出は絶え，これもまた効果はあったのだろう。しかし，あくまでもその効果は憶測や推測の域を出ておらず，結果として因果関係が明確になった事実は何も示されず，過度の要請による莫大な経済的損失の発生を招いた可能性は否定できない。コロナ感染は，未知のウィルスによる疫病であり，科学的に未解明であったので，対策に不備や過誤があったとしても致し方ない。しかし，その検証をほとんど行うことなく，いつの間にか憶測や推測に根拠を見出し，さらには科学的に因果関係が証明されている過去の経験に基づく対策を当てはめてきたのではないだろうか。また，2022年頃からは「何もしない（不作為）」状態が継続し，自然治癒的に事態が収束をするのを眺めるようになっていたのではなだろうか。

　予防原則は，将来において環境法の基本原則として他の原則に優位すべき考え方である。しかし，予防原則が慣習国際法上の基本原則としての地位になかなか至らないのは，われわれが，科学的に不確実な問題に真摯に向き合い，有効な対処方法を真剣に考えようという姿勢を見せないからなのかもしれない。コロナ災禍は，新たな問題に対処するに際して，まずは自分の頭で考え，専門家の意見を尊重しつつ，地道に検証を積み重ねて行くことの大切さを痛感させた歴史的事件であった。

第**3**章

環境法における政策手法

I 環境問題と政策手法

　わが国を取り巻く環境問題は，四大公害訴訟をはじめとする激甚な公害問題から，自然環境問題や都市生活型公害といった国内環境問題，そして地球環境問題へと時代とともに移り変わり，近年では地球環境に対する問題関心が世界的にも共有されている。2015年には，持続可能な開発目標（SDGs）を示した持続可能な開発のための2030アジェンダが国連総会において採択され，また温室効果ガス排出削減に関する新たな法的枠組みとしてパリ協定が採択され，環境への配慮等を重視する ESG（Environment Social Governance）投資などの動きも拡大している[1]。このような世界情勢のもと，将来世代に向けて，どのような環境政策手法をいかに用いて持続可能な社会を構築していくか，が今日の課題である。

　環境基本法は，第2章第5節において，国が講ずる環境の保全のための施策等を規定しており，これには規制的手法，経済的手法，情報的手法といった政策手法が含まれる[2]。このような環境政策手法につき，激甚な公害問題に対しては，規制的手法（命令統制手法・命令監督手法ともいわれる）が有効であったが，多様化する環境問題のなかで持続可能な社会を構築するには，

（1）このような動きについては，2018年に策定された第5次環境基本計画に詳しい。
（2）これらの政策手法の詳細については，大塚直『環境法（第4版）』（有斐閣，2020）89頁以下，北村喜宣『環境法（第5版）』（弘文堂，2020）114頁以下など参照。

規制的手法のみでは十分でなく，他の複数の政策手法の中から適切なものを組み合わせて用いることで相乗効果を高めるポリシーミックスの考え方が必要とされる[3]。

II 規制的手法

　環境法における政策手法は，教科書によって採られる手法や分類に違いがあるものの，規制的手法の紹介からはじまるのが通例である。規制的手法とは，行政機関が私人に対し，何らかの行為を義務づけ，命令や罰則等によりその実効性を担保する手法のことをいう。環境基本法21条1項は，「国は，環境の保全上の支障を防止するため，次に掲げる規制の措置を講じなければならない」とし，規制分野ごとに規制的手法を提示する[4]。具体的には，まず，典型7公害を防止するために必要な規制措置がある。これは排出に関する基準を定め，行政命令や罰則でこの基準の遵守を強制する類のものであり，たとえば大気汚染防止法は，ばい煙発生施設における排出基準を定め，基準に適合しない場合の改善命令や改善命令を遵守しない場合の罰則等を定めている。この種の規制的手法は，古くから激甚な公害問題の克服に用いられ，大きな成果を挙げてきた。他にも，都市計画法における開発行為の許可など，土地利用等に関する公害防止のための規制措置，自然環境保全法や自然公園法によるゾーニング規制を例とする，自然環境を保全することが特に必要な区域における形状の変更，工作物の新設，木竹の伐採等の行為に対する自然環境保全のために必要な規制措置，野生生物の保護等のためになされる採捕，損傷等の行為に対する規制措置，公害および自然環境の保全上の支障につき，これらを共に防止するための規制措置がある。

　上記のように，公害の原因物質等につき，環境媒体ごとに規制基準を定めてその遵守を義務づけ，罰則等で担保する伝統的な行政規制が典型的な規制

（3）第5次環境基本計画15頁。ベストミックスともいわれる。北村・前掲注（2）123頁。
（4）倉阪秀史『環境政策論（第3版）』（信山社，2019）206頁。

的手法であるが，規制的手法は適切に執行されれば行政目的を確実に達成で
きるという利点を持つことから[5]，激甚な公害問題の克服には大きく貢献し
てきたものの，適法領域下での汚染の減少のインセンティブが働かず，また
都市生活型公害や地球環境問題といった新しい環境問題には馴染まない[6]。
それゆえ規制的手法に加え，以下に挙げるような別の手法も採られることと
なった[7]。とはいえ，明確かつ画一的な規制を行うことで，確実に目的を達
成することのできる規制的手法は，現代においても環境規制の最も中心的な
手法である。とくに目的達成の確実性という点に鑑みれば，他の政策手法に
比して優位するものといえよう[8]。

Ⅲ　経済的手法

　規制的手法によって激甚な公害問題は克服されたものの，自動車の排出ガ
ス問題を例とする都市生活型公害や地球環境問題への対応が求められるよう
になり[9]，このような問題には規制ではなく事業者等に一定のインセンティ
ブを与える手法が有用である[10]。そのうち経済的インセンティブを与える

---

(5) 桑原勇進「規制的手法とその限界」新美育文＝松村弓彦＝大塚直編『環境法大系』
　　（商事法務，2012）251頁。
(6) 黒川哲志『環境行政の法理と手法』（成文堂，2004）1頁など参照。
(7) あくまで別の手法「も」採られるようになったのであり，政策手法が二者択一のもの
　　ではないことはいうまでもない。
(8) 規制的手法の優位性につき，桑原・前掲注(5)255頁。また同255頁は，このことは環
　　境基本法21条1項が，規制的措置に関し「講じなければならない」としているのに対
　　し，22条1項は，経済的措置について，「講ずるよう努めるものとする」と定めてい
　　るのとは対照的であり，このような国の姿勢に規制的措置の優先性が示されていると
　　指摘する。
(9) 都市生活型公害や地球環境問題を集積型環境問題として，この問題への経済的手法の
　　優位性を論じたものに，黒川哲志「環境規制における経済的手法の動向と構造分析」
　　大久保規子＝高村ゆかり＝赤渕芳宏＝久保田泉編『環境規制の現代的展開－大塚直先
　　生還暦記念論文集』（法律文化社，2019）188頁がある。
(10) 黒川・前掲注(9)191頁によれば，事業者に経済的インセンティブを与える経済的手
　　法と後述の情報的手法は，ともに「市場を利用した規制手法」として位置づけること
　　もできる。また，大塚・前掲注(2)94頁，北村・前掲注(2)157頁によれば，これら
　　の手法を誘導（的）手法と呼ぶこともできる。

のが経済的手法であり，経済的手法とは，環境に負荷を与えている事業者等に対し，市場メカニズムを前提とした経済的インセンティブを与えることで事業者等の行動を一定方向に誘導し，所定の政策目標を達成する手法のことをいう[11]。経済的手法は，環境基本法22条に「環境の保全上の支障を防止するための経済的措置」として規定されており，これには経済的な助成措置と経済的な負担措置がある。前者は補助金や税制優遇措置が，後者は税や課徴金がその例である。環境基本法22条の条文配置にもあらわれているように，わが国の環境政策では，経済的な負担措置よりも経済的な助成措置を重視してきたとされる[12]。そして，経済的手法は次のように具体化される。

　第1に，都市生活型公害の例とされる自動車の排出ガス問題に対しては，電気自動車などクリーンエネルギー自動車に対する補助金や環境負荷に応じた税率を課す自動車税のグリーン化が挙げられる。また，料金を調整して都市部への自動車の乗り入れを抑制する環境ロードプライシングも大気汚染問題の改善に資する経済的手法である。

　第2に，地球温暖化問題に対しては，個々のCO_2排出行為と地球温暖化との因果関係が希薄であるため，総量としてのCO_2の管理が必要であり，これには経済的手法が有効である[13]。具体的には，まず，化石燃料に対する課税が挙げられ，わが国でも2012年の租税特別措置法等の一部を改正する法律により，地球温暖化対策のための課税の特例として，地球温暖化対策のための税が導入されている。次に，汚染物質の排出枠を設定し，その枠の取引を認める排出枠取引制度があり，今後一層の活用が期待されるものである。たとえば，CO_2排出の総量を管理し，許容排出量を超えた事業者等に対して，その排出枠の取引を可能とするものが代表例である（キャップアンドトレード方式）。EUなどで導入が進んでいるが，わが国では，東京都が都民の健康と安全を確保する環境に関する条例において同制度を採用しており，燃料，熱および電気等のエネルギー使用量が原油換算で年間1500キロリットル以上

---

(11)第5次環境基本計画14頁など参照。
(12)北村喜宣『現代環境規制法論』（上智大学出版，2018）162頁以下。
(13)黒川・前掲注（9）193頁。

の事業所が対象である。同制度は，オフィスビル等も対象としている点で世界的にも先進的な制度といわれる[14]。

　さらには，2012年 7 月に施行された電気事業者による再生可能エネルギー電気の調達に関する特別措置法における再生可能エネルギーの固定価格買取FIT（Feed-in Tariff：FIT）制度も経済的手法のひとつとして地球温暖化問題に資する。FIT 制度は，電気事業者に対し太陽光などの再生可能エネルギーによって発電した電気を固定価格にて一定期間政府が定めた価格で買い取るよう義務づけ，これに要する費用は電気料金を通じて消費者が賦課金として負担するものである[15]。FIT 制度は市場価格に連動させず，一定額の買取りを保証するものであり，事業者に新規参入の経済的インセンティブを与えた。実際に FIT 制度が導入されてから，太陽光発電事業への参入が急増したが[16]，再生可能エネルギーの主力電力化のためには市場価格との連動が必要となり，電気事業者による再生可能エネルギー電気の調達に関する特別措置法は再生可能エネルギー電気の利用の促進に関する特別措置法と名称が改められ，新たに電力の市場価格に対して一定の補助額を上乗せするFIP（Feed-in Premium）制度が2022年 4 月に開始された。

　第 3 に，廃棄物の分野においても経済的手法は有効的に用いられており，たとえばレジ袋の有料化，自治体レベルの一般廃棄物処理の有料化および産業廃棄物税，預託金払戻制度が挙げられる。わが国において預託金払戻制度はあまり活用されていない現状であるが，不法投棄対策には有効であり，積極的な導入が検討されるべきであろう[17]。

---

(14)倉阪・前掲注（ 4 ）224頁。なお，東京都と埼玉県はクレジットを連携している。
(15)FIT 制度につき，黒川・前掲注（ 9 ）194頁など参照。
(16)ただし，FIT 制度導入以降，太陽光発電設備の設置をめぐる紛争が各地で見られる。裁判例を検討したものとして，黒坂則子「太陽光発電設備の設置をめぐる裁判例の動向」日本不動産学会誌34巻 2 号（2020）95頁がある。
(17)交告尚史＝臼杵知史＝前田陽一＝黒川哲志著『環境法入門（第 4 版）』（有斐閣，2020）221頁参照。

Ⅳ　合意的手法・自主的取組手法

　上記のように規制的手法は，行政機関が事業者等の私人に対して何らかの行為を義務づけるものであるが，これに対して合意的手法とは，事業者と行政，あるいは住民らが交渉し，その合意に基づき，事業者等が環境保全などの措置を講じることをいう。合意内容は，協定の形式を採ることが多く，わが国では古く1960年代から全国の地方自治体において広く用いられるようになった公害防止協定が代表例である[18]。公害防止協定は，事業者と地方自治体，あるいは事業者と住民との間で締結されるものであり，その内容は，公害防止設備の措置や公害発生時の損害賠償といった内容まで様々なものがあるが，当該協定が任意の合意に基づくものであって，強行法規や法の一般原則などに反しない限り，一般的には法的拘束力を認めるのが判例，学説の立場である[19]。公害防止協定は現在も数多く存在しているが，近年においては公害防止対策に加え，他の幅広い環境保全活動の促進を目的とした環境保全協定を事業者と結ぶ自治体が見られる[20]。たとえば神戸市の環境保全協定は，公害防止対策，省エネルギー，地球温暖化対策，ごみの減量化，再生製品の使用，環境負荷の少ない材料の使用などといった幅広い分野を対象として，事業者が事業活動に環境マネジメントシステムなどを導入し，環境保全活動に積極的に取り組むとともに，市は広報や必要な情報の提供等を通じて事業者の取組を支援することとし，締結事業者の提出した環境保全計画書および報告書を公表している[21]。

　合意的手法は，他の環境分野にも広がっており，法律上の根拠を有する協

---

(18)公害防止協定については，島村健「合意形成手法とその限界」新美ほか編・前掲注（5）310頁以下参照。
(19)島村・前掲注(18)314頁参照。判例としてたとえば，最判平成21年7月10日判時2058号53頁がある。
(20)倉阪・前掲注（4）249頁，島村・前掲注(18)311頁参照。
(21)神戸市のWebサイト参照。同協定は，神戸市民の環境をまもる条例に根拠を有するものである。

定が創設されている。たとえば，都市緑地法における緑地協定は，植栽する樹木等の種類や場所など，緑地の保全または緑化に関する事項について土地所有者等の全員の同意により締結されるものであり，市町村長に認可されると，後に土地所有者となった者等にもその効力が及ぶ（承継効）。緑地協定と同様，法律上に根拠を有し，承継効を持つ協定として，建築協定や景観協定が挙げられる[22]。

　自主的取組手法も合意的手法と同様，事業者等の自発性に基づくものであり，一般的に事業者等が自ら設けた一定の努力目標のもとに対策を実施し，その目標を達成しようとする手法をいう[23]。事業者等が公的なスキーム等に自主的に参加し[24]，あるいは事業者等の自主的取組が法制度や行政計画などに取り込まれ，このような情報が広く一般に提供されると，当該事業者はグリーン化した市場において有利な立場となる。そこで自主的取組手法は，後述の情報的手法とも密接に関係する手法といえる。

　自主的取組手法の具体例としては，まず公的なスキームとしての環境マネジメントシステムが挙げられる。環境マネジメントシステムとは，事業者等が自主的に環境保全に関する取組を進めるにあたって，これに関する目標や方針を自ら設定し，その達成を実行するための仕組みをいう[25]。環境マネジメントシステムには，環境省が策定したエコアクション21や国際規格としてのISO14001などがある。次に，2005年に閣議決定された京都議定書目標達成計画において，産業界の自主行動計画を推進することが明示されたが，この産業界の自主行動計画も自主的取組手法に分類することができる[26]。

---

(22) このような協定につき，交告ほか・前掲注(17)228頁，畠山武道『考えながら学ぶ環境法』（三省堂，2013）117頁。

(23) 第 5 次環境基本計画14頁など参照。同計画は自主的取組手法につき，「事業者などがその努力目標を社会に対して広く表明し，政府においてその進捗点検が行われるなどによって，事実上社会公約化されたものとなる場合等には，更に大きな効果を発揮する。技術革新への誘因となり，関係者の環境意識の高揚や環境教育・環境学習にもつながるという利点がある」として，その利点を広く捉えている。

(24) 具体的には，環境行政機関などが作成した基準や規格を達成することに，事業者等が同意することである。倉阪・前掲注(4)244頁参照。

(25) 環境省の Web サイト参照。なお，環境マネジメントシステムについては大塚・前掲注(2)124頁以下に詳しい。

代表例としては経団連が1997年に策定した環境自主行動計画が挙げられる。経団連はその後，2013年に低炭素社会実行計画を策定し，2021年にはこれまでの実行計画を改め，新たにカーボンニュートラル行動計画を策定している。

なお，自主的取組が法制度にあらわれている例として，大気汚染防止法における揮発性有機化合物（VOC）規制と水銀規制が挙げられる。これらの規制においては，排出規制が適用される施設とそうではない施設とに分け，前者について規制的手法を，後者については自主的取組手法を採用している。

Ⅴ　情報的手法

情報的手法とは，環境保全活動に積極的な事業者や環境負荷の少ない製品などを市民が選択できるように，環境負荷に関する情報などの開示と提供を進める手法であり[27]，経済的手法と同様，事業者等に一定のインセンティブを与え，そしてその多くは事業者等の自主的取組手法を支えるものである。この手法により，環境配慮活動をしている事業者等は，自己の活動に伴う環境負荷に関する具体的な状況を自ら把握し，より積極的な活動を行うという効果が期待できる。情報的手法が機能するには，情報の可視性を高めるとともに，その情報が市場に広く提供されることが必要となる。

情報的手法には様々なものがあるが，まず，法律上の制度として，PRTR法が規定する環境汚染物質排出移動登録（Pollutant Release and Transfer Register：PRTR）の公表制度が挙げられる。同制度は，一定の事業者に対し，その事業活動に伴う一定の化学物質の排出量および移動量の把握と届出義務を課し，これを国が公表する制度である。同制度は，化学物質の排出に対する直接的な規制ではないが，情報が広く市場に共有されることで，事業者を化学物質の排出を削減する方向へと導くものである。同種のものとして，地球

---

(26)この自主行動計画については，島村・前掲注(18)325頁以下参照。
(27)第5次環境基本計画14頁参照。

温暖化対策の推進に関する法律における温室効果ガスの算定・報告・公表制度があるが，多数の化学物質と同様，人の生命，身体に対する直接の因果関係を認めにくい地球温暖化問題に対し，事業者の任意の取組を促す手法として有用である[28]。次に，廃棄物処理法における優良産廃処理業者認定制度も一種の情報的手法を用いた例といえる[29]。これは通常の許可基準より厳しい基準を満たした優良な産廃処理業者を認定する制度であり，認定業者はインターネットにて公表されている[30]。認定を受けると処理業の許可の有効期限が 5 年から 7 年へと延長されるといった利点がある。

　さらに，環境配慮促進法における，独立行政法人などの特定事業者に対する環境配慮等の状況に関する環境報告書の公表の義務づけも情報的手法のひとつである。公表が法律上義務づけられているのは公的主体のみであるが，環境省のガイドラインなどを参考に多くの事業者が自発的に環境報告書を公表している[31]。今後は一定規模以上の民間事業者について，環境報告書の公表が義務づけられるべきであり[32]，環境報告書の公表は，ESG 投資などに資するものとなろう。また，エコマークのように環境負荷の少ない製品にラベルを表示することで消費者の購買を促す環境ラベリングも情報的手法の例として挙げられる[33]。この環境ラベリングは，グリーン購入法におい

---

(28) 同法の2021年改正により，同報告は電子システムによる報告が原則となり，また開示請求の手続なしに公表されるようになった（29条など）。

(29) 京都市では，産業廃棄物処理業者ではなく排出事業者が自己チェックを行い，その結果を京都市が審査し，産廃処理・3 R 等優良事業場認定制度として，認定，公表，表彰する制度を法令上に根拠のない独自の制度として採用しており注目される。同制度については，黒坂則子「近時の京都市における産業廃棄物行政—産廃処理・3 R 優良事業場認定制度（産廃チェック制度を中心に）」環境管理50巻 1 号（2014）48頁参照。

(30) 都道府県の Web サイトや優良さんぱいナビ（産業廃棄物処理事業振興財団が運営する Web サイト）に公表されている。

(31) この環境報告書の内容を含めて CSR 報告書として公表する事業者も多い。黒川哲志「情報的手法・自主的手法」高橋信隆＝亘理格＝北村喜宣編著『環境保全の法と理論』（北海道大学出版会，2014）174頁。

(32) 北村・前掲注（2）164頁，越智敏裕『環境訴訟法（第 2 版）』（日本評論社，2020）9頁。

(33) その他，カーボンフットプリントも温室効果ガス排出量の「見える化」に資するものとして情報的手法の一つといえよう。交告ほか・前掲注(17)224頁参照。

て，国や自治体等が環境負荷の少ない製品を選択するのに資するものである⁽³⁴⁾。

Ⅵ おわりに

　本章では環境法における政策手法の主たるものについて見てきた。かつての激甚な産業公害は，規制的手法を用いることで克服されたが，環境問題が都市型生活環境問題や地球環境問題へと広がりを見せるなか，規制的手法に加え，経済的手法や情報的手法など様々な手法が用いられるようになった。そしてこのような政策手法を組み合わせて用いるポリシーミックスの考え方が浸透してきた。今後のわが国の法制度設計として，より柔軟に各種の政策手法を用いることが考えられる。たとえば，排出枠取引制度の考え方⁽³⁵⁾をより広い分野に応用することも検討に値する。その際には，アメリカのミティゲーションバンキングの考え方が参考となろう⁽³⁶⁾。なお，わが国の環境法制において，環境保険の購入を義務づける制度を積極的に導入すべきであることは，下記のコラムで述べる。今後は，冒頭に述べたような世界的な情勢のもと，よりグリーン化した市場とESG投資を念頭に置いた環境法政策のあり方が模索されよう⁽³⁷⁾。

---

(34)越智・前掲注(32)11頁。また，黒川・前掲注(31)170頁によれば，たとえば，多くの場合に，エコマーク認定基準はグリーン購入法における判断の基準と同等以上であり，原則的にエコマーク商品を選べばグリーン購入法適合となる。

(35)もっとも，わが国では義務的な排出枠取引制度自体が，現在のところ，国レベルでは採用されていない。

(36)畠山・前掲注(22)112頁，北村喜宣『企業環境人の道しるべ―より佳き環境管理実務への50の法的視点―』(第一法規，2021)14頁など参照。

(37)この点，北村・前掲注(36)12頁は，環境規制アプローチにおけるESG投資の重要性を示唆しており参考となる。

COLUMN

環境保険の義務づけ

　環境規制において，環境保険を規制的手法に組み込み，環境保険の購入を法的に義務づける制度が有用である。具体的には，環境汚染リスクを伴う行為，たとえば工場や各種施設の設置における許可要件に，汚染発生時における損害賠償等の支払いを担保する環境汚染賠償責任保険の購入を義務づける仕組みである。そうすると環境汚染リスクが期待損失として保険料にあらわれ，事業者等に環境汚染リスクを低減させる経済的インセンティブを与えることになる。このように規制的手法として環境保険の購入を義務づけるのであるが，これは一方で，事業者等に環境汚染リスクが反映された保険料を事前に支払わせ，リスク低減のインセンティブを与えるという意味で経済的手法にも位置づけられる。アメリカでは，このような環境保険は古くから廃棄物処分場などの許可要件としての財務能力の証明手段として用いられ，わが国でも原子力損害の賠償に関する法律が義務づける損害賠償措置の内容として，原子力損害賠償責任保険契約等が採用されている。事業者等に環境汚染リスクに見合った保険の購入を義務づける制度は，汚染者負担原則に適合的であり，より多くの環境法制に組み込まれるべきであろう[38]。

(38) 環境保険の義務づけについては，黒川・前掲注（9）200頁，黒坂則子・黒川哲志「汚染者負担原則の射程」『環境法のロジック』（成文堂，2022）57頁以下など参照

第 **4** 章

環境保護の担い手

I 環境基本法の規定

　環境基本法は，環境保全の基本理念として，①環境の恵沢の享受と継承，②環境への負荷の少ない持続的発展が可能な社会の構築，③国際的協調による地球環境保全の積極的推進を掲げ，その主体として，国，地方公共団体，事業者および国民の責務をそれぞれ規定している。

　同法は，国の責務として，環境の保全に関する基本的かつ総合的な施策の策定と実施を，地方公共団体の責務として，環境の保全に関する国の施策に準じた施策およびその区域の自然的社会的条件に応じた施策の策定と実施を挙げている。

　事業者については，①事業活動に伴って生ずる公害を防止し，又は自然環境を適正に保全するために必要な措置を講ずること，②環境の保全上の支障を防止するため，事業活動を行うに当たって，その事業活動に係る製品等が廃棄物となった場合にその適正な処理が図られることとなるように必要な措置を講ずること，③環境の保全上の支障を防止するため，事業活動を行うに当たって，その事業活動に係る製品等が使用又は廃棄されることによる環境への負荷の低減に資するように努めるとともに，環境への負荷の低減に資する原材料，役務等を利用するように努めること，④事業活動に伴う環境への負荷の低減その他環境の保全に自ら努めるとともに，国又は地方公共団体が実施する環境の保全に関する施策に協力することが責務として規定されている。

　さらに，同法は，国民の責務として，①環境の保全上の支障を防止するため，その日常生活に伴う環境への負荷の低減に努めること，②環境の保全に自ら努めるとともに，国又は地方公共団体が実施する環境の保全に関する施策に協力することを定めている。

　環境保護の担い手としての国，地方公共団体，事業者および国民は，環境基本法の定める基本理念にのっとり，それぞれに課せられた責務を果たすとともに，お互いに連携しながら主体的に環境保全に取り組む必要がある。

Ⅱ　国・地方公共団体

1　国

⑴　環境省の設置

　環境基本法は環境保全に関する基本的かつ総合的な施策の策定・実施を国の責務として規定するが，これらの事務を主に担当するのは環境省である[1]。

　1960年代から1970年代にかけて，レイチェル・カーソンの『沈黙の春』（1962年）の出版を端緒とした環境保護運動が世界的に活発化するなか，1970年にはアメリカの環境保護庁やイギリスの環境省[2]といった環境保護を目的とした公的機関が設けられている。日本でも，1967年の公害対策基本法の制定や1970年の「公害国会」における公害関係法の制定・改正を経て，公害防止や環境保全の機能を一本化する目的から，1971年に総理府の外局として環境庁が設置された。その後，環境庁は，2001年1月の中央省庁再編に伴い，環境省となっている。

（1）これは，他の省庁が環境保護の役割を担わないということを意味しているのではなく，たとえば，「森林・林業基本法」や「森林法」の下では農林水産省が，いわゆるPRTR法や家電リサイクル法の下では経済産業省が，「都市緑地法」や「都市公園法」の下では国土交通省がその役割を担っている。
（2）現在，イギリス環境省は，環境・食糧・農村地域省（Department for Environment, Food and Rural Affairs）に再編されている。

⑵　環境省の任務および所掌事務

　環境省設置法は，同省の任務として，地球環境保全，公害の防止，自然環境の保護および整備その他の環境の保全並びに原子力の研究，開発および利用における安全の確保を図ることを挙げ，これらの任務を達成するための所掌事務を列挙している。

　環境基本法や個別法が定める環境省の具体的な事務としては，たとえば，環境基本計画の策定や環境基準の設定，ばい煙に係る排出基準や排水基準の設定，自然環境保全地域の指定，廃棄物の適正な処理に関する施策の推進を図るための基本方針の策定などがある。

⑶　環境省の組織

　環境省には，環境大臣，副大臣，大臣政務官，事務次官のほか，地球環境保全に関する事務のうち，国際的に取り組む必要がある事項に関する事務を総括整理するために地球環境審議官が置かれる。

　また，環境省の内部部局として，大臣官房および 4 つの部局（地球環境局，水・大気環境局，自然環境局，環境再生・資源循環局）並びに総合環境政策統括官が置かれる。なお，大臣官房には環境保健部とともに，政策立案総括審議官，公文書監理官，サイバーセキュリティ・情報化審議官，地域脱炭素推進審議官および審議官が置かれている（2022 年 7 月 1 日現在）。

　さらに，環境省には，国家行政組織法に基づく審議会等としての中央環境審議会，公害健康被害補償不服審査会，有明海・八代海等総合調査評価委員会，臨時水俣病認定審査会および国立研究開発法人審議会のほかに，公害対策会議や環境調査研修所が置かれている。また，環境省の地方支分部局として地方環境事務所[3]が，外局として原子力規制委員会が設置されている。なお，独立行政法人である環境再生保全機構および国立環境研究所，特殊会社である中間貯蔵・環境安全事業株式会社は環境省が所管する。

（3）北海道，東北，関東，中部，近畿，中国四国，九州の 7 ブロックに福島を加えた計 8 ヶ所設けられている。

2　地方公共団体

(1)　市町村と都道府県の役割分担

　環境基本法は，地方公共団体の責務として，国の施策に準じた施策およびその区域の自然的社会的条件に応じた施策の策定・実施を規定する。なお，市町村が基礎的な地方公共団体として区域における住民に身近な施策を担うのに対し，都道府県は，主として，広域にわたる施策の実施や市町村が行う施策の総合調整を行う。

　市町村と都道府県の役割分担については個別法で明確化されている場合もあり，たとえば，廃棄物処理法は，市町村の役割として，区域内における一般廃棄物の処理に関する事務を，都道府県の役割として，市町村に対する技術的援助や区域内における産業廃棄物の処理に関する事務をそれぞれ挙げている。

(2)　地方公共団体と国の役割分担

　地方自治法は，地方公共団体と国の役割分担について，地方公共団体は地域における行政を自主的かつ総合的に実施する役割を広く担うとともに，国は，国際社会における国家としての存立に関わる事務，全国的に統一して定めることが望ましい事務，全国的な規模・視点に立って行わなければならない施設や事業など国が本来果たすべき役割を重点的に担うこととし，住民に身近な行政はできる限り地方公共団体に委ねることを基本として，地方公共団体との間で適切に役割を分担するとともに，地方公共団体に関する制度の策定および施策の実施に当たって，地方公共団体の自主性・自立性が十分に発揮されるようにしなければならないとする。

　環境保護行政についても，基本的には同様の方法で役割分担が行われており，たとえば，大気汚染防止法は，規制対象となる施設や物質の指定や，ばい煙の排出基準の設定を国の事務とし，ばい煙発生施設の設置の届出に関する事務など個別の施設を対象とする事務は都道府県が行うこととしている。

　なお，地方公共団体が行うこととされている事務には法定受託事務と自治事務がある。いずれも地方公共団体の事務であるが，いわゆる第1号法定受

託事務は「国が本来果たすべき役割に係るもの」であり，国による処理基準の設定等が行われる場合がある。地方公共団体が行うこととされている環境保護に関する事務の多くは自治事務であるが，都道府県知事による大気汚染状況の常時監視や公共用水域等の水質汚濁状況の常時監視，産業廃棄物処理業の許可等は法定受託事務とされている。

(3) 条例の制定

　地方公共団体は，環境保護についての役割を担うなかで，その区域の自然的・社会的特性に応じて独自に条例を制定し環境施策を講じている。多くの地方公共団体が定めている環境保護関連の条例には，たとえば，国の環境基本法の理念に対応する形で制定される環境基本条例，大気汚染防止法や水質汚濁防止法で認められている排出・排水の上乗せ規制や横出し規制を行う条例，自然環境保全条例，環境影響評価条例などがある。また，各地方公共団体は，地域の特性にあわせた自主条例を制定し，独自に環境保護に取り組んでいる。

(4) 内部組織

　地方公共団体の長は，その権限に属する事務を分掌させるため，必要な内部組織を設けることができるとされ，多くの地方公共団体には環境保護行政を担当する内部組織が設けられている。なお，都道府県の場合，最上位組織として環境担当の部や局が置かれるが，宮城県環境生活部や千葉県環境生活部のように環境保護に関する事務だけでなく住民生活関連の事務も担当するような部局構成となっているものが多い[4]。

（4）地方公共団体の内部組織については，西尾哲茂『わか～る環境法（増補改訂版）』（信山社，2019）516頁参照。

Ⅲ　事業者・国民

1　事業者

　廃棄物の大量発生，エネルギーの大量消費，有害物質の排出など，日常的な事業活動に伴う自然環境への負荷は国民個人の生活と比較しても大きく，また，利益の追求を目指す事業者が自然環境への配慮を軽視することも考えられる。そこで，環境基本法は，事業者の責務として，①公害防止と自然環境保全のために必要な措置を講ずること，②事業活動に係る製品等が廃棄物になった場合にその適正な処理が図られることとなるように必要な措置を講ずること，③事業活動に係る製品等が使用又は廃棄されることによる環境負荷の低減に資するとともに，再生資源等を利用するように努めること，④国・地方公共団体が実施する環境保全施策に協力することを定めている。

　このような事業者の責務については，公害対策基本法の時代から，事業活動による公害を防止するために必要な措置を講ずる責務，国・地方公共団体の施策に協力する責務，製品が使用されることによる公害発生を防止する努力義務が規定されていたが，環境基本法により，事業活動に係る製品等が使用・廃棄されることによる環境への負荷の低減も事業者の努力義務とされた点に特徴がある。これは，循環型社会形成推進基本法の定める３Ｒに関する「拡大生産者責任」の考え方の先駆けであるとされる[5]。

　近年では，CSR（企業の社会的責任）により，自主的な環境アセスメントを行ったり，いわゆる環境ISOの取得を目指したりするなど，環境保護を目的とした自発的な取組みを行っている事業者がある一方で，廃棄物の不法投棄が社会問題化するなど環境保護を疎かにする事業者も後を絶たないのが実状である。

（5）大塚直『環境法BASIC（第3版）』（有斐閣，2021）60頁参照。

2　国　民

　環境基本法は，国民の責務として，①日常生活に伴う環境への負荷の低減に努めること，②国・地方公共団体が実施する環境保全施策に協力することを挙げている。国民個人も，その量は格段に違うとは言え，事業者と同様，廃棄物や温室効果ガスを日常的に排出しながら生活していることから，上記①の努力義務が重要である。

　このような努力義務が個別法において具体化されているものとして，たとえば，地球温暖化対策推進法は，国民の責務として，日常生活に関し，温室効果ガス排出量の削減等のための措置を講ずるよう努めることを定めている。また，プラスチックに係る資源循環の促進等に関する法律は，消費者の責務として，プラスチック使用製品廃棄物を分別して排出すること，プラスチック使用製品の長期間使用や過剰使用の抑制といった使用の合理化により廃棄物の排出を抑制するとともに，再資源化等で得られた物又はこれを使用した物を使用することを努力義務として規定している。私たち国民は，たとえば，交通手段として自転車や公共交通機関を利用することで温室効果ガス排出量を削減したり，プラスチック製レジ袋の代わりにエコバッグを使用したりすることでプラスチック使用製品廃棄物の排出を抑制すること等を心掛けながら日常生活を送ることが期待されている。

　このように，環境基本法には環境保護の担い手としての国民の責務が規定されているものの，それはあくまで環境への負荷をかける主体としての，また国・地方公共団体の協力者としての役割が定められているに過ぎない[6]。これらの役割は重要ではあるものの，本来であれば，国民は環境権の主体として，環境保護行政への「参加」といった観点からも環境保護の役割を担うべきであると考えられる[7]。

（6）阿部泰隆＝淡路剛久編『環境法（第4版）』（有斐閣，2011年）39頁参照。

Ⅳ　環境領域における参加

1　オーフス条約

(1)　国際的動向

　環境領域における参加の重要性は国際社会において強調されており，それを明示したものとして重要であるのが，1992年6月の地球サミットで採択された「環境と開発に関するリオ宣言」第10原則と，それを受けて国連欧州経済委員会（United Nations Economics Commission for Europe：UNECE）によって策定され，1998年6月25日にデンマークのオーフスで採択されたオーフス条約（環境問題における情報へのアクセス，意思決定への市民参加及び司法へのアクセスに関する条約）である[8]。同条約は2001年10月30日に発効し，2022年8月現在，EUを含む47の国と地域が批准している。

　オーフス条約の採択・発効後も，2010年の国連環境計画（United Nations Environment Program：UNEP）による「バリガイドライン」の採択や2018年の「エスカス協定」の採択（2021年発効）など，国際社会において，環境領域における参加の促進を図る取り組みが続いている[9]。

（7）環境権の参加権としての側面を重視し，環境権に基づく行政過程への参加を認めるべきだとする考え方が有力である。大塚・前掲注（5）45頁，畠山武道「環境権，環境と情報・参加」法学教室269号（2003）17頁，北村喜宣『環境法（第5版）』（弘文堂，2020）52頁など。

（8）オーフス条約については，日本においても多くの研究が存在する。初期のものとして，高村ゆかり「情報公開と市民参加による欧州の環境保護─環境に関する，情報へのアクセス，政策決定への市民参加，及び，司法へのアクセスに関する条約（オーフス条約）とその発展」静岡大学法政研究8巻1号（2003年）131頁以下，大久保規子「環境法の新潮流（29）オーフス条約からみた日本法の課題」環境管理42巻7号（2006年）675頁以下など。

（9）他にも，2015年の「国連持続可能な開発サミット」において採択された「持続可能な開発のための2030アジェンダ」において，いわゆるSDGsの目標16としてオーフス条約の内容が確認されている。

⑵　オーフス条約の概要

　オーフス条約は，その前文において，「人は誰でも自己の健康と福利に適切な環境の下に生きる権利を有するとともに，個人として，また他者と協働して，現在及び将来の世代のために環境を保護・改善する義務がある」とした上で，環境に関する「情報アクセス権」，「意思決定への参加権」，「司法アクセス権」の 3 つの手続的権利をあらゆる者に保障することを目的とする旨を定めており，締約国に対して，これらを促進するために必要な手段を講じることを要求している。市民による環境情報へのアクセスが不十分であれば意思決定への参加は困難になり，また，情報アクセス権や意思決定への参加権が保障されない場合にそれに異議を申し立てる権利がなければ，市民参加とそれに基づく環境保護が実現しないおそれがあることから，これら 3 つの権利の連携は重要であると考えられる。

　オーフス条約は，第 1 の柱である情報アクセス権に関して，①公的機関が保有する環境情報[10]を市民からの請求を受けて開示する「情報開示」と，②開示請求を経ずに公的機関が自発的にそれらを公表する「情報提供」に関する制度の構築を要求し，第 2 の柱である意思決定への参加権については，公衆による「①許可等の公的機関の特定の活動に関する意思決定への参加」，「②環境に関する計画，実施計画および政策に関する参加」，「③行政立法および一般に適用しうる法的拘束力がある規範的文書の策定段階における参加」という 3 つの場面における参加制度の構築を締約国に義務付けている。また，第 3 の柱である司法アクセス権について，同条約は，「①環境情報の不開示決定等」，「②同条約によって意思決定への参加の実施が義務付けられている環境決定等」，「③環境関連法令違反の決定等」を対象とした司法アクセスの保障を締約国に要求している。

---

(10) オーフス条約 2 条 3 項は，「環境情報」を（a）大気，水，土壌，景観などの環境要素の状態やそれらの相互作用に関する情報，（b）環境要素に影響する物質，エネルギー，騒音，放射線といった要因や行政措置，環境協定，政策，立法，計画などの活動・措置等に関する情報，（c）環境要素等を通じて影響を受ける人間の健康と安全の状態，生活条件，文化的史跡及び建築物に関する情報，と幅広く定義している。

2 日本における参加制度

では，オーフス条約を批准していない日本においてはどのような参加制度が構築されているのだろうか。

(1) 情報アクセス権

国による環境情報の提供について，環境基本法は，「個人及び法人の権利利益の保護に配慮しつつ環境の状況その他の環境の保全に関する必要な情報を適切に提供するように努めるものとする」と規定している。しかしながら，これはあくまで「国が有する情報のうち国が適切と判断するものを国が適切と判断する人に提供することができるというにすぎない」[11]と指摘されているように，オーフス条約が定める情報アクセス権の保障を実現するものとは言えない。

国や地方公共団体が保有する環境情報を国民からの請求を受けて開示する「情報開示」については，一般法である「行政機関の保有する情報の公開に関する法律」もしくは「独立行政法人等の保有する情報の公開に関する法律」，又は地方公共団体の制定する情報公開条例に基づく開示請求が制度化されている[12]。開示請求の対象となる情報には環境関連の情報も含まれるが，開示にあたっては，そもそもそれが行政文書に該当するか，開示請求された情報が不開示情報に該当しないかなどが焦点となる。

開示請求を経ずに国や地方公共団体が自発的にそれらを公表する「情報提供」制度には，環境基本法15条が定める環境基本計画の公表，大気汚染防止法24条や水質汚濁防止法17条に基づく汚染状況の公表，廃棄物処理法8条4項に基づく申請書等の縦覧制度などがある[13]。また事業者の保有する情報を国が収集して公表するいわゆるPRTR[14]制度も重要である。

---

(11) 大塚・前掲注（5）102頁。

(12) PRTR法10条のように，個別法が環境情報の開示請求制度を置いている例もある。

(13) なお，イギリスの制度との比較のうえ，日本の制度の不十分さを指摘するものとして，林晃大『イギリス環境行政法における市民参加制度』（日本評論社，2018）57～62頁参照。

(14) PRTRとは，Pollutant Release and Transfer Registerの略称で，有害物質の排出および移動を登録することで，化学物質が環境中へ放出された量と廃棄物として事業所外に移動した量を把握する制度のことである。

(2) 意思決定への参加権

日本では，パブリックコメントや公聴会などを通じた環境意思決定への参加制度が置かれている[15]。他方で，オーフス条約が定める環境に関する計画や行政立法の策定過程への参加としては，一般法である行政手続法が，「命令等制定機関は，命令等を定めようとする場合には，……広く一般の意見を求めなければならない」と規定し，命令等の制定過程におけるパブリックコメント手続を義務付けている。個別法をみると，たとえば，森林法は地域森林計画の策定についての意見提出を，種の保存法は生息地等保護区の指定についての利害関係人による意見提出を定め，また，ダイオキシン類対策特別措置法はダイオキシン類土壌汚染対策計画の策定にあたって公聴会の開催など住民の意見を反映させるために必要な措置を講じることを義務付けている。

オーフス条約の定める許可等の特定の活動に関する意思決定への参加については，行政手続法が，第三者の利害を考慮すべきことが許認可等の要件とされている場合において，公聴会の開催など第三者の意見を聴く機会を設けることを努力義務として規定している。また，個別法をみると，廃棄物処理法が，対象を利害関係者に限定しているものの，廃棄物処理施設の設置許可についての意見提出を認めている。しかしながら，日本では，大気汚染防止法や水質汚濁防止法といった汚染対策法制の多くが施設の設置等について届出制を採用しているため，意見提出や公聴会の開催など，広く市民からの意見を聴く仕組みは設けられていない。

(3) 司法アクセス権

オーフス条約の定める司法アクセス権の保障について，国内法との関係で特に重要となるのは，抗告訴訟の原告適格の問題である。オーフス条約9条2項は，同条約によって意思決定への参加の実施が義務付けられている環境決定等について，「関係市民」であって「十分な利益」を有する者が，その

---

(15)環境影響評価法8条に基づく意見書の提出のように，事業者に対する意見提出が認められているものもある。

実体的・手続的適法性について争うため，裁判所に出訴することができるよう確保しなければならないとしている。そして，同条約は，「関係市民」には「環境保護を促進し，かつ国内法のもとで要件を満たすNGO」が含まれ，「要件を満たすNGO」は「十分な利益」を有しているとみなされなければならないとする。つまり，オーフス条約は，国内法で定められた要件を満たした環境NGOに環境決定等について争う特別の原告適格を認めるよう締約国に要求しているのである。

　行政事件訴訟法の定める原告適格の基準である「法律上の利益」について「法律上保護された利益説」を採用している現在の日本の判例理論の下では，自己の法的利益が侵害されていない者が純粋な公益としての環境の保護を目的として抗告訴訟を提起することは極めて困難である。そのため，日本においても，オーフス条約が規定するように，環境NGO・NPOによる訴訟の提起を認めるような法制度の構築が期待されている[16]。

COLUMN

NGO・NPO の役割

　環境保護の担い手として，NGOやNPOの存在は今や欠かすことのできないものである。いわゆる環境NGO・NPOは，自然環境や文化財保護のための運動はもちろん，国や地方公共団体への提言，専門的知見の提示，調査研究，情報提供，環境教育など様々な側面から環境保護のための活動を行っている。国際社会においては，多くの環境条約がこれらに積極的な関与を要求し，これらの団体は草の根的な運動のみならず，条約の遵守監視や国際会議への参加等を通じた環境保護の役割を担っている。地球規模の環境問題が深刻さを増す現代社会において，その役割の重要性は高まり続けていると言える。

　日本の法制度に目を向けてみると，環境NGO・NPOについて，環境基本法が「国は，事業者，国民又はこれらの者の組織する民間の団体……が自発的に行う緑化活動，再生資源に係る回収活動その他の環境の保全に関する活動が促進されるように，必要な措置を講ずるものとする」（26条）と定めて

(16)亘理格「環境公益訴訟─環境団体訴訟の法制化を中心に」環境法政策学会編『環境法における参加─展望と課題』（商事法務，2019）57頁以下など。

はいるものの，これらの団体を環境保護の主体として位置づけていない点に
問題があると言える。しかしながら，1998年に制定された特定非営利活動
促進法が「環境の保全を図る活動」（別表 7 号）を行う団体について，特定
非営利活動法人の設立の認証（10条）や認定特定非営利活動法人の認定
（44条）といった制度を通じてその活動の促進を図ったり，公園管理団体の
指定（自然公園法49条 1 項）や緑地保全・緑化推進法人の指定（都市緑地
法69条 1 項）の対象に特定非営利活動法人を含めたりするなど，環境関連
の個別法において NPO を環境保護の担い手とする仕組みが導入されてお
り，日本においても環境保護の主体としての環境 NGO・NPO への期待はま
すます高まっている。

第 **5** 章

環境権・自然享有権・自然の権利

▌Ⅰ　環境権

1　環境権提起の社会背景

　第二次世界大戦後の経済復興の多くは，重化学工業の急速な進展により成し遂げられた。当時，天高くそびえる煙突から排出される黒煙は都市繁栄の象徴であり，社会的に環境問題の悪化による危機意識は持たれなかったようである[1]。しかし，こうした経済成長の負の部分が急激に顕在化し，全国各地で排出された汚染物質は大気や水質を悪化させ，工場用地確保のために海岸線の多くは埋め立てられ，拡大する都市は多くの山林を切り開いた。そして，ついに，工場から排出される汚染物質は人々の生命や健康を脅かし，過度の開発行為は生活環境の悪化を生じさせた。これらは，いわゆる四大公害訴訟事件に代表されるように，全国各地で訴訟という手段をもって解決が図られることになった。巨大資本を相手にしたこれら訴訟には，理論的にも実務的にも多くの困難を伴ったが，公害問題に強い危機感を抱くようになった世論の趨勢もあり，被害者の多くはひとまずの損害賠償を得る判決を勝ち取ることに成功した。他方で，公害や環境汚染あるいは自然破壊などの被害者や当事者にとって，もっとも希求される問題解決は，汚染原因行為や開発行

（1）北村喜宣『環境法（第5版）』（弘文堂，2020）376頁。

為の差止であった。

2　環境権の提起

　このような社会状況や問題意識を背景として登場したのが，「環境権」である。まず，1970年3月に東京で開催された公害問題国際シンポジウムでは，「人たる者は誰もが，健康や福祉を犯す要因にわざわいされない環境を享受する権利と，将来の世代へ現在の世代が遺すべき遺産であるところの自然を含めた自然資源に与る権利とを基本的人権の一種としてもつという原則を，法体系の中に確立するよう，要請する」という東京宣言がなされた。じつは，当該シンポジウムに参加していたジョセフ＝サックス教授が唱えた公共信託論[2]が，その後の環境権論の研究に大きな影響を与えたことは特筆すべきである。つづいて，1970年9月に新潟において開催された第13回日本弁護士連合会人権擁護大会公害シンポジウムでは，「環境を破壊から守るために，われわれには，環境を支配し，良き環境を享受しうる権利があり，みだりに環境を汚染し，われわれの快適な生活を妨げ，あるいは妨げようとしている者に対しては，この権利に基づいて，これが妨害の排除または予防を請求しうる権利がある」と提言された[3]。これらを受けて，大阪弁護士会に所属する有志の弁護士が中心となって環境権研究会を起ち上げ，環境権の理論化を試みた。これにより，環境権は，支配権として排他性を持ち，各人の権利は自己と関係のある環境全体に及び，具体的な被害が何人に生じているかに関わりなくこれを行使できると考えるに至った。とくに，環境権の侵害があったことで違法性を認めるべきであるとする点で従来の受忍限度論を克服し，環境権は一切の自然的・社会的環境に対して地域住民が持つ排他的な支配権であるから，環境が侵害されればその故意・過失を問わず直ちに地域住民がその差止を請求し得るとする点に大きな特徴がある[4]。

（2）アメリカにおける公共信託論の判例と学説の動向については，松本充郎『日米の流域管理法制における持続可能性への挑戦―日米水法の比較法的研究』（ナカニシヤ出版，2021）203頁以下が詳しい。
（3）仁藤一＝池尾隆良「環境権の法理」法律時報43巻3号（1971）159頁。

3　私権としての環境権とその限界

　しかし，たとえば，公害被害の救済を求めて民法に基づく訴訟を提起するにあたり，損害賠償請求については明文の規定（民法709条）が存在するものの，差止については存在しない。加害行為地に隣接した土地所有者などの物権者であれば物権的請求権（妨害予防請求権）を，生命や健康に影響を受ける者であれば人格権を，それぞれ主張する訴訟が遂行可能である。この点については，環境権の提唱とほとんど同時期に提起された「大阪国際空港訴訟事件」の第1審判決[5]も，「差止請求においても，物権のみならず人格権をその根拠とすることによって救済の実をあげることができるのであって，いずれにしても環境権を認めなければ個人の利益が救済できないという場面はないと考えられる」と判示し，環境権をことさら主張する理を否定している[6]。つまり，環境権は私権として構成されたものの，既存の私権との競合関係の整理が十分になされたわけではなかった。判例は，その後も環境権に対して拒否反応を示し続け，それは民事訴訟にとどまらず，たとえば行政事件訴訟の原告適格を基礎づける「法律上の利益」としての環境権も認めないなど，憲法や行政法の領域へも拡大した[7]。

4　環境権訴訟の動向

　環境権に対する判例の拒否反応は，はたしてどのような点に根差しているのであろうか。環境権に関する著名な判例を概観しながら探ってみたい。
　まず，火力発電所建設をめぐって周辺住民や漁業関係者などが環境権や人

（4）大阪弁護士会環境権研究会編『環境権』（日本評論社，昭和48年）54頁。
（5）大阪地判昭和49年2月27日民集35巻10号1621頁。
（6）本事件の上告審（最大判昭和56年12月16日民集35巻10号1369頁）は，「本件空港における航空機の離着陸の規制等は，運輸大臣による空港管理権と航空行政権とが不可分一体的に行使実現されるものであり，従って，不可避的に航空行政権の行使の取消変更ないしその変動を求める請求を包含する本件差し止め請求は，行政訴訟の方法によるべきかどうかはともかくとして，民事上の請求としては不適法である」と判示して，環境権に対する判断を避けた。
（7）黒川哲志「環境権論の展望」環境法研究44号（有斐閣，2019）97〜98頁。

格権に基づく差止を求めて訴訟を提起した「伊達火力発電所事件」[8]では，環境権に基づく訴えを適法であるとしたうえで，環境権について「地域住民が共通の内容の排他的支配権を共有すると考えることは，困難であって，立法による定めがない現況においては，それが直ちに私権の対象となりうるだけの明確かつ強固な内容及び範囲をもったものであるかどうか，また，裁判所において法を適用するにあたり，国民の承認を得た私法上の権利として現に存在しているものと認識解釈すべきものかどうか甚だ疑問なしとしない」などと判示して，これを認めなかった。

　また，新幹線列車の騒音による各種被害に関して，沿線住民らが環境権ないしは人格権を根拠に差止を求めて訴訟を提起した「名古屋新幹線訴訟事件」[9]も，「実定法上何らの根拠もなく，権利の主体，客体及び内容の不明確な環境権なるものを排他的効力を有する私法上の権利であるとすることは法的安定性を害し許されない」と判示し，環境権の概念を否定した。

　さらに，琵琶湖の開発による水環境の悪化に関して，環境権やその内容を具体化した浄水享受権に基づき，琵琶湖を水源として利用している住民らが開発計画の差止を求めて訴訟を提起した「琵琶湖総合開発計画差止訴訟事件」[10]は，環境権については「実定法上の根拠もなく，その内容，要件等が抽象的で，不明確である等の多くの難点が存し，到底認めることはできない」と判示し，浄水享受権についても「水質が汚濁しても浄水処理がなされれば健康に影響を及ぼさないから水源の清浄さを権利内容とする必要性に乏しいこと」などを理由として，これを否定した。

　このように，判例は環境権を概ね消極的に捉えてきたといえるが，その最大の理由は権利としての内容が不明確なことであろう[11]。もっとも，前掲

（8）札幌地裁昭和55年10月14日判時988号37頁。
（9）名古屋高判昭和60年4月12日判時1150号30頁。
（10）大津地判平成元年3月8日判時1307号24頁。
（11）「女川原発訴訟事件（仙台地判平成6年1月31日判時1482号3頁）」は，「環境権が実定法上明文の根拠のないことは被告の指摘するとおりではあるものの，権利の主体となる権利者の範囲，権利の対象となる環境の範囲，権利の内容は，具体的・個別的な事案に即して考えるならば，必ずしも不明確であるとは即断し得ない」と判示し，環境権をやや積極的に評価している。

の「琵琶湖総合開発計画差止訴訟事件」においては，環境権の内容を具体化させた浄水享受権について，その必要性に乏しいとして否定しており，権利要件についてのハードルも相当高いといわざるを得ない。おそらく，環境の内容をいくら具体化したところで，それは人格権の内容に包摂される可能性が高くなり，環境権が独自に存在する意義はますます見失われるだろう。そもそも，環境権が志向するのは万人共有の公共財としての環境の保護にあり，個々人の私益保護を念頭に置く民事訴訟の俎上で議論することに困難がある[12]。それでもなお，環境権に基づく差止訴訟が後を絶たないのは，逆に言えば，民事訴訟制度の限界を指摘しなければならない[13]。

Ⅱ　自然享有権

1　自然享有権の内容

自然享有権とは，「国民が生命あるいは人間らしい生活を維持する為に不可欠な自然の恵沢を享受する権利」とされ，日本弁護士連合会が1986年に徳島市で開催した第29回人権擁護大会において提唱された[14]。自然享有権は，自然を公共財とみて，自然支配権を想定せず，「自然という有機的集合体から恵みを受けることについての権利」であるという点で環境権とは異な

---

(12) 北村・前掲注（1）51〜52頁は，環境権が志向するものを共同利益として再構成し，良好な環境を社会が選択するための手続的権利としての環境権を考えるのが最近の傾向であるとする。

(13) 沢井裕「差止請求権の法的構成」自由と正義34巻4号（1983）10頁は，差止請求権の根拠として，環境権は従来の判例の中では「絶望的」な状況であるとする。また，伊藤眞「紛争管理権再論〜環境訴訟への受容を目指して」新堂幸司編集代表『竜嵜喜助先生還暦記念　紛争処理と正義』（有斐閣，1988）206頁は，環境権の内容に理論的な問題がある以上，裁判所が門前払いの判決を行うこともやむを得ないとしても，現代社会の成熟にともなって，人々にとっての価値が財産的なものから，環境あるいは文化などより高度な精神的な価値へと移行しており，かかる高度な社会的価値を保護することは立法府の任務であり，立法府がその責任を十分に果たしていないからといって，裁判所がそれらの利益保護に取り組まないことは批判されるべきとする。

(14) 日本弁護士連合会公害対策・環境保全委員会『森林の明日を考える』（有斐閣，1991）286頁。

るとされており，環境権を修正し，被害者の個別的利益に近づけたものとみることができる⁽¹⁵⁾。

　また，自然享有権は，自然を回復不可能なまでに破壊することは，祖先や将来世代に対する義務違反であり，自然の恵みを享有する権利は本来生まれながらにして持っている権利であって，それは現在および未来の人類の誰にでも保障されねばならないという考えに立脚している⁽¹⁶⁾。ただし，自然享有権は，このままの状態で直ちに司法の場において主張し得る権利性を帯びているものではなく，将来的な社会状況の変化に応じて，社会的コンセンサスを得ることで私権性を取得するものと考えられていた⁽¹⁷⁾。自然享有権は，どちらかといえば権利としてよりも，むしろ義務として構成されていたといえる。しかし，それゆえに，裁判においてその規範性が認められるためのハードルはとても高い。

2　自然享有権提起の背景

　自然享有権という考え方が強調された背景には，1970年代後半以降の国有林野をめぐる森林資源政策の転換と，それに対する世論の影響もあった。とりわけ，1985年の「国際森林年」を契機としてブナ林伐採問題が社会問題化し，それ以後東北・中部日本を中心としてブナ林伐採問題が各地で起こり，ブナ林を保護するための自然保護運動が展開され，とくに沿岸漁業や内水面漁業に従事する人たちが森林伐採に危機感を抱いて市民運動や訴訟の原動力となった。たとえば，白神山地に係る東北各地方のブナ林伐採計画反対運動や，知床国立公園内での天然林伐採反対運動などが挙げられる。知床の反対運動は，知床の森林を木材資源として見るか，それとも環境資源として見るか，という価値観の対立であった。いずれの地域も，その後に世界自然遺産

(15)大塚直『環境法（第4版）』（有斐閣，2020）77頁。
(16)日本弁護士連合会公害対策・環境保全委員会・前掲注(14)288～289頁。なお，山村恒年『自然保護の法と戦略（第2版）』（有斐閣，1994）401頁は，自然享有権は，いわゆる「自然権」とは異なり，抽象的に社会が政治的決定をなす際に，それに正当性を与える「背景的権利」あるいは「道徳的権利」であるとする。
(17)日本弁護士連合会公害対策・環境保全委員会・前掲注(14)295～296頁。

に登録されたが，自然享有権はこのような森林保護運動の展開の中で生み出されて行った。このような背景を有することから，自然享有権は，自然保護の責務を遂行するために行使されるべきものであり，差止請求，原状回復，行政に対する措置請求権，行政過程への参加権が法律によって保障されるべきだが，損害賠償請求権を認めることはなじまない[18]。しかし，近時の環境損害論などを踏まえると，原状回復のための費用を担保させるための，何らかの請求権を認める余地はあってもよいだろう。なお，判例は自然享有権に裁判規範性を認めておらず，少なくとも環境民事訴訟は自然保護訴訟として有効な機能を発揮していない[19]。他方で，自然享有権に係る事案の多くは，その権利性を裁判所に認めさせるべく，これを様々な法的構成へと変化させ，工夫を凝らしてきたといえる。その結果，自然享有権は，ときにその内容を具体化させながら，民事訴訟や行政訴訟などの，多くの訴訟において活用されてきた。

3　自然享有権訴訟の動向

　自然享有権は，前述の通り，自然支配権を想定しない点で環境権とは異なり，それゆえにその権利主体は当該自然が存在する地域住民に限定されず，環境権とは別個独立した権利として主張し得ることを特徴として提唱されたものであるが，現実の訴訟では環境権と並列して主張される傾向にある。ところで，環境権が専ら民事訴訟において主張されるのに対して，自然享有権は，行政訴訟において，当事者適格の問題を乗り越えようとして主張されることも多い。

　まず，自然物とともにそれらの保護を求める個人や団体が原告となって，ゴルフ場開発許可処分の取消を求めた「アマミノクロウサギ訴訟事件」[20]は，「（環境基本法3条，6～9条，11条の）諸規定は原告らの主張する「自然

(18)越智敏裕『環境訴訟法（第2版）』（日本評論社，2020）372～373頁。
(19)越智・前掲注(18)369頁。
(20)鹿児島地判平成13年1月22日 LEX/DB28061380，福岡高裁宮崎支部判平成14年3月19日 LEX/DB25410243。

享有権」に具体的な権利性を認め得るか否かについては，自然破壊行為に対する差止請求，行政処分に対する原告適格，行政手続への参加の権利等の根拠となるような「自然享有権」の具体的な範囲や内容を実体法上明らかにする規定は環境の保全に関する国際法及び国内諸法規を見ても未整備な段階であって，いまだ政策目標ないし抽象的権利という段階にとどまっていると解さざるを得ない。また，自然に影響を与える行政処分に対して，当該行政処分の根拠法規の如何に関わらず，「自然享有権」を根拠として「自然の権利」を代弁する市民や環境 NGO が当然に原告適格を有するという解釈をとることは，行政事件訴訟で認められていない客観訴訟（私人の個人的利益を離れた政策の違憲，違法を主張する訴訟）を肯定したのと実質的に同じ結果になるのであって，現行法制と適合せず，相当でないと解される」と判示して，自然享有権の裁判規範性および行政訴訟の原告適格性を否定した。もっとも，行政訴訟に関しては，2004年の行政事件訴訟法改正によって原告適格が広く認められるようになったことにより，自然享有権を用いて原告適格の有無を議論する訴訟は減少傾向にある。

　民事訴訟についても，自然享有権とそれを根拠とする原告適格を認めない判断をするものが多い。自然享有権に基づいて採石工事の差止を求めた「馬毛島採石事業差止請求訴訟（控訴審）事件」[21]は，「憲法その他の規定が自然享有権及び自然の権利を個人の権利として保障したものとは解されないし，他に実定法上これらの権利の根拠となるような規定も見出し難い。また，これらの権利については，享有主体，範囲，要件，効果等が明確でないから，このような権利の効果として，私人を相手方とする差止請求を認めるのは困難である」として，自然享有権を否定した。

　そして，自然保護活動家らが自然環境享有権や人格権に基づいて残土処分場建設の差止を求めた「北川湿地訴訟事件」[22]は，「原告らは，本件事業の

(21)福岡高裁宮崎支部判平成18年7月21日（平成17年（ネ）第33号）判例集未登載。原告は，自然享有権は，憲法13条に基づき，自然破壊者に対し誰でも差止を求めることができる権利であると主張した。
(22)横浜地判平成23年3月31判2115号70頁。

差止めの根拠として，生物多様性に関する人格権，環境権，自然享有権及び研究の権利を主張するが，これらはいずれも，実体法上の明確な根拠がなく，その成立要件，内容，法的効果等も不明確であることに照らすと，それが法的に保護された利益として不法行為損害賠償請求権による保護対象となる余地があることはともかく，差止請求の根拠として認めることはできない」と判示して，環境権と同様に，実体法上の明確な根拠がないことのみをもって原告適格を全面的に否定した[23]。

　他方で，自然享有権という呼称は使用していないものの，その内容から自然享有権に極めて類似する権利ないしは利益を主張した判例である「国立高層マンション景観侵害事件」[24]は，「良好な景観に近接する地域内に居住し，その恵沢を日常的に享受している者は，良好な景観が有する客観的な価値の侵害に対して密接な利害関係を有するものというべきであり，これらの者が有する良好な景観の恵沢を享受する利益は，法律上保護に値する」と判示しており，実体法上の明確な根拠がなくとも，当事者適格が肯定され得るという判断をしたといえよう。

Ⅲ　自然の権利訴訟

1　アメリカにおける自然の権利の源流

　自然の権利という考え方は，1972年にアメリカの哲学者，クリストファー＝ストーンが，その論文「樹木の当事者適格」において提唱したのが原初とされる[25]。当該論文の背景には，自然保護団体のシエラクラブが，ウォルト・ディズニー社によるミネラルキング渓谷の開発計画について開発許可の

---

(23)阿部泰隆「伊場遺跡訴訟〜研究者の原告適格」判時1358号（判例評論381号）173頁は，行政訴訟のケースであるが，かかる実体法上の根拠に拘泥する裁判所の姿勢を，「制定法準拠主義」として批判的に捉えている。
(24)最判平成18年3月30日民集60巻3号948頁。
(25)Stone. C. D, "Should Trees Have Standing? Toward Legal Rights For Natural Objects", *45 S. CALIFORNIA LAW REVIEW*. 1972, p.450.

無効確認を求めて1965年に提訴した「シエラクラブ vs モートン事件」がある。一審, 二審判決とも, 原告には何らの法的権利侵害も生じることがないので原告適格が欠けるとして却下された。これを不服とする原告は上告したが, 1972年にアメリカ連邦最高裁はやはり却下判決を下した[26]。しかし, 担当裁判官の一人であるウィリアム＝ダグラス判事は, 「本件訴訟は, 「ミネラルキング渓谷 vs モートン事件」とするのがより相応しいものだった」とする少数意見を補足した。ダグラス判事は, ストーン論文の影響を強く受けており, 少数意見においても随所で引用しており, 自然物が原告となり得るということを示唆したものといえよう。その後, アメリカではウミガメ, サーモン, リス, フクロウ, ハイイログマ, ハクトウワシ, ハワイカラスなどの野生動物に加え, 山や川, 森林等の自然風景そのものが原告となる自然の権利訴訟が頻発することになる。このうち, 1978年に, ハワイでパリーラという鳥が原告となって, 放牧されている家畜による自然破壊を防除すべく, 家畜をパリーラの生息地から除去することを求める自然保護訴訟が提訴され, パリーラの生息地からの家畜の排除が命じられる判決が下された[27]。ただし, アメリカでは, 日本と比べて原告適格要件が緩やかであることから自然保護訴訟が提起しやすいというのが実態であって, 自然物に原告適格を認めているわけではないという点を意識しなければならない[28]。

2 わが国の自然の権利と訴訟の動向

わが国の自然の権利訴訟は, 前掲の「アマミノクロウサギ訴訟事件」や

---

(26)本事件は, 結果として, 訴訟の長期化によるコスト増大から開発計画が中止された。

(27)PALILA, an endangered species et al. v. HAWAI DEPARTMENT OF LAND AND NATURAL RESOURCES et al. No. 79-4636. U.S. Court of Appeals, 9 th Circuit. 1972. 639 F. 2 d 495, NORTHERN SPOTTED OWL, et al. v. Manual LUJAN, et al., No.C88-573Z. U.S. District Court, W.D. Washington, N.D.Feb.26, 1991. 758 F. Supp. 621, MARBLED MURRELET, et al., v. MANUEL LUJAN, et al., No.C91-522R. U.S. District Court Western District of Washington, Sep.17, 1992.

(28)畠山武道「米国自然保護訴訟と原告適格」環境研究114号 (1999) 61頁, 横山丈太郎「環境訴訟における原告適格に関する近時のアメリカ合衆国連邦最高裁判例の概説」国際商事法務39巻11号 (2011) 1573～1583頁。

「北川湿地事件」のほかに，「オオヒシクイ訴訟事件」[29]，「生田緑地・里山訴訟事件」[30]，「高尾山天狗訴訟事件」[31]，「諫早湾ムツゴロウ訴訟第一陣事件」[32]，「西表リゾート差止訴訟事件」[33]，「落合川ドジョウ訴訟事件」[34]など多数の自然の権利訴訟が提起されている。そして，これらすべての訴訟において，動植物等の自然物が原告となっている訴えは却下あるいは訴状が却下され，自然人や法人等が原告となっている訴えについても請求棄却あるいは訴えが却下されている。

　自然物の原告適格については，「アマミノクロウサギ訴訟事件」において，野生の動物は民法239条にいわゆる「無主の動産」に当たり所有の客体と解され，わが国の法制度は権利や義務の主体を個人（自然人）と法人に限っており，自然物そのものはそれがいかにわれわれ人類にとって希少価値を有する貴重な存在であっても，それ自体が権利の客体となることはあっても権利の主体となることはないという判断を下している。また，「オオヒシクイ訴訟事件」では，「民事訴訟法45条は「当事者能力……ハ本法ニ別段ノ定アル場合ヲ除クノ外民法其ノ他ノ法令ニ従フ」と定めるところ（現行民事訴訟法28条「当事者能力，訴訟能力及び訴訟無能力者の法定代理は，この法律に特別の定めがある場合を除き，民法その他の法令に従う。訴訟行為をするのに必要な授権についても，同様とする。」），同法及び民法その他の法令上，右に主張される自然物に当事者能力を肯定することのできる根拠は，これを見出すことができない。事物の事理からいっても訴訟関係の主体となることのできる当事者能力は人間社会を前提にした概念とみるほかなく，自然物が単独で訴訟を追行することが不可能であることは明らかであり，自然物の保護は，人が，その状況を認識し，代弁してはじめて訴訟の場に持ち出すことができるのであって，自然物の存在の尊厳から，これに対する人の倫理的義務を想

(29) 東京高判平成 8 年 4 月23日判タ957号194頁。
(30) 横浜地判平成 9 年 9 月 3 日判自173号73頁。
(31) 東京高判平22年11月12日訟月57巻12号2625頁。
(32) 長崎地判平成17年 3 月15日 LEX/DB28102025。
(33) 最判平成19年 9 月20日 LEX/DB25463450。
(34) 東京地判平成22年 4 月20日 LEX/DB25463490。

68

立しても，それによって自然物に法的権利があるとみることはできない」
として，やはり自然物の原告適格を否定している。その後の，多くの自然の
権利訴訟判決が，「オオヒシクイ訴訟事件」と同様に，民事訴訟法28条の当
事者能力および訴訟能力に関する原則規定を根拠として自然物の原告適格を
否定している。この点に関する裁判所の判断については，現行法の解釈とし
ては当然の帰結といわざるを得ない[35]。

Ⅳ　生態系サービスにおける人間の役割

　少なくとも，第二次世界大戦後のわが国の環境問題の主たる課題は，ひと
びとの健康被害，すなわち公害の克服にあった。したがって，環境法も，民
法学を中心とした被害者救済法理の研究から出発している。これに対して，
欧米のそれは自然環境や生活環境の侵害というアメニティの問題が中心で
あった[36]。現在，地球的規模でみると公害問題は依然として克服されてお
らず，PM2.5などの微小粒子状物質や残留性有機汚染物質による健康被害，
あるいは海洋プラスチック汚染などによる新たな公害も発生し続けている
が，それでも他者の生命健康を害するような行為が非難されるべきものであ
るという認識は共有されたと思われる。また，自然との共生や共存という考
え方が市民権を得つつある。共生であれ，共存であれ，人間が生態系とどの
ように関わって行くのかという問題を見つめる必要がある[37]。
　人間と人間とで軋轢が生じたとき，それらを物権や人格権などの権利で調
整すべきことはいうまでもない。しかし，現在のわが国では，環境権は利害
関係調整のための根拠としては輪郭が描き切れていない。自然との軋轢とい
う点では，さらに自然享有権という優れた考え方が登場しているにもかかわ

---

(35)曽和俊文「判批」大塚直＝北村喜宣編『環境法判例百選（第3版）』（有斐閣，2018）
　　150頁。
(36)宮本憲一『戦後日本公害史論』（岩波書店，2014）3頁。
(37)鬼頭秀一『自然保護を問いなおす―環境倫理とネットワーク』（ちくま新書，1996）
　　121頁。

らず，その権利性や規範性が認められるための司法的課題があまりに多すぎ
る。もっとも，環境権や自然享有権という考え方は，権利主体はあくまでも
人間であり，自然物はどうしても客体になる。その点で，自然の権利という
考え方は自然物を主体にしているが，われわれ人間は自然物と明確にコミュ
ニケーションがとれるわけではなく，あくまでも自然物は「おそらくこのよ
うに考えているのだろう」という人間による推測しかできない。近時，人口
減少社会の影響のひとつであろうか，人里や街中に野生動物が現れることが
急増している。人間と野生動物との共存関係も，駆除から防除へと意識を変
えることから出発なのかもしれない[38]。われわれ人間も生態系の一員であ
る以上，その生態系サービスの恩恵を利用することは許されよう。ただし，
それは他の生物や将来世代へ十分に配慮し，できる限り謙抑的であるべきだ
ろう。不可逆的な過度の開発や経済活動が計画され，あるいは行われたとき
に，これを抑止する術がないことは極めて深刻な社会的欠陥でしかない。

COLUMN

木霊のささやき

　宮崎駿監督は，ジブリアニメの傑作『もののけ姫』（1997年公開）を制作
するにあたり，構想を練るために屋久島で5泊6日の合宿を行ったという。
わが国が誇るアニメ映画の巨匠は，そこできっと「何か」を感じたに違いな
い。その「何か」とは，「木霊」ではないかと思う。
　広辞苑によれば，木霊とは「樹木に宿る精霊，木の霊」とある。樹木は植
物である。音声を発せず，自発的に動かないが，だからといって意思がない
とは断定できない。むしろ，樹木は，遠謀深慮な意思を持っているとさえ思
われる。それは，数千年先を見据えた，極めて計画的かつ巧妙なもので，周
囲の樹木たちとの協働すらなされているに違いない。倒木更新などは，とて
も単純な生態系の循環にみえるが，種の保存と生態系の維持に必要な，最低
限度のメカニズムを昇華した複雑な現象なのではないか。だからこそ，じつ
はとても繊細な営為でもある。木霊は，その営為の邪魔さえしなければ，ど

---

(38)沼田真『自然保護という思想』（岩波新書，1994）54頁。

んな闖入者でも優しく受け容れてくれる。樹木になったつもりでじっとしていると，木霊の侃々諤々が聞こえてくる。それは，自然と時間との向き合い方についての問答である。

　『もののけ姫』の主人公であるアシタカは，常に木霊に見守られ，木霊の声に耳を傾けていた。宮崎監督は，アシタカの設定にどのようなメッセージを込めたのであろうか。人間は，もともとは森の生き物であった。いつしか草原に出て集住し，森を切り開いて田畑を拓き，集落を拡大させた。木霊の声に耳を貸すことなく，森の開発はとうとう結界を超えてしまった。人間がその分際を弁えさえすれば，パンデミックは防げたに違いない。

第**6**章

環境アセスメント

Ⅰ　環境アセスメントの必要性

1　環境を守るための手続

　開発や事業によって自然環境に影響を与えることがある。自然環境が破壊された場合，簡単には元に戻らない。そして，自然環境が破壊された場合には，損害賠償を支払ったところで，自然が返ってくるわけではない。

　こうした環境の不可逆性の性質から，環境破壊が行われないために，事業を行う前の段階で調査を行い，環境への影響を計り，情報を公開して公衆の意見表明の機会を与えることで，被害を回避するための合理的な意思決定をすることが必要であり，この手続を環境アセスメント（環境影響評価）という。

　環境アセスメントは，ある行為を禁止するのではなく，事前に一定のプロセスを踏むことにより，環境への影響を配慮した事業になるように方向づけるためのものである。つまり，環境への影響を事前に評価する手続であり，環境を守るための重要なツールとなりうるものである。

2　環境アセスメントの意義

　環境アセスメントとは，道路・ダム・空港・発電所などの開発を行う場合，環境への影響について，事前に，調査・予測・評価を行い，代替案の比較検討を行い，悪影響を減らす措置を検討し，その結果を公表し，市民や地

方自治体などの意見を聞き，環境配慮を事業計画に組み込む制度である。目的達成のために複数の案を想定し，それらを長期的・短期的な観点から比較検討して最良の選択肢を選ぶ意思決定の方法といえる。

　環境政策において，予防原則が重要な原則として位置づけられているが，これを実現するための政策手段として，環境アセスメントが位置づけられている[1]。そもそも，開発にあたって，必要な情報を可能な限り収集した上で，科学的に不確実な段階であることを踏まえた意思決定をする必要がある[2]。環境への負荷がまだ生じていない段階で行うことに意味があり，それは環境への負荷が発生してしまったら手遅れになるからである。環境アセスメントは，国家の環境政策の基本にもなっており，アメリカでは，これまで環境的な価値を無視して法律を執行してきた行政機関の思考・行動様式を環境保護へと転換させるための行為強制手段として制度化された[3]。

3　環境アセスメントのプロセス

　環境アセスメントの具体的なプロセスとしては，まず，①開発計画を決定する前に，環境影響を事前に調査・予測し，②代替案を検討する。そして，③その選択過程の情報を公表し，公衆の意見表明の機会を付与し，④これら結果を踏まえて，最終的な意思決定に反映するというものである。一連のプロセスによる「合理的な意思決定のサポート手法」[4]といえる。

　例えば，2005年開催の愛・地球博（愛知万博）[5]は，「自然の叡智」をテーマに，121カ国及び4つの国際機関が参加した。しかし，その会場設営のために，海上の森（かいしょのもり）などを開発することが計画された。この海上の森は，200以上もの小さな湿地があることが特徴であり，東海地方にしか植生しないシデコブシなどが自生し，貴重な動植物の生息地である里山

（1）例えば，宮本憲一『環境経済学（新版）』（岩波書店，2007）214頁以下。
（2）植田和弘＝大塚直監修＝損害保険ジャパン・損保ジャパン環境財団編『環境リスク管理と予防原則』（有斐閣，2010）141頁［植田和弘］。
（3）畠山武道『自然保護法講義（第2版）』（北海道大学出版会，2004）286頁。
（4）北村喜宣『環境法（第5版）』（弘文堂，2020）302頁。
（5）神山智美『自然環境法を学ぶ』（文眞堂，2018）43頁以下。

もあり，オオタカの営巣も確認されたことで，反対運動が起こった。環境ア
セスメントが 4 年にわたって行われ，その結果，会場計画が大きく見直さ
れ，海上の森はほぼ残されることになった。環境アセスメントの手続によっ
て，その地域の環境保全を実現することができたのである[6]。

4　環境アセスメントの効果

　環境アセスメントは，政策決定の早期レベルから，システム的に有効な環
境への影響及び環境保全措置を考慮することで，政策の決定とその実施がよ
りよいものになる。また，持続可能な発展を支援するツールとして，政策決
定の効率性を高め，適切なタイミングで環境保全措置の識別ができる先行的
な行動手段となっている。これはつまり，より早く潜在的な問題を発見し対
処することを可能にする。さらに，政策決定段階において，ステークホル
ダーの参加を促し，低コストで知見や情報を知ることができる。環境アセス
メントには，こうした多様な効果[7]が期待できる。

Ⅱ　環境影響評価法制定と法律の概要

1　国内外の環境アセスメントの制度

　環境アセスメントを初めて制度化したのは，1969年，アメリカの国家環境
政策法（NEPA）であった。この法律では，すべての事業が対象となる前提
で，環境への影響を生じないと考えられる類型除外行為のリストになってい
る事業だけが対象事業外となっている。
　ヨーロッパ諸国では，1985年 6 月27日に採択された「環境影響評価におけ
る EC 理事会指令」が契機となって，各国で相次いで制度化されている。ド
イツでは，すでに1970年代から部分的な環境影響評価制度を実施していた

（6）このほか，名古屋の藤前干潟の事例が有名である。
（7）柳憲一郎『コンパクト環境法政策』（清文社，2015）119頁。

が，EC 理事会指令を契機に1990年に統一的な環境影響評価法が制定された。

　日本では，こうした諸外国から遅れて，1997年に環境影響評価法が制定された。しかし，諸外国と異なり，規模の大きさによって事業種が分けられ，政令によって指定された「影響が大きいと考えられる特定の事業」のみが対象になっている。

2　日本における環境影響評価法制定までの経緯

　日本では，環境アセスメントの制度化までに多大な時間を要した。そして，そこに至るまでに，裁判例の中での環境アセスメントの必要性の指摘や，閣議アセス，地方自治体の条例・要綱などによる環境影響評価の実施事例などが積み重ねられ，法制度への道を作ってきた[8]。

　裁判例としては，まず，四日市ぜんそく事件の判決[9]において「コンビナート工場群として相前後して集団的に立地しようとするときは，右汚染の結果が付近住民の生命・身体に対する侵害という重大な結果をもたらすおそれがあるから，…事前に，…調査・研究し，付近住民の生命・身体に危害を及ぼすことのないように，立地すべき義務がある」として，環境に影響を及ぼすおそれのある行為をする者に，事前に環境への影響を調査・検討するように義務付けていることが注目できる。

　次に，吉田町し尿・ごみ処理場事件[10]では，町当局のごみ処理設置計画発表以来，地元民が抗議を繰り返し，2か所の代替地を示し再考を求めたにもかかわらず，当局がこれを無視して決定したことに対し，裁判所は代替案の検討を事業者に義務付けた。

　また，牛深市し尿処理場事件[11]では，「本件予定地付近海域の潮流の方

（8）辻信一『〈環境法化〉現象』（昭和堂，2016）は，さまざまな目的で制定された法律に
　　環境配慮のための規定が導入される環境法化と呼ばれる現象を指摘する。例えば，港
　　湾法の昭和48年改正，公有水面埋立法の昭和48年改正では，環境配慮の一つとして環
　　境アセスメントが導入されている。
（9）津地四日市支判昭和47年7月24日判時672号30頁。
（10）広島高判昭和48年2月14日判時693号27頁。
（11）熊本地判昭和50年2月27日判時772号22頁。

向，速度を専門的に調査・研究して，放流水の拡散，停滞の状況を的確に予
測し，また同所に生息する魚介類，藻類に対する放流水について生態学的に
調査を行い，これらによって本件施設が設置されたときに生じるであろう被
害の有無，程度を明らかに」すべきとした。

　こうした裁判の流れも受けて，1981年，環境影響評価法案が国会に提出さ
れた。しかし，経済界の反対のために成立せず，1983年に審議未了で廃案に
なった。

　そこで，閣議決定（1984年）による「環境影響評価の実施について」とい
う行政指導による制度（閣議要綱アセス）が用いられ，各地の環境条例など
にもこの考え方が盛り込まれることによって，事業を行う際に環境アセスメ
ントを実施する仕組みをもつ自治体が多くなっていった[12]。一部の自治体
では，環境影響評価に入る事前の計画段階で事業者が環境配慮を行う手法と
して「事前手続」を規定する制度（神戸市や京都市など[13]）や事業の基本計
画段階から環境影響の予測評価を実施して環境配慮を盛り込む手法として
「戦略的環境アセスメント」を規定する制度[14]など，先進的な制度を盛り込
むものも出てきた[15]。

　こうした中で，1993年に環境基本法が制定され，環境影響評価法制度を促
進する規定も用意された（環境基本法20条）。そして，1997年にようやく環境
影響評価法が制定され，1999年に施行されるに至っている。

---

(12) 日本で最初の環境影響評価条例は，1976年の川崎市の条例であり，その後，北海道，
　　東京都，神奈川県，埼玉県，岐阜県が条例を作成した。また，30以上の自治体が要
　　綱，指針などで，環境アセスメントを行ってきた。環境影響評価法制定後は，都道府
　　県，政令指定都市のすべてに環境影響評価条例がある。
(13) 条例以外でも，三重県環境調整システム推進要綱，熊本県公共事業等環境配慮システ
　　ム要綱などが類似の内容となっている。
(14) 国は，2007年4月に環境影響評価法対象事業に対して，「戦略的環境アセスメント導
　　入ガイドライン」を制定している。
(15) 戦略的環境アセスメントの制度化の例として，埼玉県戦略的環境影響評価実施要綱
　　（2002年），東京都環境影響評価条例改正による計画段階手続の運用（2003年），広島
　　市多段階環境アセスメント実施要綱（2004年），京都市計画段階環境影響評価要綱
　　（2004年）などがある。

3　環境影響評価法の改正

　環境影響評価法は，2011年改正により，複数案・計画段階からの考慮が盛り込まれ，計画段階環境配慮手続が義務化されている。これは，事業の内容が固まる前の早い段階で環境への影響が少ない事業となるように検討を行い，その結果を配慮書として公開される手続である。

　2013年には，環境影響評価法において放射性物質に係る適用除外規定が削除され，2015年には「環境影響評価技術ガイド（放射性物質）」が公表されている。なお，東日本大震災では，東北地方が壊滅的な被害を受けた。地域の復興のためには，早急に大規模な復興事業を行う必要があったが，環境影響評価法の手続を素直に適用すると，アセスメントに長期間かかることが予想され，復興の立ち遅れにつながることが問題視されたことから，適用除外措置が講じられた[16]。もっとも，環境省は，自主的なアセスメントの実施を検討するように求め[17]，環境配慮と復興事業のバランスという新しい問題が明らかになっている。

4　環境影響評価法の内容

　環境影響評価法は，事業者が事業の実施に当たり，あらかじめ事業に係る環境の保全について適正な配慮がなされることを確保するためのものであり，未然防止アプローチといえる。

　一方で，その内容は事業者の自主的配慮として行われるものであり，そのような意味において，画一的な基準の実施を義務付けるのではなく，環境アセスメントに基づき，立地先環境との関係における最適解を探究するものといえる。そのため，環境アセスメントの過程で，広く情報を取り入れることが適切であり，情報提供参加としての市民参加が想定されている。

---

(16)「環境影響評価法第52条2項により適用除外の対象となる発電設備設置等の事業の実施について」（2011年4月4日）
(17)「環境影響評価法第52条2項により適用除外の対象となる土地区画整理事業における環境への配慮について（技術的助言）」（2012年8月24日）

(1) 環境アセスメントの実施主体

環境アセスメントの実施主体は，事業者である。なぜなら，①事業を実施する以上，事業実施者の負担でさせるのが適切であり，②事業をもっともよく知る事業実施者が自らの事業の環境影響を評価することで，その結果を事業計画に反映しやすくなるためである。

しかし，実際のところ，事業者が専門的作業をすることは困難であることから，環境コンサルタントに委託する場合がほとんどである（委託先の法的制約なし）。環境コンサルタントは，アセス委託料の支払いを受けながら委託者に対して不利な成果物を納品しづらいため，妥当性・信頼性のあるものになるとは限らないという問題がある。

(2) 対象事業

対象事業は，①事業種要件と②法的関与要件の該当事業について，③規模要件（第1種事業・第2種事業）をあてはめて対象事業を決定する。このような仕分け作業が行われる理由は，全ての事業に対して環境アセスメントを行うことが不可能であるからである。

①事業種要件，②法的関与要件は対象を限定されており，③規模要件は，第1種事業は全て，第2種事業はスクリーニング（選別）により環境影響の

表　事業主要件・法定関与要件・規模要件の中身

事業種要件 （2条2項1項）	道路，河川，鉄道，飛行場，発電所，廃棄物最終処分場，埋立干拓，土地区画整理事業，新宅地市街地開発事業，工業団地造成事業，新都市基盤整備事業，流通基盤団地造成事業（倉庫など），宅地造成事業（13種類）
法的関与要件 （2条2項2号）	政令指定大臣許認可事業，補助金交付対象事業，特殊法人実施事業，政令指定国直轄事業，交付金事業（2011年改正で追加）
規模要件 （2条3項）	第1種事業＝13の開発事業のうち，環境影響の程度が著しいものとなるおそれがあるとして環境影響評価法施行令で定められたものが，法対象事業
	第2種事業＝スクリーニングで，環境影響の程度が著しいものとなるおそれがあるとされた場合が法対象事業（おそれがない場合でも，条例対象になる可能性あり）

程度が著しいものとなるおそれがあるとされたものが法対象事業となる。

(3) 評価項目

評価項目（調査事項）は，大気環境，水環境，土壌環境・その他の環境，植物，動物，生態系，景観，触れ合い活動の場，環境への負荷，廃棄物等，温室効果ガス等である。

5 市民参加

事業者は，環境アセスメントの実施に先立ち，環境影響評価方法書を作成し，それを公表して知事や住民の意見を聞かなければならないが，一般的に，事業者はギリギリまで事業内容を秘匿し，環境アセスメントも住民の知らない間に実施することが多かった。その結果，環境アセスメントに対する住民の不審を招き，貴重な種の発見を見落とすなどの原因にもなってしまっていた。そこで，方法書により，事前に事業の概要や調査方法を住民等に知らせ，住民から有益な情報を得ることでアセスメントの信頼性を高める手続が用意されている。

環境影響評価法における市民参加の手続は，①方法書に関して，事業者に対し，公告及び1か月間の縦覧，縦覧期間内の説明会の実施の義務付け，地域住民の意見書提出の機会，②準備書に関して，事業者に対し，公告及び1か月間の縦覧，説明会の実施の義務付け，地域住民に意見書提出の機会，③評価書に関して，事業者に対し，公告及び1か月間の縦覧の義務付けがある。

地域に応じた環境アセスメントを行うため，環境アセスメントの方法を確定するに当たって，地域の環境をよく知っている住民を含む一般人や，地方公共団体などの意見を聴く手続が必要であり，これをスコーピングという。事業者は方法書を作成し，環境アセスメントの項目や方法を確定するに当たっては，環境保全の見地からの意見を有する者や，地方公共団体などの意見を聴くことになる。

しかし，配慮書の作成や第2種事業のスクリーニング段階では，住民参加の手続が定められていない。また，方法書には，事業者が調査・予測・評価

を予定している評価項目だけで，具体的な調査の日時，方法，予測，評価の手法は，すでに決まっている場合を除き，明らかにされない。

　正規の手続とは別に，事業計画案の概要の公表，環境影響評価準備書作成前の素案の公表，代替案の比較検討，住民・専門家を交えた討論会，現地調査，ワークショップ，住民投票などの効果的な組み合わせが必要と指摘されている[18]。

6　条例との関係

　環境影響評価法以前から行われてきた自治体の条例や要綱による環境アセスメントは，慎重で細かいものが多かった。環境影響評価法が制定されることで，法律が条例に優先するとなれば，環境影響評価法によって逆に，自治体の環境アセスメントの内容が後退するおそれが生じてしまう。

　この問題に対し，①法律が環境アセスメントの対象事業種としていない事業について，条例が環境アセスメントの実施を定めることは可能であり，②法律の対象事業ではあるが規模が小さいために第 2 種事業にも該当しない事業について，条例が環境アセスメントの実施を義務付けることが可能とされている。また，スクリーニング判定の結果，国の対象にならなかった事業も，条例で環境アセスメントの実施を義務付けることができる。

7　環境影響評価法に違反した場合

　環境影響評価法違反があった場合の罰則はない。しかし，処分の根拠法規の中で，申請に係る事業に関して環境配慮がなされたものであるかどうかを処分庁が審査することがある。その結果，不十分な環境アセスメントしかしていなかったり，環境に影響があるという結果になった場合は，処分庁がそれを評価して，許認可の段階において不許可処分をしたり，処分に条件を付したりするしくみになっている（横断条項）。

　例えば，10km を超える鉄道建設の場合，第 1 種事業に該当することから

---

(18) 畠山・前掲注（ 3 ）297頁。

アセスメントが必須であり，評価書が作成される。鉄道建設には鉄道事業法に基づき国土交通大臣の認可が必要であるが，鉄道事業法には特に環境配慮の条文はない。しかし，申請が計画や省令規定に適合していても，環境影響評価法33条により，環境保全について適正な配慮がされるかどうかを評価書に基づいて審査しなくてはいけない。

このように，評価書およびそれについて述べられた意見に対する事業者の対応を踏まえて，対象事業の実施にあたって環境保全に適正な配慮がされるかを審査し，それを行政決定に反映する仕組みがとられている。環境配慮審査義務を横串的に個別法に挿入する効果，すなわち，許認可にあたって根拠法規に新たに基準を追加したのと同じ効果を持っている[19]。

Ⅲ 環境アセスメント手続違反の効果
──環境アセスメントをめぐる訴訟

市民がその事業につき環境影響評価法に則っているかどうかを争う場合，民事訴訟，行政訴訟，住民訴訟それぞれを提起することができる。

1 民事訴訟の場合

環境影響評価を行ったにもかかわらず，権利侵害が発生した場合，加害行為の違法性や被害発生の蓋然性の判断との関係で事業者の義務違反があったのかが問題になる。裁判例は環境影響評価法制定前のものが多く，明示的な法的根拠がないことを理由に，事業者の義務自体なしとされた[20]。

(19)北村・前掲注（4）323頁以下では，横断条項を環境配慮要件不存在型と環境配慮要件存在型に分け，前者については法令要件充足の審査と環境保全に関する審査の結果を併せて判断することになり，後者については許認可の根拠法規により法的に義務づけられていると整理する。
(20)琵琶湖総合開発計画事業事件（大津地判平成元年3月8日判夕697号56頁），松原市ごみ焼却場建設工事事件（大阪地判平成3年6月6日判時1429号85頁）など。

2 行政訴訟の場合

環境影響評価法・環境影響評価条例の対象となった開発事業に関して，環境アセスメントに問題があった場合に，その事業認可を取り消すことができるのかが問題になる。

訴訟提起できる当事者の範囲が問題になった事例としては，東京都環境影響評価条例に基づくアセスメントの事案である小田急線高架化事件[21]がある。最高裁は，都条例を都市計画事業認可処分の根拠法である都市計画法の関係法令と解した上で，条例のいう「関係地域」内に居住するかどうかで原告適格の有無を判断するという枠組みが示され，関係地域内住民は，「健康又は生活環境に係る著しい被害を直接的に受けるおそれ」があるとされた。

事業許可の取消ができるかどうかについては，新石垣空港設置許可取消事件[22]において，許認可権者は，環境アセスメント手続において作成された環境情報を踏まえて環境配慮適合性を判断するが，それが違法となるのは，「その判断が事実の基礎を欠き又は社会通念上著しく妥当性を欠くことが明らかであるなど，免許等を行うものに付与された裁量権の範囲を逸脱し又はこれを濫用した者であることが明らかである」場合であるとした。つまり，準備書・評価書において事業者が適切に述べられた見解を審査しているか，内閣における環境行政の責任者である環境大臣意見を最大限尊重しているかが重要であり，合理的理由なく環境大臣意見を受け入れない判断は，裁量権の逸脱・濫用となりうる。

環境アセスメントに問題があったとされた事例としては，東京都環境影響評価条例に基づく環境アセスメントの事案である圏央道あきる野市 IC 事業認定・収用裁決事件[23]がある。本件では，事業認定にあたって，IC（インター・チェンジ）ができることによって発生する騒音について，「厳格な環境基準を適用すべきであった地点にまで緩やかな環境基準を適用しているので

(21) 最大判平成17年12月7日民集59巻10号2645頁。
(22) 東京高判平成24年10月26日訟月59巻6号1607頁。

あり，誤った基準を用いることによって騒音による被害の発生を過少に評価した」とした。そして，「相当広範囲の周辺住民に受忍限度を超える騒音被害を与えることになることは容易に認定できた」とし，土地収用法20条3項の要件適合性判断に当たっての行政裁量を厳格に審査し，判断の根拠に合理性がないとして事業認定や収用裁決等を取り消した。

3　住民訴訟の場合

　住民訴訟として提起された事案である新石垣空港事件[24]では，沖縄県が事業主体である新石垣空港に関して実施された環境影響評価法に基づくアセスメント委託事業について，受託業者が作成した方法書と準備書は問題のある成果物であるにもかかわらず，これを受領したとして，沖縄県知事が行った支出命令が違法として争われた。裁判所は，「事業者である沖縄県は，早期建設を熱望する地元の意見を踏まえ，まず対象事業に悪化する環境影響評価の項目並びに調査，予測及び評価の手法等を記載した方法書を作成して，これに対する意見を勘案ないし配慮した上で選定した手法に基づいて環境影響評価を行い，当該環境影響評価の結果を準備書として作成するという環境影響評価法が予定している本来の手続を行っていたのでは長期間を要するとして，…方法書の作成に先立って環境影響評価としての調査を行おうとしたものといえる。このような沖縄県の態度は，環境影響評価を行うに先立つ手続としての方法書の手続を定めた方の趣旨を没却しかねないものというべきである」と判示したが，「方法書の手続を無視または回避するなどの法の趣旨を潜脱する意図があったとまでは認められない」として違法とはいえないと請求棄却した。

---

(23) 東京地判平成16年4月22日判時1856号32頁。なお，控訴審では，アセスメントは適正に実施されていると認定され，逆転で住民敗訴になった（東京高判平成18年2月23日判時1950号27頁）。このほか，許認可判断における環境配慮の有無の審査が問題となった大阪市環境影響評価条例に基づく環境アセスメントの事案である西大阪延伸線事業認可事件も許可が取消された事案である（大阪地判平成18年3月30日判タ1230号115頁）。

(24) 那覇地判平成21年2月24日 LEX/DB25440651。

IV 環境アセスメントの限界と今後の課題

1 環境アセスメントの限界

環境アセスメントは制度化され，一定規模の事業であれ行われていること自体は評価できるが，一方で課題も多い[25]。

(1) 対象事業が限定されていること

日本の環境影響評価法は，そもそもの対象事業や規模が絞られているため，事業が対象外になることが多く，環境に影響のある事業であっても対象にはならないという問題がある。例えば，アメリカやカナダは幅広く対象事業を規定し，簡易な評価でそれらの大部分をスクリーニングする制度がとられており，本当に問題のある事業のみに詳しいアセスメントを求めている[26]。

(2) 事業段階でのアセスであること

事業計画がほぼ固まった段階で実施されるために，環境アセスメントの結果を事業計画に反映できないという問題がある。環境アセスメントに基づく住民の意見書や公聴会での意見などがあっても，それを踏まえた計画の大幅な手直しは困難であり，環境影響評価準備書等の内容も乏しいものになることが多い[27]。そして，環境への悪影響を考慮した事業計画の代替案の作成にも，ほとんど重きが置かれていない。また，そもそも，事業そのものの必要性，規模，経済的・社会的効果などは問題にされない。その結果，アセスメントではなく「アワセルメント」などと揶揄されることもある。

---

[25] 宮本・前掲注(1)216頁以下は，法的な課題だけでなく，アセスメントの哲学や科学・技術の遅れも指摘されている。

[26] 倉阪秀史『環境政策論（第3版）』（信山社，2014）361頁。

[27] 畠山・前掲注(3)294頁は，「環境影響評価準備書は，環境アセスメントの要ともいうべき最も重要な文章であるが，ほとんど読むに値しない」と評している。

⑶　複合的な環境影響に対応できないこと

　実施時期の異なる複数の事業による複合的・累積的な環境影響に対応できないという問題もある。法律は，あくまで個々の事業の計画段階での配慮に過ぎない。例えば，徳島県の吉野川河口や東京都の多摩川河口に計画されている複数の橋の建設が，渡り鳥などに与える複合的・累積的影響を評価するには，個々の事業者の環境影響評価では限界がある。このような場合，行政が関与した戦略的アセスメントが必要になる[28]。

⑷　一度環境アセスメントを行ったら再検討ができないこと

　環境影響評価書が確定してから，実際に免許を受け，工事が開始されるまで長期間にわたる場合，自然環境の状況が変化している可能性もある。その場合，変化した環境を考慮する機会がないという問題が生じる。例えば，福井県中池見湿地を通過する北陸新幹線の環境影響評価は，2002年に環境影響評価書が確定されたが，国土交通大臣の事業認可は10年後の2012年であり，その間に，中池見湿地は国定公園に編入され，ラムサール条約登録地になった。しかし，湿地寄りのルートが認可されてしまうという事態が生じている。この事案は，専門家による検討を経て，事業者が2015年にルートを再変更することで解決した[29]。

　環境アセスメントのやり直しを求められるかにつき，辺野古アセスやり直し事件[30]において，裁判所は，法および条例が規定する意見陳述権は事業者に情報収集の手続を課したがゆえに認められるものにすぎず，原告の主観的権利や法的地位を保障するものではないとしている。

2　戦略的環境影響評価（SEA）の考え方

　社会の持続可能な発展のため，個別事業の実施段階だけでなく，政策，計画，プログラムなどをつくる段階にも環境配慮を組み込む必要がある。こう

---

[28]筑波大学自然保護寄附講座編『自然保護学入門』（筑波大学出版会，2018）126頁。
[29]大塚直『環境法BASIC（第4版）』（有斐閣，2023）127頁は，著しい変更の場合の際，アセスの義務付けの検討の必要性を指摘する。
[30]那覇地判平成25年2月20日訴月60巻1号1頁。

した要請から，戦略的環境影響評価（Strategic Environmental Assessment：SEA）という考え方が注目されている。これは，政策，計画，プログラムを対象にして行う環境アセスメントであり，事業段階よりも早期の上位の段階での環境影響評価を行うものである。戦略的環境影響評価を制度化することで，環境アセスメントをより実効的なものにできる可能性がある。

　この考え方を既に取り入れているオランダでは，1987年より，環境に著しい影響を及ぼすおそれのある各部門の活動の立地計画及び地域開発計画などを対象に，戦略的環境影響評価が義務付けられている。この特長として，透明性の高いプロセスが挙げられる。空間計画において開発の位置に関して，複数案を作成し，対象計画・事業の影響を，環境面を中心に可視的にわかりやすく予測・評価する。そして，合理的な意思決定にあたっての理由の明示が行われる。これにより，環境に関する紛争を未然に防止することにつながっている[31]。

　日本でも，埼玉県の戦略的環境アセスメント，広島市の多元的環境アセスメント，東京都の総合環境アセスメント，京都市の計画段階環境影響評価など，一部の地域で実践されている[32]。

　もっとも，日本において，公共事業と環境に係る紛争のほとんどは，事業の計画が既に数十年前に決定されてしまったものばかりで，それを改めて環境アセスメントのプロセスにのせることは現実的に難しいという問題がある[33]。人口減少や財政縮小を迫られる中で，既存のアセスメントの対象と

---

(31)都市計画・まちづくり判例研究会編『都市計画・まちづくり紛争事例解説』（ぎょうせい，2010）169頁。

(32)例えば，埼玉県では，1981年の環境影響評価制度導入以来，100件以上のアセスが実施されたが，事業内容がほぼ決定されてからアセスが行われることで選択できる措置が限定されてしまうため，2002年3月に埼玉県戦略的環境影響評価実施要綱を策定し，2002年4月から施行された。これによって，地下鉄7号線延伸計画（浦和美園〜岩槻），所沢市北秋津地区土地区画整理事業，彩の国資源循環工場第Ⅱ期事業基本構想，圏央道幸手IC（仮称）東側地区の整備計画，圏央鶴ヶ島IC周辺地域整備基本構想，杉戸屏風深輪地区産業団地整備事業，越谷荻島地域整備基本構想の7事例が実施されている（令和5年4月時点）。埼玉県の手続では，複数案の検討が義務付けられている。

(33)都市計画・まちづくり判例研究会編・前掲注(31)165頁。

86

なる大規模公共事業がほとんど見込めず，SEA が紛争予防の手段とはならない可能性もある。

　また，事業凍結・中止の可能性も含めて検討する場合，環境以外の経済・社会的な側面も同時に考慮に入れる必要がある。つまり，事業が凍結・中止された場合の代替案の影響が別の部門や他の地区に及ぶ可能性があり，横断的な検討が必要といえる。

3　今なお続く課題とその事例から考えるべきこと
──将来世代に豊かな自然をどのように残すのか

　昨今の環境紛争は，環境アセスメントが原因となるものも多い。例えば，諫早湾の干拓事業による漁業被害について，紛争が長期化しているが，その背景には，干拓事業にあたっての環境アセスメントが不十分であったことが原因の一つとして指摘されている[34]。事前に適切な環境アセスメントをやっておかないと，後で大きな問題に発展することに留意することが必要である。

　このような教訓があるにもかかわらず，環境アセスメントの課題は克服されていない。その結果，問題事例も発生している。例えば，中央リニア新幹線における環境アセスメントは，計画段階配慮書を2011年6月に公表し，2014年に環境影響評価書を公告した上で，JR 東海は国交省に工事実施計画の申請をし，2014年・2018年に認可されている。しかし，県を跨ぐ大規模事業であり，残土処理，水源への影響や災害に対するアセスメントが対象外であったり，路線が幅をもって示されたために事業が行われる場所が特定されず実質的な環境アセスメントがされなかったなどの問題が指摘されている[35]。

　また，銀杏並木の伐採が問題になっている神宮外苑の再開発を巡っても環境アセスメントが機能していないとの指摘もある。

　太陽光発電施設をめぐって，反射光や騒音などのトラブルが各地で起こっ

---

(34)大塚・前掲注(29)519頁。
(35)磯野弥生「リニア中央新幹線計画は誰のための計画なのか」環境と公害49巻1号（2019）2頁以下。

ているが，パネルの廃棄の問題も事前に考える必要が出ている[36]。

　将来世代によりよい環境を残すためには，単に環境アセスメントをやりさえすればよいのではなく，事業者の初期段階での事業案の検討に対して，市民側が積極的にインプットを行う機会が必要になっている[37]。市民参加とそれに基づく情報の共有が大事なのである。

　環境問題は将来にわたって重要な課題であり続ける。環境を重視した社会の実現は，SDG'sを重視するようになった企業活動においてもCSRの観点から重要な目標の一つとなっている。もし環境破壊が起こってしまった場合には，事業者に対し，住民からの要求や行政との関係悪化も問題となる。事前の環境アセスメントやリスクコミュニケーション等のセッティングが必要不可欠であり，このような産・官・学が協力して環境問題を解決することが望まれている。市民と企業と行政の対話を促進し，実社会の環境政策や環境配慮を向上させていく必要がある。

COLUMN
誰が環境を守るのか──環境保護団体による訴訟への期待

　環境を守るのは誰だろうか。昨今，環境保護団体への注目が集まっている。環境保護団体というと過激な行動をとる団体というイメージがあるかもしれないが，科学的な調査・政策提言・自然観察会・ボランティア養成・情報発信などの役割を担っており，国内外で評価される団体も多い。国連気候変動枠組条約締約国会議（COP）では多くの環境保護団体が集まり，オブザーバー参加し意見を交わしている。

　環境アセスメントにおいても，多くの市民が参加することが必要であるが，調査や意見の集約など，個別に行うことにも限界がある。また，環境アセスメントの手続に違反があった場合に，個人で問題提起することは困難である。そのような場合に環境保護団体が中心となって活動することが必要と

---

(36) 大塚・前掲注(29)140頁。
(37) 倉阪・前掲注(26)362頁は，市民参加によるスコーピング・マップ（各自治体において，市民からも意見を募ったうえで，事業者にあらかじめ伝えるべき環境情報を地図上に示し，誰でも見られるように公開しておくもの）の作成を提案する。

なってくる。例えば，環境保護団体に不服申し立てや訴訟の機会を設けることが考えられる（環境団体訴訟）。業務妨害として行われる訴訟が増えるとの懸念もあるが，環境公益訴訟を導入している欧米で濫訴は実証されていない。現在の訴訟システムは個人の利益をベースにするが，未来・将来世代の利益を取り込むための機会とそれを担う者（団体）が必要であり，環境保護団体が代表して主張することに期待がかかる。

　消費者団体訴訟が充実化され，消費者保護の実効性に資する役割を担っている今，環境保護団体にも同様な制度が必要といえるだろう。もちろん，そのためには，環境影響評価法の問題として取り扱うだけではなく，幅広く使えるための法整備が必要といえる。

第 **7** 章

環境紛争の解決（１）

Ⅰ　環境紛争の民事的解決

　「公害は被害に始まり被害に終わる」といわれる。これは，被害の全貌を明らかにすることが公害を解決することにつながるということである。日本では，四大公害をはじめとする数多くの公害被害が発生してきたが，その被害の解明に司法が大きな役割を担ってきた。これには，公害対策が進まない中で，その被害者は裁判という手段を択ばざるを得なかったという側面がある。

　人間の生命・健康に影響を与えてきた公害は，法・権利となじみやすく，裁判による救済が図られ，それを契機とした立法による救済制度も作られてきた。一方で，小さな被害であっても，将来世代に影響を及ぼしうる。予防原則の観点からも，早急な対応が必要なこともある。しかし，人間の生命・健康に直接の影響が少ない自然環境の保護や歴史的・文化的遺産の保存のような環境それ自体を守る環境紛争については，法・権利となじみにくいこともあり，従来，政策によって対応されてきたものの，立法が進まない状況においては，裁判による救済を求めるしかない。

　もっとも，裁判によって世間に問題提起することで，社会の注目を集めることにより，社会の対応が変わっていくこともある（政策形成訴訟）。裁判には，当事者の救済だけでなく，環境それ自体を保全・再生する可能性も秘めている。

Ⅱ　民事裁判と環境 ADR の役割分担

1　環境紛争における裁判とその複雑化

　環境紛争の司法的解決には，公害企業に対する損害賠償や差止を求める民事訴訟，企業等に許可や認可を出した行政もしくは法規制が遅れた行政に対する行政訴訟，公害により人に危害を加えた企業等に対する刑事訴訟の３つの方法がある。環境紛争は三面関係にあることが多く，住民・事業者・行政の間で，相互に訴訟提起が可能となっている。そして，その結果，いくつもの訴訟（民事訴訟や行政訴訟）が乱立することも可能になってしまっている。

　訴訟の乱立の例として，国立高層マンション景観侵害事件から考えてみよう[1]。この紛争は，美しい景観で有名な国立市において，高層マンションの建設をしようとした事業者に対し，住民がその建設の反対を求めたものである。住民が事業者に対し，建設の差止を求める民事訴訟を提起するとともに，行政に対しても建築物の是正命令を出すことを求める行政訴訟を提起した。民事訴訟は，地裁で住民が勝訴するも，高裁で住民が敗訴し，最高裁で確定している[2]。また，行政訴訟も，地裁で住民が勝訴するも，高裁で住民が敗訴し[3]，最高裁で確定している。

　一方，市が条例による高さ制限をしたことから，事業者は行政に対し，高さ制限を定める条例の無効確認や販売価格が下がったことによる損害賠償を求めた。地裁・高裁ともに事業者が勝訴し[4]，最高裁で確定している。

　このように，三面関係ゆえに相互に訴訟提起がされることになり，事件が複雑化する。

（1）国立マンション訴訟をめぐる紛争の渦中にあった当時市長によるものとして，石原一子『景観にかける：国立マンション訴訟を闘って』（新評社，2007）がある。
（2）最判平成18年3月30日民集60巻3号948頁。
（3）東京高判平成14年6月7日判時1815号75頁。
（4）東京高判平成17年12月19日判時1927号27頁。

　もっとも，日本では，紛争を表立った形で争う裁判を好まない者も多く，被害があっても名乗り出ることができず，泣き寝入りになる場合も多い。また，裁判は時間がかかることから救済が遅れることがあるほか，被害者自身が立証を行う必要があることから，その負担も救済が不十分になることにつながっている。

2　環境 ADR

　そこで，行政による苦情相談や第三者機関による ADR(Alternative Dispute Resolution) とよばれる裁判外の紛争解決制度が創設されている。公害健康被害補償法に基づく救済制度や公害紛争処理法に基づくあっせんや調停が整備されており，裁判と ADR が車の両輪となって，環境紛争の解決を促進している。

(1)　公害健康被害補償法

　公害健康被害補償法は，1973年に創設された，民事責任をふまえた損害賠償補償制度である。公害発生により被害の生じた地域および疾病の指定を行い，当該地域内に一定期間居住または在勤する者等の申請に基づき，公害病患者の認定を行うものである。

　第 1 種地域は，大気汚染によるぜん息等の非特異的疾患を対象とし，当初41地域が指定されたが，1987年までに全部解除されている。第 2 種地域は，水俣病，イタイイタイ病，慢性ヒ素中毒症など，原因物質と疾病との間に特異的な関係がある特異的疾患を対象とする。被害救済のためには認定が必要となるが，認定がなかなか進まないために，裁判に訴える者が多くなってしまったという問題も発生している。

(2)　公害紛争処理法など

　公害紛争処理法に基づく公害紛争処理制度として，あっせん，調停，仲裁，裁定などが整備されている。その中でも，中央の行政委員会として設置されている公害等調整委員会[5]は，申請された公害事件の裁定を行うものである。裁定に際しては，公害被害の賠償責任や責任額の裁定を行う責任裁定と被害の原因と結果に関する因果関係の存否を確定する原因裁定の 2 つがあ

る。調停であるため，具体的な調停案を提案できる点で裁判と異なり，紛争
解決へと大きく進む可能性も秘めている（「豊島産業廃棄物不法投棄事件」[6]な
ど）。また，各都道府県は，条例で公害審査会が設置され，住民の申請に対
する苦情処理等を行っており，身近な問題の解決が図られている。なお，
2011年3月11日の東日本大震災に伴う福島原発事故を受け，原子力損害の賠
償に関する法律（原賠法）のもとで，原子力損害賠償紛争解決センターが設
立され，申立費用無料の簡易手続により，仲介委員による和解が進められて
いる。

Ⅲ　不法行為に対する救済

1　不法行為の要件

　深刻な生命・健康・財産の被害に対する被害者救済の必要性がある場合，
民法709条の不法行為を根拠とする訴訟が提起されうる。不法行為が認めら
れるためには，①行為者の故意又は過失，②権利・利益侵害，③加害者の行
為と損害の因果関係，④損害の事実といった要件が必要となり，被害者（原
告）は，これらの要件を主張・立証しなくてはならない。

2　過　失

　過失とは，注意義務に違反することをいい，これは，予見可能性を前提と
する結果回避義務に違反した場合に該当することになる。四大公害事件等に
おいて，企業は予見できなかった旨の主張をすることが多かった。「水俣病
訴訟」[7]において，裁判所は「化学工場が廃水を工場外に放流するにあたっ
ては，常に最高の知識と技術を用いて廃水中に危険物混入の有無および動植

（5）公害等調整委員会の委員長および委員は，国会の両院の同意を得て，内閣総理大臣に
　　よって任命される。
（6）公害等調整委員会平成12年6月6日調停「公害紛争処理白書平成13年版」19頁。
（7）熊本地判昭和48年3月20日判時696号15頁。

物や人体に対する影響の如何につき調査研究を尽してその安全性を確認するとともに，万一有害であることが判明し，あるいは又その安全性に疑念を生じた場合には，直ちに操業を中止するなどして必要最大限の防止措置を講じ，とくに地域住民の生命・健康に対する危害を未然に防止すべき高度の注意義務を有する」と判断して，通常よりも重い義務を課している。このような高度の注意義務を企業側に課すことで，被害者救済を図っている。なお，公害等の被害にあたって過失の立証が困難なこともあり，大気汚染防止法，水質汚濁防止法，原賠法などの特別法により，無過失責任としていることも多い。

3　権利・利益侵害と違法性

　権利・利益侵害は違法性の問題として処理されることが多かったが，近時，それぞれ独立して判断されることが多い[8]。違法性については，被侵害利益の種類・程度と侵害行為の態様を相関的に判断すべきとする相関関係説を用いることが多いが，環境紛争の場合，加害者・被害者の種々の事情を総合的に勘案して，個々の事案における被害の受忍限度を判定し，加害行為の違法性の有無を認定する受忍限度論が用いられている。たとえば，道路の騒音・大気汚染の事例である「国道43号線訴訟事件」[9]は，①侵害行為の態様と侵害の程度，②被侵害利益の性質と内容，③侵害行為のもつ公共性の内容と程度，④被害の防止に関する措置の内容という4項目を主に考慮して，受忍限度の判断をしている。被害がある一方で受益もある場合には，受益と被害の彼此相補の関係があるとしてこれを考慮すべきとする考え方もあるが，損害賠償の判断に際しては，公共性の考慮は否定するのが有力である。

　権利・利益侵害については，前述の国立マンション訴訟に係る最高裁判決において，景観利益は法律上保護に値するとしつつ，「被侵害利益である景観利益の性質と内容，当該景観の所在地の地域環境，侵害行為の態様・程

（8）窪田充見＝大塚直＝手嶋豊編『事件類型別不法行為法』（弘文堂，2021）101頁以下［大塚直］。
（9）最判平成7年7月7日民集49巻7号1870頁。

94

度，侵害の経過等を総合的に考慮して判断されるが，景観利益の保護は第一義的には民主的手続によって定められた行政法規や当該地域の条例等によってなされるべきであり，違法な侵害となるには，刑罰法規や行政法規に違反したり，公序良俗違反や権利濫用に該当するなど社会的に認容された行為として相当性を欠くものであることが必要である」としている。

4　因果関係

環境紛争において，加害行為と損害の発生との因果関係の認定をめぐって激しく争われる。環境紛争における事実的因果関係は，発生源と汚染経路を確定し，被害発生の科学的メカニズムを明らかにする必要があるが，その立証は容易ではない。そこで，立証の軽減のための法理が用いられることもある。

例えば，間接反証[10]が用いられた例として，「新潟水俣病訴訟」[11]がある。本件では，被告である事業者が既に工場を撤去してしまった事案であるが，原因物質，汚染経路を原告が立証すれば，原因物質の生成過程は事実上推定され，そのような物質を工場が排出していないことは工場側が立証しなくてはいけないとした（門前到達論）。

また，医学上の手法である疫学による証明（疫学的因果関係）が認められた例として，「四日市公害訴訟」[12]がある。本件では，①当該因子が発病の一定期間前に作用するものであること（時間的条件），②因子の作用する程度が著しいほど当該疾病の罹患率が高まること（量反応関係の条件），③因子を消去した場合，疾病の罹患率が低下すること（消去の条件），④因子が原因として作用する機序が生物学的に矛盾なく説明されること（生物学的妥当性の条件）の4条件を満たす場合に因果関係が認められるとした。

---

(10)ある主要事実について証明責任を負う者が，経験則上，主要事実を推認させるのに十分な間接事実を証明した場合に，相手方がその間接事実とは両立しうる別個の間接事実を証明することによって，主要事実の推認を妨げること。
(11)新潟地判昭和46年9月29日判時642号96頁。
(12)津地四日市支判昭和47年7月24日判時672号30頁。

5　共同不法行為

　公害は，複数の事業活動による複合汚染によって被害が生じることが多い。その場合，共同不法行為の問題として取り扱われる。伝統的には，共同不法行為者各人の行為が独立して不法行為の要件を満たす必要があるが，前述の「四日市公害訴訟」を契機に，共同不法行為は，各加害行為の間に共同関係（関連共同性）がある場合に成立し，共謀のような主観的認識がなくても，客観的に共同していると認められれば肯定されると考えられるようになった。石油化学コンビナート公害のように，加害者間に製品・原材料の受渡関係，資本の結合関係，役員の人的交流関係があるなど，緊密な一体性が認められる場合，強い関連共同性として，各加害企業が全損害につき損害賠償責任を負う。逆に，発生源が広範囲で極めて多数である都市型複合汚染のように，それほど緊密な一体性はない場合には，弱い関連共同性として，加害者による減免責の反証が可能となる。

　「建設アスベスト訴訟」(13)では，建材メーカー数社を相手に共同不法行為を用いうるか議論になったが，被害者によって特定された複数の行為者の中に真に被害者に損害を加えた者が含まれている場合には適用され，被害者によって特定された複数の行為者のほかに被害者の損害をそれのみで惹起し得る行為をした者が存在しない場合には，共同不法行為の責任が認められるとしている。

6　損　害

　不法行為による被害は，金銭賠償の方法によるのが原則である。従来の公害被害は，人の生命・身体・財産への被害を金銭評価して，賠償が認められてきた(14)。しかし，環境紛争の多くは，人の被害だけでなく，環境そのも

---

(13) 最判令和 3 年 5 月17日民集75巻 5 号1359頁。
(14) 多くは集団訴訟として提起されるが，個別の損害の立証が困難であることから，逸失利益と慰謝料などをまとめて請求する包括請求，集団として同額を請求する一律請求として，提起されることが多い。

のの被害も深刻になる。鉱害法において，原状回復を請求できるが例外的である。東日本大震災では，放射性物質が飛散し，土壌汚染が広範囲にひろがった。国による除染は行われているが部分的なものであり，原状回復請求を提起する事例も増えており，被害回復の方法として，金銭賠償だけでよいか否かの検討が必要であろう[15]。

Ⅳ　差止による救済

1　差止の意義と要件

民事訴訟は一般的に被害が生じた後に提起されるため，事後救済としての役割を担っている。しかし，被害を防止するためには，差止による未然防止が必要となる。そこで，人格権を根拠に差止請求が判例上認められ[16]，紛争の事前予防機能を担っている。差止は，①権利侵害，②違法性，③実質的被害の発生に対する蓋然性を要件とする[17]。

差止にあたっては，多くの要素を考慮に入れた利益衡量をするとなると，重大な被害が発生するとしても，侵害行為の公共性や社会的有用性から差止を認めないとされるおそれから，被害者の利益と差止によって失われる加害者の利益を比較衡量して，被害者の主張する被害が受忍限度を超えているかどうかで判断される方法が有力となっている[18]。　なお，新しいタイプとして，平穏生活権（平穏な生活を営む権利）に基づき，差止を認めるケースも出てきている[19]。

---

(15)たとえば，ドイツ民法では，原則として，損害賠償について原状回復主義を採用している。
(16)差止の根拠については諸説あるが，詳細は，大塚直『環境法 BASIC（第 4 版）』（有斐閣，2023）508頁以下参照。
(17)窪田＝大塚＝手嶋編・前掲注（8）119頁［大塚直］。
(18)吉村良一『不法行為法（第 6 版）』（有斐閣，2022）130頁以下。
(19)仙台地決平成 4 年 2 月28日判時1429号109頁。

2　環境破壊に対する差止

　従来型の差止は騒音などに対するものであったが，地域における環境利益，たとえば，環境破壊の不安や危険に対して，どのような法的根拠によって差止ができるかという問題がある。「伊達火力発電所事件」[20]では，環境権を根拠に訴訟を行ったが，「環境権なる権利を各個人が有するということは，各個人の権利の対象となる環境の範囲，共有者となる者の範囲のいずれもが明確でないという点を考えるとたやすく同調しがたい」として，内容や利益享受主体の不明確さ，実定法上の根拠がないことなどを理由に，差止を認めなかった。「北川湿地事件」[21]は，生物多様性に関する人格権という理論構成による差止請求を行ったが，実体法上の明確な根拠がないとされ，却下されている。

　環境利益について，民事の差止を認める裁判は少なく，自然環境をどのように守っていくのか，その方法の検討が急務といえる。

Ⅴ　環境紛争の民事訴訟手続の取扱い

　民事訴訟は，原告と被告がそれぞれ主張立証を行い，裁判所が判断をするという構造（当事者主義）であり，訴え提起後，口頭弁論での審理を経て，判決へと至る。

　まず，訴えは誰がするのかという当事者の観点からは，裁判はあくまで，原告と被告の間の個別的紛争解決を前提とする。もっとも，環境紛争は多くの利害関係者がいるため，集団訴訟として，数十人〜数百人，時に数千人もの当事者が訴訟を提起することがあり，裁判が複雑化することもある。

　通常は被害者が原告となって訴訟を提起するが，企業等が山林を購入して開発を行う場合，誰が原告になるのか，つまり，その地域の自然や動植物の

---

(20) 札幌地判昭和55年10月14日判時988号37頁。
(21) 横浜地判平成23年3月31日判時2115号70頁。

保護を誰が訴えるのかが問題となる。もっとも，憲法（29条）の財産権の保障，民法の所有権絶対の原則により，所有者が自由に処分でき，近隣の住民が口をはさむ余地はない。そこで，動物の権利裁判と呼ばれる，被害者たる動物の名前で裁判をする事案が登場している。「アマミノクロウサギ訴訟」[22]が代表例であるが，動物を原告にすることは認められていないため，請求は却下されている。

　次に，何を議論するかという請求の観点からは，訴訟では勝敗を決するための土俵となる請求（訴訟物）を明らかにする必要がある[23]。しかし，その請求をどこまで特定するかが問題になることもある。騒音の場合，防音壁の設置といった具体的行為を特定するのではなく，「被告の騒音が○○dBを超えて原告の居住地に進入しないことを求める」といった請求をすることもある。「国道43号線訴訟事件」[24]では，こうした抽象的不作為請求は特定に欠けることはないとされている[25]。

　そして，誰が立証責任を負うのかという証明の観点からは，事実の解明をするのは証明責任を負う者（多くは原告）となるのが原則である。しかし，環境紛争の場合，科学的な証拠が必要となり，大規模な調査や分析を伴うものも多い。また，本来証明を要する原告に証拠がなく，被告の手元に証拠があることもよくみられ（証拠の偏在），裁判において証明責任の転換が図られることもある。

　最後に，判断の効力（既判力）の観点からは，判決が確定した以上は法的に拘束力が生じ，当事者はそれに従う必要がある。その判断が遵守されない場合，強制執行が行われるなど，権利実現の実効性が問題となる。しかし，諫早湾干拓事業をめぐる裁判では，判決が確定した後も被告である国が履行

(22)鹿児島地判平成13年1月22日LEX/DB28061380。
(23)裁判における請求は，金銭賠償や差止など，法的に認められる請求に限られ，謝罪や再発防止といった当事者の要望は認められない。もっとも，裁判はそれを実現するための和解をする動機にもなっている。
(24)最判平成7年7月7日民集49巻7号1870頁。
(25)一方で，放射性物質の除染など，原状回復を求める訴訟の場合，放射性物質を除去する方法が特定されていないとして，却下されるケースも多く存在する。

をせず，紛争が深刻化している[26]。

　このように，環境紛争の場合，民事訴訟手続上の問題が救済にも影響を与えている。

Ⅶ　環境紛争の和解による解決——裁判から政策へ

1　政策形成訴訟の意義

　政策形成訴訟とは，訴訟の政策形成機能を重視した訴訟一般を意味する[27]。環境紛争の場合は，原告になった被害者が勝訴したとしても，救済はその者に限られ，訴訟外の被害者の救済や環境回復，加害企業による謝罪や恒久対策などは実現できない。

　そこで，環境紛争の中には，政策実現のプロセスの中に訴訟を位置づけ，訴訟活動とともに，世論への訴えかけや企業や行政との交渉を同時並行的に進める運動も多くみられ，それにより，政策形成へとつながり，裁判の判断以上の結果をもたらしたケースも数多く存在している[28]。

2　裁判過程の和解による解決

　環境紛争は，数多くの被害者が存在する。裁判はあくまでも個別の紛争解決に過ぎない。しかし，裁判を通して当事者が意見を交わすことは，争点を明確にするとともに，当事者間で事実を共有し確認することにもなる。そし

---

(26) 最判令和元年 9 月13日判時2434号16頁は，国の請求異議を認めた高裁判断を取り消し，差し戻した。しかし，誤った事実に基づき請求異議を再び高裁が認め（福岡高判令和 4 年 3 月25日裁判所 Web サイト），最高裁はそれを追認した。

(27) 吉村良一『政策形成訴訟における理論と実務—福島原発事故賠償訴訟・アスベスト訴訟を中心に』（日本評論社，2021）に詳しい。

(28) 越智敏裕『環境訴訟法（第 2 版）』（日本評論社，2020）18頁以下では，環境民事訴訟の機能として，①環境規制による被害の未然防止，②公法上の違法がない場合の個別紛争解決，③未規制領域における被害救済，④行政上の救済システムで実現できない損害の回復，⑤規制権限不行使の違法による国・自治体への国賠を挙げており，政策形成訴訟は③に該当する。

て，問題解決に向けて，裁判所を介して双方が検討を重ねることにより，和解による納得した解決に結びつくことにつながる（裁判のフォーラム形成機能）。その結果，裁判過程や裁判所の判決を契機に，当事者間の話し合いや政治的な判断が進み，解決が図られることもある。過去の環境紛争では，そうした和解による解決（被害救済や環境回復）も多く見られる。

(1) 住民と企業の和解による解決

「イタイイタイ病訴訟」[29]は，神岡鉱山から排出されたカドミウムが神通川水系を通じて下流の水田土壌に流入・堆積して起きた被害の救済を求めた裁判である。訴訟では，健康被害の賠償が認められたが[30]，判決確定後，被害者側は，事業者との間で，賠償や土壌汚染問題に関する誓約書や公害防止協定を結んだ。そして，それに基づき，土壌汚染について，1979年から2013年まで汚染地域とされた1,630ha の土壌復元事業が行われた。この事業は，企業に加え，国・県・市も加わった環境復元事業として行われ，407億円が費やされ実現した。

「西淀川公害訴訟」[31]は，阪神工業地帯の主要企業10社と国，阪神高速道路公団を被告とし，環境基準を超える大気汚染物質の排出差止と損害賠償を求めて第一次訴訟が提訴され，その後，二〜四次まで合計726人が原告となった大規模裁判である。一次訴訟の地裁判決は，差止請求は認められなかったものの，被告企業の共同不法行為等が認められた[32]。その後，1995年3月2日に被告企業と和解が成立し，解決金の一部を地域再生に使う合意がなされた。

(2) 住民と国の和解による解決

「西淀川公害訴訟」の二〜四次訴訟の地裁判決も，国・公団の道路設置管

(29)たとえば，江川節雄『昭和四大公害裁判・富山イタイイタイ病闘争』（本の泉社，2010）参照。
(30)名古屋高金沢支判昭和47年8月9日判時674号25頁。
(31)たとえば，西淀川公害患者と家族の会編『西淀川公害を語る―公害と闘い環境再生めざして』（本の泉社，2008），除本理史＝林美帆編『西淀川公害の40年―維持可能な環境都市をめざして』（ミネルヴァ書房，2013）参照。
(32)大阪地判平成3年3月29日判時1383号22頁。

理の責任が認められた（損害賠償のみで差止請求は棄却）[33]。その後，和解への道が模索され，あおぞら財団の道路政策提言による和解へのアプローチもあり，1998年 7 月29日に国・公団との和解が成立した。その結果，沿道環境の改善，新しい施策への取組みのほか，「西淀川地区沿道環境に関する連絡会」の設置により議論を続ける場も設けられ，活動は今日も続いている。

(3)　住民と自治体の和解による解決

「豊島産業廃棄物不法投棄事件」は，業者が1975年から16年間にわたり，香川県の豊島西端の海岸近くに産業廃棄物を違法・大量に投棄した事件である[34]。訴訟も多く提起されたが，業者による廃棄物の回収等は不可能であった（すでに倒産）。そこで，住民は香川県を相手方として公害等調整委員会に調停を申し立てた。公調委は，香川県の誤った監督指導体制が事態を悪化させたとし，香川県の責任を認めるとともに対応を求める判断を下した。住民側が県に対する賠償を放棄するなどの譲歩をしたこともあり，最終的に知事が豊島を訪れ住民に謝罪し，国とともに香川県が処理費用を負担し，投棄された産業廃棄物の処理をすることになり，2017年に廃棄物搬出が完了した。

(4)　行政主導の市民同士の対話による解決

「鞆の浦景観訴訟事件」[35]は，江戸時代の街並みと港が残っている鞆の浦において，広島県福山市による埋立て・架橋事業に対し，反対派の住民が行政訴訟を提起したものである。広島地裁は，原告住民に景観利益があるとし，広島県知事に埋立免許の差止をする判断を下した[36]。その後，広島県知事が計画を見直すことを示し，行政主導の調停が行われた。住民間でも賛否が分かれていたことから，行政は，住民による対話の機会を作り，そこでの議論のもとに，埋立て・架橋を撤回する方向性が確認された。

---

(33)大阪地判平成 7 年 7 月 5 日判時1538号17頁。
(34)たとえば，大川真郎『豊島産業廃棄物不法投棄事件―巨大な壁に挑んだ二五年のたたかい』（日本評論社，2001）参照。
(35)たとえば，藤井誠一郎『住民参加の現場と理論―鞆の浦，景観の未来』（公人社，2013）参照。
(36)広島地判平成21年10月 5 日判時2060号 3 頁。

102

その結果，2012年6月22日，県知事は架橋計画を中止する意向を固め，鞆の浦地区の景観に配慮して山側にトンネルを掘って道路を整備することを示した。賛成派と反対派を同じテーブルに座らせて議論をすることにより，住民の議論に基づく政策判断が行われたといえよう。なお，トンネル関連工事は2021年に着工され，2023年に完成予定である。

(5)　政治主導の立法による解決

「アスベスト訴訟」は，アスベスト工場の周辺住民にアスベスト疾患が発生していることが報じられ社会問題化し（クボタショック），工場労働者や建設現場の労働者が訴訟を提起したものである。石綿健康被害救済法に基づき，健康被害を受けた者およびその遺族に対し，各種救済給付が行われていたが，不十分なところもあった。先行して，工場労働者による訴訟が提起され，国の責任が認められた[37]。一方で，アスベストの製品を用いた建設現場に従事していた建設現場の労働者は全国規模に及び，どの製品を用いたのか，どこで罹患したのかなど，立証が困難なことも多いことから訴訟は長引いたが，国および建材メーカーの責任が確定した[38]。

その際，2020年12月14日，最高裁判所が国の上告受理申立てを受理しないとの決定を行ったことにより，「与党建設アスベスト対策プロジェクトチーム」における検討が進み，最高裁判決が出た直後の2021年5月18日に，厚生労働大臣と建設アスベスト訴訟の原告団および弁護団との間で基本合意書が締結された。そして，未提訴の被害者への救済策として，判決と同水準の最大1300万円を給付する石綿被害建設労働者給付金支給法が，2021年6月9日に成立した。

3　司法・行政・立法の役割

数多くの環境紛争が発生し，裁判の中で解決が図られている。しかし，裁判だけでは救済が不十分であることから，行政による対応や新たな立法の制

(37)最判平成26年10月9日民集68巻8号799頁。
(38)最判令和3年5月17日民集75巻5号1359頁。

定へと進むことで更なる解決が図られている。一方で，時代とともに新たな事件も発生し続けており，歴史的な経過の中で創設されてきた既存の立法では対応ができず，裁判による新たな救済が生まれるというサイクルにより，被害救済は発展してきている。

こうした流れの中で，環境紛争の終局的解決には，法廷内外での動きも重要であり，そこでは，被害者（原告）のみならず，弁護士（弁護団）や支援者，マスコミの存在も欠かせない要素になっている。そして，裁判所や行政や事業者による紛争解決の姿勢も大事であることは言うまでもない。

このように，日本では，司法・立法・行政がそれぞれ環境被害に対応するなかで，紛争解決が模索され，それを実現してきたといえる。

Ⅷ　よりよい環境紛争の解決に向けて

将来世代に向けた環境紛争の解決にあたって，たとえば，①事件に適する訴訟類型の選択を当事者がしなくてはいけないこと（大阪国際空港訴訟[39]），②大規模な集団訴訟の解決が長引いていること（アスベスト訴訟，原発賠償訴訟），③既存の訴訟類型では救済が困難な環境被害（環境損害）があること（例：自然保護訴訟，国や企業に温暖化防止を義務付ける訴訟）などが課題として残っている。

訴訟を使いやすくするとともに，事件に応じた被害救済のあり方を考える必要があるが，こうした事件に対応できる新たな訴訟制度（環境団体訴訟）が必要になるところ，日本は未整備である。この点，アメリカの市民訴訟やドイツの環境団体訴訟，中国の公益訴訟など，海外の制度が先行している。こうした制度の背景には，環境意識が高まる中で，環境を守る監視者として期待される市民の役割の高まりが関係している（市民参加）。

未来の環境を守る武器となるべく，環境法の新たなフェーズに向けて，こ

---

(39) 最判昭和56年12月16日民集35巻10号1369頁。なお，大阪国際空港訴訟を最高裁で担当した団藤重光氏のノートが発見され，審理過程に様々な問題があったことが窺える記述があったことから，物議を醸している。

うした課題への対応も考えていかなくてはならない。

当事者の声から学ぶ

　法律学を学んでいると，時に技巧的な議論になりがちで，現場の当事者の存在を忘れてしまうことがある。しかし，当事者の声に耳を傾けることにより，被害の実態やその救済，さらには環境紛争の解決の糸口がつかめるかもしれない。未来のためには，温故知新で過去の当事者の声から学ぶ必要がある。

　西淀川公害訴訟の原告であった西淀川患者会の森脇君雄さんは，「四日市の場合，裁判に勝って原告が損害賠償を得ても，加害企業による悪煙はとまらず，空気はきれいになりませんでした。…裁判の進行とともに脳裏を離れなかったのが，きれいな空気を取り戻すということと疲弊したまちの再生であり，前述した四日市裁判の教訓をどう生かすかにありました」と語る。西淀川公害訴訟では，公害反対運動が，被害者自身にとどまらず，地域全般にかかわる課題を掲げて住民運動としての実質を獲得し，さらに市民運動の支援を得て，持続的，長期的に展開している。裁判は始まりだが，裁判の終わりが運動の終わりではない。

　また，水俣病患者の緒方正実さんは，水俣病の患者申請をするも認定されず，10年も国と闘うことになってしまった（最終的には患者認定）。緒方さんは，「10年間の闘いの中で気づかされました。私は人を恨むためにこの世に生まれたわけではない。水俣病という出来事と出会い，チッソを恨み，行政を恨み，世の中を恨んでしまったけれども，恨みを取り除く方法だってある。人に正直に生きるのではなくて，自分自身に正直に生きるということです。水俣病になって良かったとは決して思いませんけども，水俣病になったことを私は後悔していません」と語る。被害者として認定されたとしても，被害も怒りも簡単に消えるわけではない。しかし，チッソや行政と向き合う中で，その憎しみを連鎖させないために「許す」ことの意義を述べる。公害や環境問題は多くの対立を生むが，その「もやい直し」をするヒントがこうした声にある。

第 **8** 章

環境紛争の解決（２）

I 環境行政訴訟は何を目指すか

1 なぜ裁判で環境を守れないのか

　裁判所は，紛争解決のための国家機関ではあるが，紛争の原因である環境破壊そのものを解消あるいは防止するのに適しているとは言い難い。その理由はいくつかある。

(1) 第 1 の理由──環境は誰のものか

　良好な環境という利益は本来的には公益であって，特定の誰かに帰属する個別利益ではない。特定の人々の集団に帰属する利益であるようにみえることもあるが，それを超えて，将来世代も含めた不特定の人々が共有する利益である。しかし訴訟では，提訴者が現に受けるべき利益の保護（あるいは提訴者が過去に受けるべきだった利益の賠償）を請求することが，基本的な作法となる。環境そのものの価値をいくら主張しても，「結局，その環境はあなたにどのような利益を与えるのですか」「あなたの受けるべき利益の保護を主張してください」と，裁判官から問いただされることになる[1]。

---

(1) 裏返せば，「現にここに居住する私の生活を支える環境利益」という限定された意味であれば，それは裁判で個別に保護されうる。たとえば，静穏性や水・空気の清浄性のほか，良好な眺望や景観もそこに含まれ，法律家は環境利益を私的利益として構成することで環境破壊を訴訟化してきた。

　過去にはいくつもの重要な民事訴訟が環境保護のために提起され，実際，拡がりのある環境汚染を解消する機能を発揮したこともあるが，裁判そのものの法的効力に注目するなら，あくまで原告自身の利益が保護される結果として環境保護が付随的に実現していることに気づくだろう[2]。したがって，将来世代を慮って地球温暖化や種の絶滅を民事訴訟で直接阻止することは，日本ではかなり困難である[3]。

⑵　第２の理由——民主政治によらない公益保護を目指すべきか

　法律が公益としての環境利益を保護している状況では，裁判所が法律違反行為を認定して制裁を与えることはありうる。いわゆる環境犯罪をめぐる刑事訴訟がそれであり，裁判所は刑事訴訟をつうじて環境公益を実現していると言って良い。しかしながら，これは規制される環境破壊行為が明確に限定されている場面で，刑罰という峻厳な制裁を科す目的で機能する仕組みであり，保護されるべき環境利益が破壊されてしまった後の非難を本質としている[4]。範囲も価値も曖昧な環境利益を幅広く保護する仕組みではない。

　環境利益がどこまで保護されるべきかという紛争に切り込んで「ここまで」というラインを示すことは，裁判所がそもそも不得手とするところである。それは政治機構の役割であって，民主的な基盤を持たない裁判所は，法律で規制されている環境破壊行為であっても，よほど明確でなければ独自に違法認定することをためらうだろう[5]。そうした公益保護の法律は，裁判所

（2）だからこそ，環境民事訴訟を闘う弁護士ら環境法律家は，被害者を探索して集団訴訟の形にすることを目指す。さもなければ，環境汚染企業は，仮に敗訴しそうになっても，単独原告との和解を選択することで，低コストで環境を汚染し続けることができてしまう。

（3）石炭火力発電所が気候や生態系にもたらす影響をめぐって「気候訴訟」が提起されているが，原告に具体的被害が及ぶかどうかが裁判の焦点となってしまう。たとえば，仙台高判令和３年４月27日判時2510号14頁（仙台パワーステーション操業差止訴訟）。行政訴訟の可能性も含め，島村健「気候変動に対する司法的保護—ドイツからの『アミカス・ブリーフ』解題」法律時報95巻３号（2023）58頁以下参照。

（4）明確性の原則（憲法31条）。刑罰法規が環境破壊の予防に資する面はあるが，ここでは裁判の機能に注目する。

（5）とはいえ，民主的政治機構が将来世代の利益を保護することに向いているとも言い難い。加藤尚武『環境倫理学のすすめ〔増補新版〕』（丸善出版，2020）３〜５頁および27頁以下。

ではなく行政機関が周到に違反認定基準を整えて運用するものである。

(3)　第 3 の理由——将来の不確実な被害をどこまで阻止すべきか

　環境紛争では，時に不可逆的な環境破壊の発生を，最新の科学的知見に照らし将来に向けて未然に防止すべきことが主張される。それに対し，裁判所の視線は基本的には過去に向けられる。すなわち，すでに発生した事実を証拠に基づいて認定し，一定の熟度を有する科学的知見の下で（つまり必ずしも最先端ではない標準的科学技術を前提として）その事実を評価し，伝統的な権利と先例を参照しつつ違法事態の事後的な是正を図る。将来に向けての環境破壊行為の差止めは，環境保護活動の一環として大いに請求されるが，請求認容のハードルは高くなる[6]。

　以上の 3 つの理由は，究極的には権利のための機関である，という裁判所の特質について，それぞれ別の角度から説明したものである。裁判による環境保護は偶然的で，望み薄とみえただろうか。放っておけば後ろ向き（未来志向でない）で，権利の判断において保守的，公益の判断においては遠慮がちな裁判所であるが，〈将来を見据えて公益を保護すべき行政活動に焦点を当て，その瑕疵を追及し是正させる〉訴訟類型があるとしたら，それこそがダイレクトに環境保護を目指す訴訟となるかもしれない。

　本章では，行政活動を対象とするものとして法律で定められた訴訟類型のうち，「住民訴訟」「機関訴訟」「抗告訴訟」「当事者訴訟」が環境保護の目的で利用されることを想定し，それらを一括して環境行政訴訟と呼ぶ[7]。これら訴訟類型にはそれぞれ複雑な要件が設定されており，その解釈と適用をめぐる論争に環境保護の成否がかかっているとも言えるが，その解説は行政法の専門書に譲り，次の 2 では各訴訟類型の特徴として抽象的に整理するにとどめる。法学を専門としない読者は，先に II と III の具体例から学んでも良

（6）もっとも，差止めに謙抑的な司法のあり方には批判もある。
（7）行政訴訟の代表的な分類としては，「抗告訴訟／当事者訴訟／民衆訴訟／機関訴訟」の区分があり，住民訴訟は民衆訴訟の一種である。行政事件訴訟法 2 条および 5 条を見よ。

い。

2　環境行政訴訟につきまとう限界

　環境行政訴訟には，前述のような期待がかけられると同時に，やはり〈提訴者の権利救済に必要な限りで作動する〉という司法の本質からくる限界が論じられている。法律で訴訟類型を創設できるとしても，裁判所が本務とする司法権の作用から大きく乖離することには憲法違反の疑いがあるため，環境行政訴訟を「誰が提訴できるのか」「どのような紛争について提訴できるのか」は，実践的にも理論的にも強く意識されることになる。以下，概観しておく。

(1)　住民訴訟

　「誰が提訴できるのか」という点ではかなり緩やかで，紛争がある自治体の住民であれば提訴できる。半面で「どのような紛争について」という点では限定的で，自らが住民として生活する自治体の財務会計行為（財産や契約の扱い）のみを対象とし，提訴の段取りにも大きな制約がある。自分自身に帰属する利益を回復するために裁判を求めるのではない点で「客観訴訟」の一種とされ[8]，ダム建設等の公共事業を契機に，環境保護目的で提訴されることが少なくない。すなわち，環境を破壊する公共事業への公金支出を差し止める，という形で環境破壊そのものを防止し，あるいは，発生してしまった環境破壊に支出された公金を損害とみて賠償させる形で，環境破壊の違法性を確認し失われた環境の回復を促す，という使い方が想定される。

(2)　機関訴訟

　国・自治体の行政機関のみが提訴でき，また，法廷に持ち込める紛争の形態も行政機関の間で生じた特殊な権限紛争に限定される[9]。つまり，環境保

（8）前掲注（7）の区分で言うと，民衆訴訟と機関訴訟が客観訴訟に該当する，と説明される。ただし，客観訴訟といえども自己の利益と全く無関係な公益を追求するものではなく（自治体の財務会計行為が是正されれば，原告は当該自治体の住民として恩恵を受けうる），また，自己利益の救済を求める（という意味で客観訴訟と対をなす）「主観訴訟」といえども，提訴者において勝訴に付随する公益の実現を意図することは妨げられない。

護を目指す私人が利用できる訴訟類型ではない。そもそも，自治体と国が政治上相互に依存しあっており両者の権限紛争が先鋭化しにくい日本では，実際に提起された例がほとんどない。しかし，環境保護のための行政権限の行使のあり方が一旦紛争となれば，まさにその客観的な違法性を争点として環境公益を探る訴訟が，機関訴訟として実現しうる。沖縄県と国との間で生じたいわゆる辺野古紛争では，公有水面埋立法等による規制の下での海の環境保護について主張が闘わされた。

(3) 抗告訴訟

　通常，私人が提起する訴訟では，単に被告の意思決定や行動に反対するというだけで裁判所を動かすことはできず，被告の意思決定や行動によって自分の正当な利益が害されたという主張が訴訟を牽引し，裁判所は，回復されるべき利益の内容・範囲を審判することになる。しかし抗告訴訟では，行政処分に「不服」であるという理由で，その取消しや差止めを裁判所に請求することができ，適正に行政処分が行われないことに不服であれば，義務付けを請求することもできる[10]。「どのような紛争について提訴できるのか」という点では，行政処分に限られるという縛りはあるものの，不服そのものを紛争として扱うことができ，環境を破壊する行政処分の発動や環境を保護する行政処分の不発動を広く包摂しうる。「誰が提訴できるのか」という点でも，環境汚染の危険をはらむ施設の周辺住民に原告適格（＝提訴資格）が認められることがあるように，行政処分の直接の関係者でない者が環境保護のために提起する可能性を否定しない仕組みとなっている[11]。

（9）行政事件訴訟法 6 条を見よ。より具体的には，たとえば，地方自治法245条の定める「関与」が契機となり，一定の手続を経て同251条の 5 以下の訴訟が提起されうる。

（10）行政事件訴訟法 3 条を見よ。本章では「行政庁の処分その他公権力の行使に当たる行為」（同 2 項）を「行政処分」と呼ぶ。

（11）もとより，提訴者が自己の利益と関係のない環境保護上の不服を述べても勝訴できない（行政事件訴訟法10条 1 項）。ただし，「関係」のある違法主張であれば良く，裁判所の審判対象として行政処分の違法性が幅広く取り上げられうる。

110

(4) 当事者訴訟

　基本的には民事訴訟と同様で，提訴する者が被告に対して自己の利益や地位を擁護する主張を展開するものであり，観念的には誰でも提起できるが，公益目的で法律上設定された権利義務関係の当事者であると主張して，その利益や地位の回復ないし保全を求めていくことになる(12)。なお，行政処分への不服は前述の抗告訴訟でのみ扱われるため（公定力），当事者訴訟や民事訴訟では，関連する行政処分は原則として有効であることを前提に裁判が行われる。

　環境行政訴訟としての可能性は，当事者訴訟が「公法上の法律関係に関する訴訟」である点にかかっている。環境保護のための各法律が，一定の私人や環境保護団体に特別な地位を与えて環境利益を享受させ，あるいは環境保護を実現する役割を担わせ，国・自治体や他の環境利用者との間で「公法上の法律関係」を導入しているならば，公的な環境利益を自らの管理する利益として主張しその保護を求める手段として，当事者訴訟が用いられうる。ただし，環境を保護する法律がそうした当事者訴訟の存在を織り込んで制定される（環境公益の実現を行政ではなく裁判所に委ねる）ことは稀であり，利用実績は伸びていない。

　ここまで，環境行政訴訟の諸類型を整理し，特徴を抽象化して説明した。以下では，住民訴訟と抗告訴訟に絞り，具体例の紹介に重点を置いて解説する。訴訟要件を始めとする制度の詳細は行政法・地方自治法の教科書を併せて参照されたい。

---

(12)行政事件訴訟法4条参照。民事訴訟の例により（同7条），確認の訴え（4条で明記）に限らず給付の訴えも可能である。確認の訴えでは確認の利益が必要となる。なお，当事者訴訟は形式的当事者訴訟と実質的当事者訴訟とに区別されるが，本章では実質的当事者訴訟（公法上の法律関係に関する確認の訴えその他の公法上の法律関係に関する訴訟）を取り上げる。公法とは，ここでは公益保護目的の法令を幅広く含み，それが誰かに何らかの法的地位を設定した場合に，公法上の法律関係が観念される。

Ⅱ　環境紛争解決の住民訴訟

1　公共事業による環境破壊を止められるか

　たとえば道路建設のように，沿道住民の生活環境に直接影響を与える公共事業であれば，環境民事訴訟により差止めや賠償を請求することを想像しやすい。しかし，人里離れた山林を切り拓き，あるいは海浜を埋立てて行う公共施設の設置は，誰がどのような訴訟でその環境破壊を問題にできるのだろうか[13]。

　当該公共事業に自治体が公金を支出しているならば，住民訴訟（地方自治法242条の2）が考えられる。すなわち，その自治体の住民は，当該公共事業の遂行がまさに環境公益をそこなうことを理由として，自治体の関係機関に対して，公金支出の差止めを命じ（一号請求）[14]，あるいは，すでになされた公金支出の責任者に対して，自治体から賠償請求させるための訴訟を提起することができる（四号請求）[15]。

　四号請求は，認容されれば環境破壊的な公共事業全般に対する抑止力を発揮しようが，現に破壊されてしまった環境を復元することまで確かにするものではない（あくまで違法に支出された公金を自治体の財布に戻すことが目的と

---

[13] 住民訴訟は，公共事業の抑制を目指すものに限られず，むしろ適切に公金を支出して環境保護のための公共事業を実施させる目的でも用いられうる。しかし，自治体がどのような公共事業を行うかには広範な政策的裁量が認められがちであり，裁判所も議会や首長の政策判断に譲るところが大きい。そのため，自治体が一旦政策選択した環境破壊的公共事業をターゲットとし，環境に配慮した規模縮小や工法変更を行わせるために，住民訴訟が提起されることになる。

[14] 契約締結や債務負担の差止めも一号請求に含められる。本文では代表して公金支出にのみ言及する。

[15] 地方自治法242条の2第1項各号は4つの請求類型を列記しているところ，本章では，特に利用実績の多い一号請求と四号請求（不当利得返還請求を除く）のみ取り上げる。また，本文では触れていないが，住民訴訟を提起するには住民監査請求（同242条）を先行させる必要があり，この要件は，住民訴訟の出訴期間（同242条の2第2項）が非常に短いこととも相俟って，実務上重要である。

なる）。そこで以下では一号請求を念頭に置いて解説するが，しかし裁判が確定するまでに支出されてしまえば差止めようがなく[16]，よほど大規模な公共事業で数年掛けて公金が支出される場合でなければ，一号請求は実践的でないということも，心に留めておいて欲しい。

2 海浜を埋立てる公共事業を例に——泡瀬干潟埋立事件

(1) 環境法上の違法主張を法廷に持ち込む論理

国・沖縄県・沖縄市は，臨海部を埋立ててリゾート施設を設置する公共事業の計画を立て，2002年，海洋生物や鳥類を育む豊かな干潟・藻場が大規模に存在する浅海域の埋立てを開始した。この埋立ては公有水面埋立法の要件を満たすものでなければならないところ，同法は環境保全への配慮と環境法令適合性を求めており（4条1項2号および3号），また大規模な開発事業であるため環境影響評価法の評価手続を履践しなければならない。2005年，原告である沖縄市または沖縄県の住民らは，こうした法令の定めを踏まえて，埋立計画が貴重な自然環境を破壊するものであり，またその環境影響評価が適切に行われていないという観点から，当該公共事業に対する公金支出は違法であるという立論により，一号請求の住民訴訟を提起した（泡瀬干潟事件第一次訴訟）[17]。

争点は多岐に及ぶが，環境行政訴訟としての利用可能性を探る上では，被告側による次の主張は重要である。すなわち，公金支出の原因となる行為（埋立計画）が仮に違法であるとしても，それは直ちに支出行為の違法を意味せず，原因行為に重大かつ明白な瑕疵があって初めてそれに基づく支出が違法になる，と主張した。こうした考えは地方自治法が明記するところではないが，およそ自治体の活動は公金支出と無関係ではないため，公金支出とそ

---

(16)民事保全法による仮処分を利用できない（地方自治法242条の2第10項）。

(17)後述のように原告住民側は部分的に勝訴したが，行政側は埋立面積を半減させた新たな計画を推進し，第二次訴訟へと展開した。こちらでは原告住民側の敗訴が確定している。（福岡高那覇支判平成28年11月8日 LEX/DB25545004。最高裁は上告棄却の上告不受理）。

の原因行為を区別しないと，自治体のあらゆる活動で「それに支出すること
は違法」と主張する住民訴訟を受容することになりかねない[18]。とはいえ，
公金支出に固有の違法（支出の手続や金額の誤り等）に限って争わせるとする
と，本件のような原因行為の環境法的違法が取り上げられる余地はない。

　この点を明確にした最高裁の判例は見当たらないものの[19]，かつて愛媛
県今治市でやはり海浜地区の埋立てが環境破壊をもたらすとして住民訴訟に
なった事件で，「織田ヶ浜埋立訴訟」松山地裁判決は次のように判示してお
り[20]，これが後の諸裁判を牽引しているようである。「原因となる行為の違
法性がこのような程度に至っている場合［重大かつ明白な違法がある場合――
引用者注］にまで，住民らは当該行為実現のために公金が支出されるのを手
をこまねいて見ていなければならないとするのは，いかにも不合理であり，
……住民訴訟制度の趣旨・目的からもむしろ外れることになる」。

　したがって，被告側の上記主張は，住民訴訟を環境法的に問題のある公共
事業そのものを差止めるために用いることを，必ずしも否定しているわけで
はない。ただ，「重大かつ明白な瑕疵」という条件付けが適当であるかは不
透明で，原告側もその点を争ってはいる[21]。

(2) 「環境住民訴訟」の限界と可能性

　2008年の「泡瀬干潟事件第一次訴訟」那覇地裁判決は，沖縄県と沖縄市に
対し埋立事業にかかる公金支出の差止めを命じた[22]。とはいえ，その判決
理由は，マリーナ・リゾートの建設を目指す埋立事業計画が経済的合理性を
欠き地方財政法4条1項（経費支出の必要最少限度原則）等に反するという点
にあり，公有水面埋立法4条1項2号および3号の求める環境保全と環境影

---

(18) 原因行為と支出行為の区別については，最三小判平成4年12月15日民集46巻9号2753
　　頁（一日校長事件）が判示している。ただしこれは四号請求訴訟である。
　　住民訴訟の制度趣旨については，最一小判昭和53年3月30日民集32巻2号485頁を参
　　照。地方自治法は住民訴訟を同法第2篇第9章「財務」に位置付けており，自治体財
　　務会計の適正化を目的とする仕組みであると理解できる。
(19) ただし，八ッ場（やんば）ダム建設をめぐる住民訴訟では，「重大かつ明白な瑕疵」
　　を判断基準とすることの非を追及した上告受理申立てが最高裁によって斥けられてい
　　る（最一小決平成27年9月10日 LEX/DB25541449。原判決は後掲注(21)の東京高判）。
(20) 松山地判昭和63年11月2日判時1295号27頁。

響評価法に関する原告側主張は，実はことごとく斥けられた。もちろん，このことをもって環境保護を目指す「環境住民訴訟」の可能性を狭めていると評価すべきではなく，むしろ，同判決が「重大かつ明白な瑕疵」の有無にこだわらなかった点は，前向きに捉えることもできる。

2005年に提訴した時点ではすでに埋立てが進行しており，判決時点で支出が済んでいる部分については訴えの利益がなく却下された。すでに説明した問題点であるが，では四号請求で追及できるかというと，改めて原因行為（埋立）の違法と支出行為の違法との区別が出てくる。すなわち，原因行為に環境法令違反があったとしても公金支出まで当然に違法とはならない。加えて，支出した当時において支出判断が正当であったかという法廷闘争では，判決時点で目の前にある環境破壊とその将来について責任を問うことが難しい。那覇地裁2008年判決は，今後これ以上の支出は違法だが過去の支出は（当時において裁量権の範囲内であり）適法だというのである。

違法な公金支出は（本来支出しなくて済んだはずなので）それ自体損害である，という単純な損害理解では，四号請求による環境保護は期待薄である。環境法令違反の原因行為により，自治体が環境的負債（原状回復義務や代償的環境整備義務）を負ったという構成により，一号請求が間に合わず現前し

---

(21) 一般に「重大かつ明白な瑕疵」を基準とする思考は，行政処分の通用性（公定力）を否定する際に持ち出される判例理論であり，住民訴訟の原因行為と支出行為とを切り分ける上で当然に援用できるものではない。たとえば佐賀地判平成11年3月26日判自191号60頁（佐志浜埋立訴訟）は，「重大かつ明白な瑕疵」ではなく「公金支出行為を違法なものとするに足りる瑕疵」について判断しており，本件（泡瀬干潟訴訟）原告側も同判決を引用している。

公金支出に当たる公務員が予算や契約に従って支出をなすべき義務を前提として，それに抗うべき場面を明確化する趣旨と思われるが，そもそも一号請求訴訟には，公金支出の後に生じる違法状態が自治体財政に与えうるダメージ（たとえば原状回復費用）を予防する機能も期待される，と考えることはできないだろうか。だとすれば，四号請求訴訟のように公務員の義務違反を追及することが必須とは言えない。

また，瑕疵の「明白」性が「外形上一見明白に看取できる」という意味で理解されている点は，環境被害の通時的性格からして大きな障壁となる。たとえば，東京高判平成26年3月25日判時2227号21頁（八ッ場ダム茨城訴訟控訴審）。

(22) 那覇地判平成20年11月19日判自328号43頁。控訴審の福岡高那覇支判平成21年10月15日判時2066号3頁も，概ねこれを踏襲した。

てしまった環境破壊を度外視しない四号請求の運用が，可能になるのではなかろうか。そのためには，訴訟制度よりも実体法の面で，つまり自治体の環境管理義務を精密に論ずることから始めなければならない。

Ⅲ　環境紛争解決の抗告訴訟

1　環境に負荷を与える行政処分を覆せるか

　一般に，行政処分は，権限ある行政機関が特定の個人や事業者を名指しして，ある限定的な場面での行為を法的に規律するものであるから，たとえば運転免許や飲食店営業許可のように，その効力は対象案件限りで個別的に生じるのが通常である。しかし，原子力発電所の設置許可や道路・鉄道に関する都市計画事業認可，Ⅱで取り上げた公有水面埋立承認のように，大規模公共事業の GO サインとなる行政処分であれば，自然環境あるいは生活環境への潜在的影響も大規模である。廃棄物処理施設の設置許可や墓地・納骨堂の経営許可であれば，影響範囲は狭くとも，身近に数多く行われているだろう。そうした行政処分が環境破壊をもたらす場合に，処分取消訴訟（行政事件訴訟法 3 条 2 項）や処分差止訴訟（同 3 条 7 項）で対抗することが考えられる。

　なお，許認可ばかりでなく，環境保護のために発せられる行政処分（措置命令・監督処分等）も，適時かつ適切に発せられなければ環境が破壊されてしまうことがあり，そうした事態に対抗すべく，処分義務付け訴訟（行政事件訴訟法 3 条 6 項）が提起されることもある[23]。

　もとより，行政処分に対抗するこうした抗告訴訟は，環境保護のために法定されたわけではなく，基本的には，不利益処分を受けた者や本来得られる

---

(23) 本章では詳しく取り上げられないが，たとえば，産業廃棄物の不適正処理事案において，廃棄物処理法19条の 5 第 1 項に基づく措置命令（生活環境保全上の支障の除去）を発するよう知事に義務付けた裁判がある。福岡高判平成23年 2 月 7 日判時2122号45頁（飯塚市産廃安定型処分場事件）参照。

べき許可を得られなかった者が自己の権利を防衛する手段として用いること
が想定される。しかし，そうした「行政処分の名宛人」以外の者（処分第三
者）が抗告訴訟を提起することは，行政事件訴訟法9条2項が明記して予定
しているところであり，環境保護の手段としての利用が期待される。

　もっとも，処分に不服がある者が誰でも提訴できるわけではなく（原告適
格の制限），また，いかなる主張についてでも裁判所の審判を受けられるわ
けでもない（主張制限，行政裁量への敬譲）。加えて，いつでも，どこの裁判
所にでも提訴できることにもなっていない（出訴期間の制限，管轄裁判所）。
以下では，原告適格と行政裁量に関する議論を軸に，取消訴訟による環境保
護について解説する。

2　都市計画事業認可の取消訴訟を例に——小田急線高架化事件

(1)　民事訴訟との根本的な違い

　東京都内には，東西方向に住宅地域と都心部を結ぶ鉄道路線が複数ある。
住宅密集地や商業地では，踏切による地域社会と道路交通の分断，また線路
拡張の困難から車内混雑が発生し，鉄道の高架化（橋桁を建設してその上に鉄
道を走らせ道路と立体交差させる）や地下化が都市行政の懸案とされてきた。
東京都は，1994年，小田急小田原線の一部を高架化する都市計画事業に着手
すべく，国から事業認可（都市計画法59条2項）を受けた。

　これに対し，高架化による騒音・振動の悪化を懸念する事業地周辺住民ら
が，都市計画事業認可の取消しを求めて出訴した。原告らにとっては，自分
の日常生活における快適性や健康を防衛するための訴訟であって，必ずしも
「世直し」や「将来世代に引継ぐべき環境」が主題であるとはいえない。し
かし，被告側から考えてみよう。都市計画事業は，都市の健全な発展と秩序
ある整備を目指すものであり，道路渋滞や通勤ラッシュの緩和はもちろん，
都市環境全般を向上させるべき事業である。行政が都市の建設運営上の諸事
情を総合考慮した結果が鉄道高架化であったわけで，取消訴訟では，その判
断の是非が問われる形で，事業認可の要件に込められた環境配慮が適切に行
われているかが問われている。つまり，行政判断を環境配慮の観点から改め

て吟味することがこの取消訴訟の主題であって，原告らの権利救済はあくまで付随的に期待されることになる[24]。

(2)　誰が原告となりうるか——原告適格

そのような行政訴訟は誰によって提起されるか。行政処分によって自分の権利（正当な利益）が侵害される，と主張する者が提起するだろう。しかし，取消訴訟の中身（本案審理）では，その主張する権利の有無や範囲ではなく，行政処分が法律上の要件を満たしているかどうかに関心が集まる。いかに権利があろうとも，行政処分を根拠づける法律によって（公共の福祉の観点から）制限を受けうるため，「確かに権利がある」というだけでは勝訴判決には結びつかないからである[25]。問題となっている行政処分の要件充足・効果範囲に関する行政判断の過誤を指摘して訴訟を追行するのに，誰が適任か。その過誤が環境配慮に関するものであるとすれば，影響を受ける者は広範囲に及びうるところであり，適任者は行政処分から直接の権利侵害を受ける者（行政処分の名宛人）に限られないであろう。

たとえば，土地の開発により地下水汚染や土砂崩落など生命健康にかかわる影響を受けるおそれがある周辺住民は，開発を許可する行政処分の取消しを求める訴訟の原告適格を認められがちである。許可の要件・効果を定めた法律の規定は，周辺住民がそうした被害を受けないように規制を加えている（そう解釈すべき手掛かりがある）のが通常であり，その規制が正しく機能しているかを追及する原告として，周辺住民は適任と言える。

本件でも，最高裁は，事業認可に関する都市計画法の規定が「事業地の周辺地域に居住する住民に健康又は生活環境の被害が発生することを防止し，もって健康で文化的な都市生活を確保し，良好な生活環境を保全することも，その趣旨及び目的とするものと解される。」と述べ，周辺住民の原告適

---

(24)取消訴訟の訴訟物は行政処分の違法性（主として処分の要件・効果に関する過誤）であって，そこから離れて権利利益の保護内容を審判するわけではない。

(25)自らの権利を主張し，その内容につき審判を受ける民事訴訟では，「誰が訴訟を提起できるか」は基本的に問題とならず，「何を主張しているか」に関心が集まる。したがって，民事訴訟では原告適格が論じられることは稀である。その稀な例として，自然の権利訴訟や紛争管理権論がある。

格を肯定する方向を示した[26]。

　もっとも，関係者の生命健康には直結しない，生活環境上の快適性に類する環境利益の侵害は，それが生じないように行政処分の根拠法令が配慮しているとしても，関係者の原告適格が否定されることが少なくない。そうした生活環境利益は広く一般に共有されている公益そのものであり，特にある範囲の人々の利益として法令上（個別的に）保護されている，という整理ができない以上，裁判所が救済に乗り出す問題ではないというのである。この考えには批判も強いが，本件最高裁も，違法な事業認可に起因する騒音振動は事業地付近の居住者に限って著しい被害を及ぼすおそれがあり，それが健康被害を含むものであるからこそ原告適格を肯定しうる，と述べたように読める。

(3)　裁判所は行政判断を覆せるか――行政裁量

　小田急線高架化事件は，以上のような原告適格判断を経て本案審理に入り，最終的に請求を棄却した[27]。原告側は地下式による事業化が合理的であると主張したが，事業認可の前提となる都市計画において高架式が定められており，環境影響をもたらすそのような都市計画決定が法令上の基準に違反しているどうかが焦点となる。

　最高裁は，そうした基準として公害防止計画適合性（都市計画法13条1項柱書）や良好な都市環境の保持（同項5号［現行11号］）があることを指摘しつつも，「このような基準に従って都市施設の規模，配置等に関する事項を定めるに当たっては，当該都市施設に関する諸般の事情を総合的に考慮した上で，政策的，技術的な見地から判断することが不可欠である」として，「行政庁の広範な裁量」を認めた。

　行政裁量が認められると，その判断が違法として取消される可能性は小さくなる（裁量の逸脱・濫用があった場合に限って取消される。行政事件訴訟法30条）。原告側は，行政庁が考慮すべき各種の事情を集めてきて行政判断の不

---

(26)最大判平成17年12月7日民集59巻10号2645頁。
(27)最一小判平成18年11月2日民集60巻9号3249頁。

合理性を主張するが，行政裁量が伴う限り，裁判官は「なるほど自分が行政庁の立場にあったらどういう判断をするだろうか」という〈前のめり〉の審理（＝判断代置）はしない。「行政庁の判断は社会通念に照らして著しく妥当性を欠くか」という〈一歩引いた〉態度での審理になり，それは，行政庁に裁量を与えた立法者の意図を尊重しながら，行政判断過程の合理性に注目するものとされる（判断過程統制）。

　本件において原告側は，たとえば，高架式の騒音評価方法や地下式の工法コスト算定方法につき専門的資料を提示し，高架式を優位とした被告側の判断根拠を崩そうとしたが，最高裁判決は判断代置をせず，被告側の判断方法が一応理に適っているならばそれ以上踏み込んで（原告の考えがより適当かどうか）審理しなかったものと読める[28]。

　住民訴訟にせよ抗告訴訟にせよ，環境保護のために立ち上がる原告にとって，行政裁量は常に〈不完全燃焼〉の種となるだろう。ただ，そもそも裁判所が将来世代に向けた環境保護の責任を負うべき機関であるかどうかは，真剣に考えてみなければならない。

　ところで，裁判の帰趨はさておき，環境行政訴訟の審理をつうじて，環境影響が適法な範囲に収まることを被告行政側にきちんと説明させることには，大きな公共的意義がある。行政裁量に裁判所が踏み込みにくいとすれば，そこは住民参加を含む事前手続の法令整備により行政側に説明責任を果たさせることが肝要であり（環境影響評価法制もその機能を有する），さらには，立法段階で行政裁量を最小化する手立ても模索されなければならない。環境行政訴訟への期待は，そうした環境立法が活性化してこそ現実味を帯びる。

---

(28)行政裁量が肯定された段階で敗色濃厚とみる向きもあろうが，本件第一審が行政裁量を認めつつ請求を認容しているように，行政裁量論の適用には幅がある。東京地判平成13年10月3日判時1764号3頁参照。

Ⅳ　公害紛争処理手続

1　環境 ADR の存在意義

　個別紛争を解決するための手続は，訴訟だけではない。ADR（Alternative Dispute Resolution）と呼ばれる，訴訟に代わる手続が法令で整備されることがあり，環境法の分野では公害紛争処理法（1970年）に基づく制度が知られている[29]。

　裁判所は全国に存在し，法律の専門家が環境破壊の事実を認定して法令適用のあり方を審査し，最終的な形で（終局的に）紛争を解決する。半面で，環境破壊のメカニズムに通じた専門的知見を有しているわけではなく，どのような損害が生じていて，また何がその原因であるのか，といった事柄を確定していくのに，大きなコスト（時間・費用）がかかる。しかも，そうしたコストを当然に裁判所（国）が負担してくれるわけではなく，当事者主義という基本的考え方が採用され，被害に苦しむ原告の側で大きなコストを掛けて主張・立証していかなければ，状況分析もままならない。公害事案では，そうしている間に被害者が亡くなってしまうこともある。

　環境紛争の解決は，現にその被害を訴える者だけでなく，同様の境遇に置かれた広範囲の住民や将来世代にも利益をもたらす（公益性がある）。また，訴えられる側にとっても，早期に環境破壊の原因と責任を明確にできるなら，最終的に莫大な汚染除去費用や損害賠償費用を担わされるリスクを小さくすることになる。そこで，法律家に加えて環境科学の専門家を配置した行政機関が，一定の公費負担を受け容れながら，主導性を発揮して迅速に環境紛争を解決する手続が，法制度化されている。

---

(29)その制定は「難産」だったとも評される。改正経緯も含め，北村喜宣「公害等調整委員会の軌跡と展望」上智法學論集66巻 4 号（2023） 1 頁以下が踏み込んだ分析を示す。

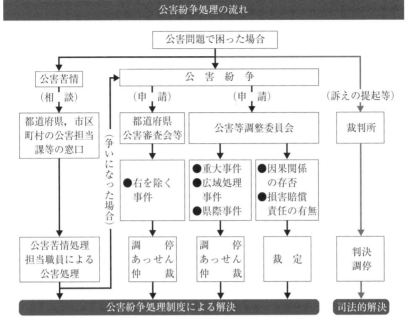

図表（公調委ウェブサイトより引用）
https://www.soumu.go.jp/kouchoi/knowledge/how/e-dispute_00001.html

2　公害紛争処理制度の概観

　公害紛争処理法に基づき，国は，公害等調整委員会（公調委）を設置し，
あっせん委員が紛争当事者間の自主的解決を促進する「あっせん」，調停委
員会が積極的に互譲による合意を引き出す「調停」，さらに裁判所に代わる
仲裁委員会の判断に服する合意（仲裁合意：仲裁法 2 条 1 項）に基づき紛争解
決を目指す「仲裁」，という手続きを運営する[30]。あっせんと仲裁の手続は

---

(30)公調委は重大事件・広域事件・県際事件を扱い，それ以外は都道府県が設置する公害
　　審査会において「あっせん」「調停」「仲裁」が行われる（裁定は公調委のみが行
　　う）。また，公害紛争処理手続と補完関係にあるものとして，都道府県の公害苦情処
　　理手続がある。図表参照。

あまり利用されておらず，調停と，次に述べてる「裁定」が中心となっている。

　公調委は，公害にかかる被害の責任者や賠償すべき額を明確にする「責任裁定」と，公害の原因をこれと認定する「原因裁定」を行うことができる。公害紛争においては，過失や因果関係の立証は特にコストがかかる部分であるところ，公調委によれば，案件の事情に応じ職権で汚染状況調査を行いその費用を公費負担とすることが可能であり[31]，裁判手続と比べて大きな優位性を示している。もちろん，紛争当事者の一方から裁定に不服が出れば，最終的な解決は裁判を待つことになるが，迅速かつ低費用で信用性の高い責任裁定・原因裁定を受けられることは，裁判の「前捌き」としても非常に有意義である[32]。

3　公調委による環境保護の可能性

　小田急線高架化事件では，行政訴訟に先立つ1992年，列車の騒音・振動等により睡眠や会話を妨げられる生活妨害があったと主張する沿線住民が，民法709条に基づき一人50万円の慰謝料等を求め，公調委に責任裁定を申請している。公調委平成10年7月24日裁定は，一人当たり14万4000円〜31万8000円（合計956万円余り）の慰謝料および遅延損害金の支払を求める限度でこれを認容した。行政訴訟の最高裁判決（前注27）はこの裁定に触れ，「公害等調整委員会が……騒音被害が受忍限度を超えるものと判定しているのであるから……［都市計画決定において］鉄道騒音に対して十分な考慮をすることが要請されていたというべきである。」と判示している。

　このように，民事紛争を対象とする裁定が環境行政訴訟に波及し，行政裁量に考慮要素の楔を打ち込みうる点には，注目しておきたい。公調委の裁定

---

(31) 豊島事件では，2億3600万円に上る調査費用が投入された。同事件については，鶴田順＝島村健＝久保はるか＝清家裕編『環境問題と法——身近な問題から地球規模の課題まで』（法律文化社，2022）125〜126頁を参照。

(32) 民事訴訟の過程で裁判所が原因裁定を利用することもある（原因裁定嘱託制度。公害紛争処理法42条の32）。この民事訴訟には，行政訴訟は含まれないものとされる。公害等調整委員会事務局編著『解説　公害紛争処理法』（ぎょうせい，2002）255頁参照。

手続は，訴訟とは異なり職権主義を基調としており，また汚染状況の調査体制（専門委員）を備えていることから，環境汚染事実をめぐる論争に効率的に対処できる。現行法は「公害」民事紛争に対象を限っているが[33]，「権利」救済機関であろうとする裁判所が及び腰な公益的環境利益をめぐる紛争を公調委が取り上げ，原因と責任を明らかにすれば，環境保護立法の間隙が埋められていくとも期待できよう[34]。

　しかし半面で，公調委による紛争処理の正統性は正念場を迎えるかもしれない。公害等調整委員会設置法は，委員の職権行使の独立性，身分保障，国会同意人事等を定めてはいるが，公調委はあくまで行政機関である。環境汚染を測定し評価する技術は決して政治色を有しえないものではなく，無答責の「真実」発見機関として超然としてはいられないであろう。さしあたりは，公調委の裁定手続が環境民事訴訟の審理を促進し，そうした事案の蓄積が行政裁量ひいては立法裁量にも影響を与えることを，期待しておきたい。

---

(33)環境基本法 3 条 2 項および公害紛争処理法 2 条。実際には，公害に至る前段階の事象も含め柔軟に運用されている。

(34)越智敏裕「ADR と行政―環境紛争を題材に」行政法研究23号（2018年）46頁は，「公害紛争に比べると司法的解決を期待しにくいまちづくりや自然保護等の分野のほうが ADR のニーズがいっそう高いともいえる」と指摘する。大橋真由美『行政紛争解決の現代的構造』（弘文堂，2005）259～261頁，北村・前掲注(29)23頁以下も参照。

第**9**章

汚染防止・対策法

I 汚染防止・対策法の概況

　わが国の激甚な公害問題の克服には規制的手法が用いられ，大きな成果を挙げてきた。規制的手法は工場等からの排出に対する伝統的な行政規制であり，大気汚染防止法と水質汚濁防止法に典型的な姿を見てとれる。たとえば大気汚染防止法は，ばい煙発生施設に対し，ばい煙の排出基準を定め，同基準に適合しない施設に対する改善命令や改善命令を遵守しない場合の罰則等を定めている。水質汚濁防止法も同様であり，特定施設設置の届出，排水基準の設定，基準に違反した場合の改善命令，そして改善命令を遵守しない場合の罰則等が定められている。このように排出基準や排水基準の遵守は[1]，最終的に罰則を以って担保されており，直罰制の仕組みも採用されている。また大気汚染防止法および水質汚濁防止法は，ともに人の健康保護と生活環境保全を目的とし，工場等の公害規制につき，事業者の無過失責任，条例による上乗せ・横出し規制，総量規制に関する規定を置いている。これらの法律が，フロー型汚染への未然防止的な対策を主とするのに対し，土壌汚染対

---

(1)この排出基準や排水基準とは別に，行政の努力目標としての環境基準（「大気の汚染，水質の汚濁，土壌の汚染及び騒音に係る環境上の条件について，それぞれ，人の健康を保護し，及び生活環境を保全する上で維持されることが望ましい基準」）が定められている（環境基本法16条）。環境基準は，排出基準や排水基準と異なり，法的拘束力は有しないものである。

126

策法は，ストック型の土壌汚染が存在することを前提に，土壌汚染から人の健康を保護することを目的としたものである。以下では，現行の大気汚染防止法，水質汚濁防止法，土壌汚染対策法について，それぞれ簡単に紹介する[2]。

Ⅱ　大気汚染防止法

　大気汚染問題は，工場，事業場，発電所などの固定発生源に起因するものと自動車などの移動発生源に起因するものに大別される。大気汚染防止法は，両者の発生源から排出される有害物質を①ばい煙，②揮発性有機化合物（VOC），③粉じん，④水銀とその化合物，⑤有害大気汚染物質，⑥自動車排出ガスの6つに分けて規制するもので，大気汚染対策の中心的な法律である。そこで以下では，規制対象物質ごとの対策について，大気汚染防止法に挙げられている順に見ていく[3]。

1　ばい煙

　大気汚染防止法におけるばい煙とは，物の燃焼に伴い発生する①硫黄酸化物，②ばいじん，③カドミウム，塩素，ふっ化水素，鉛などの有害物質をいう。大気汚染防止法では，これらの大気汚染の原因となる物質を排出させる施設のうち，一定規模以上のものをばい煙発生施設として定めており（裾切り），具体的にはボイラーや廃棄物焼却炉など33種類の施設がこれに該当する。このばい煙発生施設に対し，ばい煙の種類と施設の種類に応じた基準が適用され，その遵守が義務づけられている。

　ばい煙発生施設の排出口ごとに適用される排出基準には，一般排出基準，

（2）これらの法律の詳細については，大塚直『環境法（第4版）』（有斐閣，2020）282頁以下，北村喜宣『環境法（第5版）』（弘文堂，2020）341頁以下など参照。
（3）大気汚染防止法における規制対象物質ごとの規制については，鶴田順＝島村健＝久保はるか＝清家裕編『環境問題と法—身近な問題から地球規模の課題まで』（法律文化社，2022）78頁以下にコンパクトにまとめられている。

特別排出基準，都道府県条例による上乗せ排出基準の３つがあり，他に工場単位の規制としての総量規制がある。原則的に適用される一般排出基準として，硫黄酸化物につき，地域区分と煙突の高さを考慮したＫ値規制[4]が用いられ，ばいじんと有害物質については排出口における全国一律の濃度規制が行われている。これに対し，施設集合地域における新設施設に対して適用される特別排出基準と，ばいじんと有害物質につき，全国一律の排出基準に代えて適用される条例上の上乗せ排出基準が地域の実情に応じて適用されることがある。これらはいずれも排出口ごとの濃度規制であるが，これだけでは工場が密集している地域などにおいては対策が不十分であることから，環境基準の確保が困難である地域においては，工場または事業場ごとの総量規制基準を定めることができるものとされ，硫黄酸化物につき24地域と窒素酸化物につき３地域が指定されている。以上のような排出基準を遵守するようばい煙排出者に義務づけ，その者がこれを遵守しない場合には，都道府県知事は改善命令や一時停止を命じることができ，この命令に従わない場合には罰則が科せられる（規制的手法の典型例）。なお，悪質な排出基準違反の場合には，改善命令等を経ることなく，直ちに刑罰を科されることもある（直罰制の採用）。

２　揮発性有機化合物（VOC）

トルエン，キシレンに代表される揮発性有機化合物（VOC）は，浮遊粒子状物質および光化学オキシダント生成の原因となる物質であり，約200種類ほどあるといわれる[5]。2004年の大気汚染防止法の改正によりVOC対策が導入された。VOC対策としては，一定の排出規制と事業者の自主的取組を実施す

（４）Ｋ値とは，大気汚染防止法に基づく固定発生源の硫黄酸化物排出規制における規制式に用いられている値のことである。その規制式は，$q = K \times 10^{-3} He^2$であり，$q$は許容される硫黄酸化物の排出量（$m^3$／時），$He$は煙の上昇高さを加えた有効煙突高（メートル），Ｋは全国100以上の地域別に定められる定数（16ランク）である。大気中における拡散を考慮するため，煙突が高くなればなるほど許容排出量が増えることになるが，発生源が集中する大都市ではＫ値が小さく設定されて厳しい規制が行われている。
（５）VOCとして，これから除外する物質（メタンなど８種類）を規定する方式を採用しており（施行令２条の２），多くの物質がVOCに該当する。

128

るポリシーミックスの考え方が採用されている。塗装施設や印刷用の乾燥施設などVOC排出量が特に多い9つの施設については，排出口ごとの濃度規制を採用する一方で[6]，その他の施設については，「事業活動に伴う揮発性有機化合物の大気中への排出又は飛散の状況を把握するとともに，当該排出又は飛散を抑制するために必要な措置を講ずるようにしなければならない」との事業者の責務のもと（法17条の14），積極的な自主的取組が期待される。VOCは，人の健康被害との定性的な因果関係は肯定できるものの，定量的な関係については科学的な知見が十分とはいえないなかで一定の対応策を講じるという意味において，VOC対策は予防原則を採用したものと評価される[7]。

3　粉じん

　粉じんとは，物の破砕や選別などに伴い発生し，または飛散する物質であり，これには人の健康に被害を生ずるおそれのある特定粉じんとそれ以外の一般粉じんがある。特定粉じんには現状アスベストのみが指定されている。

　一般粉じん発生施設にはコークス炉やベルトコンベアなどが規制対象として指定されているが，一般粉じんに対する規制は濃度規制ではなく，施設の構造や使用等の基準の遵守が義務づけられ，集じん機の設置や防じんカバーの設置などが義務づけられている。

　特定粉じんについては，研磨機などの機械で一定規模以上のものである特定粉じん発生施設が設置されている工場または事業場と隣地との敷地境界における排出基準が定められ，ばい煙と同種の濃度規制が1989年改正で導入された。もっとも特定粉じん発生施設は2007年度末までに全て廃止されており，現在では特定粉じんが使用されている建築物等の解体等の作業について作業基準の遵守を義務づけるなど，作業規制が行われている。なお，2006年に労災補償対象外の者のアスベストによる健康被害の救済を目的とした「石綿による健康被害の救済に関する法律」が制定されている。

（6）この基準は，ばい煙とは異なり，「利用可能な最良の技術（Best Available Technology）」を勘案したものとされる。なお，後述の水銀の排出基準も同様である。
（7）大塚・前掲注（2）289頁，北村・前掲注（2）394頁参照。

4　水銀とその化合物

　2013年に「水銀に関する水俣条約」が採択されたことを受け，2015年に大気汚染防止法が改正された。同改正によって，石炭火力発電所や廃棄物焼却設備など，水俣条約に基づき規制が必要とされる施設を水銀排出施設と定め，同施設の設置の届出義務や同施設に係る排出基準の遵守義務などが規定された。また，水銀排出施設ではない要排出抑制施設については，自ら遵守すべき基準の作成，水銀濃度の測定，その結果の記録および保存など，施設設置者の責務を規定し，自主的な取組が求められる。これも規制的手法と自主的取組手法のポリシーミックスと評価されている[8]。

5　有害大気汚染物質

　有害大気汚染物質とは，継続的に摂取される場合には人の健康を損なうおそれがある物質で，大気汚染の原因となるものである。有害大気汚染物質に該当する可能性がある物質として現在248種類の物質が選定されており，そのなかで優先取組物質として23種類が，優先取組物質のなかでも早急な対策が必要な指定物質として 3 種類が選定されている[9]。有害大気汚染物質対策は，健康被害に対する科学的知見が十分ではないなかで実施する予防原則の観点からの対策であり[10]，主に事業者の自主的取組が期待される。

6　自動車排出ガス

　大気汚染防止法は移動発生源である自動車に対しても，一定の規制を講じている。ただし，個々の自動車の所有者や運転者にその排出ガスに対する規制をかけるのは現実的ではないため，製造業者に対する自動車の構造規制や交通規制がその内容である。車両の構造規制としては，環境大臣が定める自

（8）大塚・前掲注（2）292頁，北村・前掲注（2）395頁参照。
（9）中央環境審議会大気環境部会「今後の有害大気汚染物質対策のあり方について（第 9 次答申）」別添 1 参照。この 3 類型は健康リスクに応じた分類である。
（10）北村・前掲注（2）398頁参照。

動車排出ガスの許容限度を確保するように，国土交通大臣が道路運送車両法に基づく車両の構造の保安基準を設定し，同基準に適合しない車種の自動車の新規登録を禁止する[11]。次に交通規制として，都道府県知事は，自動車排出ガスによる大気汚染が一定の濃度を超える場合には，都道府県公安委員会に対し，道路交通法に基づく措置を要請することができる。その他，自動車の交通が集中している大都市地域の汚染状況の改善のために，自動車NOx・PM法が制定されている。

Ⅲ 水質汚濁防止法

水質汚濁問題については，水質汚濁防止法を中心に，他にも特定の水域を対象として「瀬戸内海環境保全特別措置法」，「湖沼水質保全特別措置法」，「琵琶湖の保全及び再生に関する法律」などが制定されている。また，水質汚濁という観点よりもより広い水循環という観点から2014年には「水循環基本法」が制定された[12]。ここでは，水質汚濁防止法に焦点をあてるが，同法は，大きく分けて工場および事業場に対する排水規制，地下浸透規制，生活排水対策について規定している。

1 工場および事業場に対する排水規制

まず，工場および事業場に対する排水規制としては大気汚染防止法におけるばい煙規制と同様に，規制的手法が採られている。水質汚濁防止法における排水規制対象施設は，幅広い産業の特定施設を設置している工場または事業場（特定事業場）であり，この特定事業場に対し[13]，公共用水域への排水について，排水基準の遵守を義務づけ，排水基準違反のおそれがある場合の

---

(11)このように車両の構造規制が「大気汚染防止法とは本来的に目的の異なる道路運送車両法の権限を利用し，規制の実効性を担保」している点，特徴的とされる。なお，燃料規制についても，「揮発油等の品質の確保等に関する法律」において，車両の構造規制と類似の手順で規制が行われている。以上の自動車に対する規制につき，鶴田ほか編・前掲注（3）82頁参照。
(12)また同年，水資源に関し「雨水の利用の推進に関する法律」も制定されている。

知事の改善命令および排水の一時停止命令権限を定め，命令違反には罰則が科される。また，排水基準違反につき直罰制も採用されている。排水基準には，有害物質の量に関する許容限度である健康項目とそれ以外の汚染状態に関する許容限度である生活環境項目があり，前者は全特定事業場に適用され，後者は50㎡以上の特定事業場に適用される（裾切り）(14)。いずれも国が，排水基準を定める省令によって全国一律に定める濃度規制である。この一律の排水基準に対し，これだけでは不十分とされる水域については都道府県が上乗せ基準で以ってより厳しい基準を設定することもできる。また，このような濃度規制のみによっては，環境基準の確保が困難とされる特定の閉鎖性水域において，水の汚濁負荷量の総量に対する規制が行われている。具体的には，化学的酸素要求量および窒素またはりんの含有量について，東京湾，伊勢湾，瀬戸内海が指定水域とされており，環境大臣は総量削減基本方針を定め，この方針により，都道府県知事が総量削減計画を策定する。総量削減計画に基づき，総量規制基準が定められ，特定事業場ごとに汚濁負荷量の許容限度が決定されることになる。

2　地下浸透規制

地下浸透規制としては，まずトリクロロエチレン等の有害物質を製造，使用，または処理する特定施設（有害物質使用特定施設）を設置する特定事業場（有害物質使用特定事業場）から水を排出する者に対し，有害物質を含む水（特定地下浸透水）の地下への浸透を禁止する。これは公共用水域への排水規制と同種の規制であり，地下水汚染の未然防止を目的としたものである(15)。また，2011年には非意図的な地下浸透への対応として，有害物質使用特定施設の設置者（特定地下浸透水を浸透させる者を除く）と有害物質貯蔵

(13)水質汚濁防止法は，施設主義をとる大気汚染防止法とは異なり，特定施設に起因しない排水も規制対象とする（事業場主義）。汚染者負担原則や未然防止原則の観点から好ましいとされる。北村・前掲注（2）365頁，越智敏裕『環境訴訟法（第2版）』（日本評論社，2020）181頁参照。
(14)排水基準を定める省令別表第2備考2。
(15)大塚・前掲注（2）325頁，北村・前掲注（2）366頁など参照。

132

指定施設の設置者に対し，これら施設に係る構造基準等の遵守義務を規定した。次に，地下水汚染への事後的対応として，特定事業場と有害物質貯蔵指定事業場の設置者（ただし，現在の設置者と浸透時の設置者が異なる場合には，浸透時の設置者）を名宛人とした都道府県知事による地下水浄化の措置命令の規定を置いている。

3　生活排水対策

　1990年の水質汚濁防止法の改正により生活排水対策の推進に関する規定が置かれた。具体的には，生活排水対策に関わる行政の責務および国民の責務を規定するとともに，水質環境基準未達成の水域などにつき，これを生活排水対策重点地域として指定し，当該地域を含む市町村に生活排水対策推進計画の策定を義務づけ，これに基づき生活排水処理施設の整備，生活排水対策に係る啓発等の措置を講ずる努力義務を規定している[16]。なお，生活排水に関し，滋賀県排水対策の推進に関する条例は，下水道処理区域外において住宅を新築する者に対し，合併処理浄化槽の設置を義務づけており，注目される[17]。

Ⅳ　土壌汚染対策法

　これまで見てきた大気汚染や水質汚濁が希釈されるフロー型の汚染であるのに対し，土壌汚染は希釈されず，浄化しない限り汚染状態が永続するストック型の汚染である。ストック型汚染にも関係するが，土壌汚染は蓄積性を有し，累積した土壌汚染の汚染原因者は特定が難しい場合も多く，また汚染者が倒産している場合など，責任追及が容易でない場合も多い。このよう

---

(16)なお，生活排水対策推進市町村の長は，生活排水の排出者に対し，指導，助言および勧告をすることができるが，このように住民との関係では行政指導レベルにとどまる。
(17)同条例では，条例違反に対する指導および勧告，氏名の公表等を規定する。もっとも命令や罰則は規定されていない。滋賀県排水対策の推進に関する条例につき，北村・前掲注（2）372頁参照。

な特徴を持つ土壌汚染に対し，市街地を対象とする土壌汚染対策法が制定された
れたのは2002年のことであり，諸外国と比較してもかなり遅い。その理由の
一つとして，汚染サイトの多くが私人の所有地にあり，公的な介入が困難で
あった点が挙げられる。

　土壌汚染対策法の目的は，大気汚染防止法や水質汚濁防止法とは異なり，
生活環境の保全は目的とせず，ストック型の土壌汚染が存在することを前提
として，その土壌汚染から国民の健康を保護することにある[18]。同法の目
的に生活環境の保全を含めるべきことは今後の重要な検討課題である[19]。
規制対象物質（特定有害物質）は，カドミウム，六価クロム，鉛，ヒ素，
ふっ素など26種類である。なお，自然由来の土壌汚染は土壌汚染対策法制定
当初は法の対象外であったが，現在では土壌汚染対策法の対象である[20]。

1　土壌汚染の調査の契機と区域指定

　土壌汚染対策法では，3つの調査の契機を規定する。第1に有害物質使用
特定施設（水質汚濁防止法上の特定施設であって，特定有害物質を製造，使用，
または処理する施設）が廃止された場合である。ただし，調査対象地の利用
方法に鑑み，人の健康被害が生ずるおそれがない旨の都道府県知事の確認を
受けた場合には調査が一時的に免除される。もっとも一時免除の土地が非常
に多かったため，2009年の改正では一時免除されている土地について，利用
方法が変更されるときの届出を義務づけ，2017年の改正では，一時免除中の
土地の形質変更をする場合，都道府県知事に対する届出義務を土地所有者等
（所有者，管理者または占有者）に課し[21]，届出を受けた知事は土地所有者等
に対し，指定調査機関による土地の調査と結果報告を命ずることを規定し

---

(18)それゆえフロー型の大気汚染や水質汚濁に関する法律が「防止法」であるのに対し，
　　土壌汚染は「対策法」である。北村・前掲注（2）412頁など参照。
(19)大塚・前掲注（2）387頁，北村・前掲注（2）443頁など参照。
(20)環境省「土壌汚染対策法の一部を改正する法律による改正後の土壌汚染対策法の施行
　　について」（2010年）参照。なお，2017年改正によって自然由来の土壌汚染に関する
　　規定が置かれている。
(21)900m²以上の土地が対象である（施行規則21条の4）。

た。第2に，一定規模（3,000m²）以上の土地の形質変更が行われる場合であり，2009年の改正において新設された[22]。第3に，都道府県知事が土壌汚染による健康被害が生ずるおそれがある土地と認めた場合である。いずれの場合も土地所有者等が調査義務を負う。その他，土地所有者等が自主調査をし，土壌汚染が判明した場合には，区域指定を都道府県知事に申請することができ，当該土地を土壌汚染対策法の俎上に載せることができる。

　このような調査の結果，汚染状態が環境省令で定める基準に適合しない場合，都道府県知事は，人の健康被害が生じるおそれの有無によって，おそれがある場合は要措置区域に，ない場合は形質変更時要届出区域に指定する。要措置区域に指定された場合，下記の汚染の除去等の措置が必要となり，形質変更時要届出区域に指定された場合には，土地の形質変更の届出義務が課せられる。これらの区域の指定について，それぞれ台帳が調製され，公衆の閲覧に供される。この台帳は，情報的手法の一つであり，土壌汚染浄化の大きなインセンティブを与えるものといえる[23]。

2　土壌汚染の除去等の措置

　土壌汚染の除去等の措置につき，都道府県知事は，要措置区域の指定をしたときには，人の健康被害の防止に必要な限度で，土地所有者等に対し，講ずべき汚染の除去等の措置（指示措置）およびその理由などを示して，汚染除去等計画の作成と提出を指示するものとし，同計画を提出した者は，同計画に従って実施措置を講じなければならず，実施措置を講じた場合にはその旨の報告義務が課されている。また同計画に従った実施措置を講じない場合には，都道府県知事に措置命令権限が与えられている。このように土壌汚染対策法は，土地所有者等に第1次的な土壌汚染の除去等の措置義務を課しているが，これは現在の土地所有者等が土壌汚染による健康リスクを支配して

---

(22)また2017年改正時の省令改正により，現に有害物質使用特定施設が設置されている土地については900m²とされている（施行規則22条）。

(23)大塚・前掲注（2）385頁，北村・前掲注（2）433頁参照。なお，2017年の改正によって，それぞれの区域の解除台帳が調製されることになった。

おり，その責任（状態責任）を根拠とするものとされ[24]，土地所有者等は無過失責任を負う。ただし，土地所有者等以外の者（汚染原因者）の行為による汚染であることが明らかで，汚染原因者に汚染の除去等の措置を講じさせることが相当であり，汚染原因者に措置を講じさせることについて土地所有者等の異議がない場合には，上記汚染の除去等の指示措置および措置命令は汚染原因者に対してなされ，また土地所有者等が実施措置を講じた場合には，汚染除去等計画の作成および同計画に沿った措置の実施費用について，汚染原因者にその費用を求償できる。

　このように土壌汚染の除去等の措置の実施主体として土地所有者等と汚染原因者の両者が存在する場面では，汚染者負担原則が採用されている。もっとも，わが国の土壌汚染対策法は，同法施行前の土地所有者も含めて一切の免責規定を置いていない厳格なものである。そうすると汚染原因者が不明な場合や無資力の場合には，土地所有者の責任が時に不合理で過大なものとなることが考えられる[25]。この点に関し，善意無過失の土地所有者にも責任が問われるわが国の法制度に対し合憲性に疑問を呈する見解も有力であるが[26]，判例は，わが国の土壌汚染対策法が同法施行前に土地を取得した汚染原因者でない土地所有者の措置義務を免責する経過措置を定めなかったことにつき，これを立法裁量に属する事項であると判断している[27]。善意の土地所有者はいわゆる犠牲者の地位にあることから[28]，わが国の土壌汚染対策法にも立法政策上，アメリカのスーパーファンド法（コラム参照）のように，善意無過失の土地所有者などに対する免責規定を整備することが検討されるべきであろう[29]。

　土壌汚染の除去等の措置については，土壌汚染対策法制定当時は，その多

(24)大塚・前掲注（２）382頁など参照。
(25)黒坂則子「判批」大塚直＝北村喜宣編『環境法判例百選（第３版）』（有斐閣，2018）75頁。
(26)桑原勇進「状態責任の根拠と限界（４・完）―ドイツにおける土壌汚染を巡る判例・学説を中心に」自治研究87巻３号（2011）106頁，北村・前掲注（２）428頁など参照。
(27)東京地判平成24年２月７日判タ1393号95頁。
(28)大塚・前掲注（２）388頁。
(29)大塚・前掲注（２）387頁，鶴田ほか編・前掲注（３）92頁など参照。

くが覆土や封じ込めに比べ高額（10倍程度）とされる掘削除去の措置であり，掘削除去への偏重は，搬出された土壌が返って環境リスクを増加させる危険性があるだけでなく，高額な対策を避けるため，土地の売買がされずに土地が放棄されるブラウンフィールド問題（コラム参照）を引き起こす懸念があった[30]。そこで2009年の改正では，人の健康リスクに応じて，上記のように規制区域を2つに分類したうえで，措置が必要な区域（要措置区域）については，講ずべき措置の内容を都道府県知事が指示するものとし（指示措置），搬出土壌の管理票など，搬出土壌の適正処理の確保制度が整備された[31]。なお，指示措置等に関し，2017年の改正において，上記汚染除去等計画と実施措置の報告手続が導入されている。

COLUMN

アメリカのスーパーファンド法

　アメリカにおいて1980年に制定された「包括的環境対処・補償・責任法（Comprehensive Environmental Response, Compensation, and Liability Act）」，通称スーパーファンド法は，アメリカの土壌汚染サイトの浄化責任などを規定するものである[32]。同法がスーパーファンド法と呼ばれるのは，土壌汚染の除去措置および修復措置のために石油と化学物質に対する課税を主たる財源とした有害物質信託基金（いわゆるスーパーファンド）を設立したことに由来する。この課税は，1995年末に失効していたが，2021年に成立した「インフラ投資及び雇用法（Infrastructure Investment and Jobs Act）」により化学物質税が復活している。

　スーパーファンド法は，1978年のラブキャナル事件に端を発するが，同事件はニューヨーク州北部のラブキャナルという町で起こった土壌汚染事件であり，カーター大統領による非常事態宣言が発動され，町の全住民が転居を余儀なくされた事件である。スーパーファンド法は，広範な範囲の者に厳

---

(30) 大塚・前掲注（2）363頁など参照。
(31) 詳しくは大塚・前掲注（2）363頁以下。
(32) スーパーファンド法については，黒坂則子「米国スーパーファンド法上の潜在的責任当事者該当性に関する一考察—Atlantic Richfield 判決を中心として—」同志社法学74巻3号（2022）539頁以下など参照。

格な浄化責任を追及するものであり，ラブキャナルのような汚染の程度が重大なサイトには効果を発揮したが，アメリカの多くの都市において，開発者などがスーパーファンド法の厳格な浄化責任の追及をおそれて都市部の土地開発を避け，郊外の土地開発に乗り出し，塩漬けされた遊休地（いわゆるブラウンフィールド）が急増した。全米で45万か所以上存在するとされるブラウンフィールドの活性化のため，2002年には新法が制定された。

　スーパーファンド法は，アメリカ環境法のなかでおそらく最も論争が多い法律であるとされ[33]，とくに広範囲に及ぶ潜在的責任当事者に課せられた厳格な浄化責任に関し，その潜在的責任当事者該当性や責任当事者間の衡平な費用負担を争点として，数多くの訴訟が提起されている。課題は多いものの，スーパーファンド法は汚染サイトの浄化を確実に促したものであり，わが国よりも20年以上も早く土壌汚染対策立法を制定したアメリカから学ぶことは多い。

(33) JAMES SALZMAN & BARTON H. THOMPSON, JR., ENVIRONMENTAL LAW AND POLICY 252 (5th ed. 2019). なお，同書の翻訳本として，正木宏長＝上床悠＝及川敬貴＝釼持麻衣編訳『現代アメリカ環境法』（尚学社，2022）がある。

第 **10** 章

感覚公害（悪臭，騒音，振動）

I 感覚公害の概要

　感覚公害とは，「人の感覚を刺激して，不快感やうるささとして受け止められる公害（環境汚染)」[1]などと説明され，具体的には悪臭，騒音，振動が挙げられる[2]。いずれも公害対策基本法の制定時より公害として規定され，大気汚染，水質汚濁，土壌汚染，地盤沈下とともに「典型7公害」に数えられる[3]。

　最近の典型7公害の苦情受付件数においては，騒音は首位にあり（19,769件。構成比35.2%)，悪臭11,236件（同20.0%）は大気汚染17,099件（同30.5%）に次いで第3位，そして振動2,174件（3.9%）は第4位であり，感覚公害が全体の約6割を占めている（図参照)[4]。実際に被害の種類として「感覚的・心理的」なものが訴えられる割合を見ると，騒音94.6%，振動92.6%，悪臭89.3%であり，他の公害（大気汚染81.6%，水質汚濁54.3%，地盤沈下50.0%，土

（1）一般財団法人環境イノベーション情報機構 Web サイト上の環境用語集参照。
（2）「浜松市音・かおり・光環境創造条例」（平成16年3月23日条例第31号）は，「市民及び事業者の日常的な生活や事業活動に伴って発生する人に不快感や嫌悪感を与える騒音，悪臭及び光害」（1条）を感覚公害と定義し，「日常生活の快適性を阻害する」（2条（1））ものと捉えている。
（3）公害対策基本法（2条1項）は，制定時（1967年）には典型6公害を規定していたが，同法改正時（1970年）に土壌汚染を追加して典型7公害となり，環境基本法（2条3項）もそれに倣っている。
（4）公害等調整委員会事務局『令和2年度公害苦情調査結果報告書』6頁表3参照。

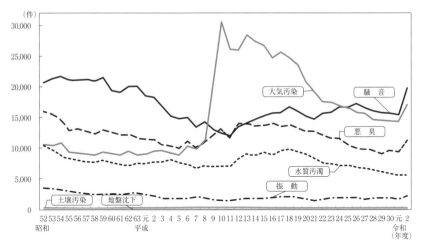

図：典型 7 公害の種類別公害苦情受付件数の推移

（出典：公害等調整委員会事務局『令和 2 年度公害苦情調査結果報告書』 5 頁より）

壌汚染38.7%）よりも高い。

　感覚公害の対策が難しいのは，何を不快に感じるかについては個人差があ
ることや，被害のもととなる刺激の強さが物理的な強さに比例するわけでは
ないこと[5]のほか，原因となる生産工程や物質成分の特殊性がため抜本的な
解決が見出しづらいことによると考えられる。

Ⅱ　悪　臭

1　法律による規制

　かつて東京都知事は，豚肉の屠殺が居住地内で行われることによる悪臭等
の対策として，1875年に屠殺場を 4 か所に設置し，それ以外での屠殺を禁止
した[6]。過去の報道記事によれば，悪臭問題は，騒音や振動よりも初出が早

（ 5 ）藤倉良 = 藤倉まなみ『文系のための環境科学入門』（有斐閣，2008）81頁参照。

い[7]。

　公害は悪臭に始まると言われるも[8]，大気汚染や水質汚濁と比べてその健康への影響は明瞭ではなく，また，測定方法および防止技術の開発に時間を要したことなどから，国による一元的な規制は，騒音規制法（1968年）よりも遅く，1971年に悪臭防止法が制定されて始まった。同法は，悪臭について必要な規制を行うことで，生活環境を保全し，国民の健康の保護に資することを目的としている。なお，同法は，地方公共団体が，この法律に規定するもののほか，悪臭原因物の排出に関し条例で必要な規制を定めることを妨げるものではないと規定し，条例による上乗せ・横出し規制を予め認めている。

2　規制対象物質・事業場

　悪臭防止法は，不快なにおいの原因となり，生活環境を損なうおそれのある物質を「特定悪臭物質」として，し尿のような臭いのアンモニア，腐った玉ねぎのような臭いのメチルメルカプタンなど22種類を指定している[9]。

　規制対象となる事業場は，事業活動に伴って悪臭原因物（特定悪臭物質を含む気体または水その他の悪臭の原因となる気体または水）を発生させる工場などであり，種類や規模を問わず，住居が集合している地域その他の地域であって都道府県知事が住民の生活環境を保全するために悪臭を防止する必要

（6）読売新聞第47号1875（明治8）年2月7日付1頁参照。なお，肉食のための屠場を公衆衛生等の観点から規制する法律として，屠場法（1906（明治39）年制定）の及びその改正法たる畜場法（1953（昭和28）年制定）があり，また，皮革・油脂などの製造施設（化製場）や死亡獣畜取扱場の衛生管理を取り締まるものとして化製場等に関する法律（へい獣処理場等に関する法律（1948（昭和23）年制定）を1989（平成元）年に題名改正）がある。

（7）読売新聞の創刊時（1874（明治7）年）からの記事データベースである「読売新聞ヨミダス歴史館」における検索による。なお，騒音及び振動の初出記事は，それぞれ1875（明治8）年5月5日（横浜の宗教信者宅からの毎晩の太鼓騒音）及び1900（明治33）年11月25日（深川の製釘場からの騒音）であった。

（8）その始まりは不明であるが，例えば公害対策基本法（1967（昭和42）年制定）に基づく初めての公害白書における悪臭の節は，「公害は悪臭から始まるといわれながらも，原因の究明や施策の実施については，あまり進歩がみられない。」という一文で始まる。『昭和44年版公害白書』第3章第3節「1悪臭」参照。

（9）臭いの例えについて，石黒辰吉『臭気の測定と対策技術』（オーム社，2002）35頁参照。

があると認める地域に立地しているものである。

なお、事業者に限らず誰であれ、ゴムや皮革など燃焼に伴って悪臭が生ずる物を野外で多量に焼却することは禁じられ、また、下水溝等の管理者は、悪臭を発生させて住民の生活環境を損なうことがないように適切に管理することが求められている。

3　規制手法

規制対象事業場を設置している者は、都道府県知事が自然的・社会的条件を考慮して特定悪臭物質の種類ごとに定める規制基準を守らなければならない。事業場での事故により、規制基準に適合しない、または適合しないおそれが生じたときには、事業場設置者は、応急措置を講じるとともに、事故の状況を市町村長に通報しなければならない。

規制基準を守られない場合に市町村長は、当該設置者に対して、相当の期限を定めて、施設の運用改善や悪臭原因物の排出防止設備の改良など悪臭原因物の排出減少措置を執ることを勧告し、また、命令することができ、命令違反に対しては、1年以下の懲役または100万円以下の罰金が設けられている。

都道府県知事が特定悪臭物質の種類ごとに定める規制基準には3種類あり、①事業場から排出される気体について、事業場の敷地境界線の地表における大気中の特定汚染物質濃度（単位：ppm）、②事業場の煙突その他の気体排出施設から排出されるものについて、当該排出口の高さに応じて、特定悪臭物質の流量または排出気体中の特定悪臭物質濃度（単位：m^3/h）、③事業場から排出される水について、排出水中の特定悪臭物質濃度（単位：mg/l）、である。

但し、基準以下であっても、複数の物質が複合してより強い悪臭になることなどが多く生じたため、同法は1995年改正により、指定した規制地域のうち特定の悪臭物質の濃度による規制基準によっては生活環境を十分に保全することができないと認められる区域については、都道府県知事が人間の嗅覚を用いた測定法[10]に基づく規制基準を定めることができることとした。

Ⅲ　騒　音

1　法律による規制

　騒音は，本章冒頭に見た通り，最も苦情件数が多く寄せられる公害である。騒音を定義すれば，「ない方がよい音」や「不必要な音」，「あることの好ましくない音」などとなり[11]，つまるところ，どのような音でも，場所や時間によっては近隣住民にとって騒音となりうる。

　一般騒音については，迷惑防止の観点から明治期より犯罪として規制され[12]，今の軽犯罪法[13]に引き継がれている。大都市における工場や蒸気機関の騒音についても明治期より許可制が敷かれ，戦後になると一般騒音とともに条例による規制が始まった[14]。そして，騒音が全国的な課題となると，公害対策基本法（1967年）を受けて騒音規制法が1968年に制定された。

　当初の騒音規制法は，目的条項に経済調和が謳われ[15]，工場事業騒音お

---

(10) 三点比較式臭袋（においぶくろ）法と呼ばれる方法で，6人以上の測定者がそれぞれ3つの臭袋（1つは無臭空気で希釈された試料が入っており，残り2つは無臭空気で満たされている。）を嗅ぎ，どれが希釈試料の臭袋であるかを嗅ぎ当てられなくなるまで無臭空気で希釈していき，希釈倍数を求める。各測定者の平均値を臭気濃度として，それをもとに臭気指数を算出する。法2条2項，藤倉良＝藤倉まなみ・前掲注（5）88頁参照。
(11) 白書・前掲（8）第3章第1節「1発生状況」参照。
(12) 違式詿違条例が1878（明治11）年に改正され，高声唱歌などが詿違罪目として加えられたという。末岡伸一「騒音規制の歴史」騒音制御25巻2号（2001）66頁参照。
(13) 同法は，「公務員の制止をきかずに，人声，楽器，ラジオなどの音を異常に大きく出して静穏を害し近隣に迷惑をかけた者」（1条14号）について拘留または科料に処するとする。
(14) 1953（昭和28）年度に横浜市や富士吉田市，甲府市が騒音防止条例，その翌年度に東京都が騒音防止に関する条例，札幌市が騒音防止条例をそれぞれ制定した。末岡・前掲(12)66頁表1参照。
(15) 同法1条は，「工場及び事業場における事業活動並びに建設工事に伴って発生する相当範囲にわたる騒音について必要な規制を行なうことにより，産業の健全な発展との調和を図りつつ生活環境を保全し，国民の健康の保護に資するとともに，騒音に関する紛争について和解の仲介の制度を設けることにより，その解決に資すること」（傍点筆者）を目的として規定していた。1970年改正により削除された。

および建設作業騒音のみを対象とし[16]，また，規制対象地域が限定的であったため[17]，1970年には大幅改正されるなど改正を繰り返してきている。今の同法は，工場・事業場の事業活動や建設工事に伴って発生する騒音について必要な規制を行うとともに，自動車騒音に係る許容限度を定めること等により，生活環境を保全し，国民の健康の保護に資することを目的としている。なお，同法は，制定当初より地方自治体の条例による上乗せ・横出し規制を容認している。

2　規制対象

(1)　工場・事業場騒音，建設作業騒音

　騒音規制法の規制対象となる工場・事業場騒音および建設作業騒音は，都道府県知事が指定する地域にある工場または事業場において著しい騒音を発生する施設（特定施設）[18]および著しい騒音を発生する建設作業（特定建設作業)[19]により発生する騒音である。都道府県知事による地域指定は，住居が集合している地域，病院または学校の周辺の地域その他の騒音を防止することにより住民の生活環境を保全する必要があると認める地域を対象として行われる。

(2)　自動車騒音

　騒音規制法の規制対象となる自動車騒音は，道路運送車両法にいう自動車および原動機付自転車自動車の運行に伴って発生する騒音である。

(3)　深夜騒音等

---

(16) 当時既に社会問題化していた自動車騒音や航空機騒音，鉄道騒音などが含まれていなかった。1970年改正により自動車騒音が含まれた。

(17) 同法は，地域指定の対象を「特別区及び市の市街地（町村の市街地でこれに隣接するものを含む。）並びにその周辺の住居が集合している地域で住民の生活環境を保全する必要があると認める地域」に限定していたが，1970年改正により従来の特別区及び市の市街地に限らないことした。

(18) 具体的には，金属加工機械，空気圧縮機・送風機，土石用・鉱物用破砕機など11種類が定められている。同法施行令1条参照。

(19) 具体的には，くい打機を使用する作業や所定のブルドーザーを使用する作業など8種類が定められている。同法施行令2条参照。

　騒音規制法は，飲食店の営業等にかかる深夜の騒音，拡声機を使用する放送にかかる騒音等の規制については，住民の生活環境を保全するため必要があるときに当該地域の自然的・社会的条件に応じて，営業時間を制限すること等により必要な措置を講ずることを地方公共団体に対して求めている。

3　規制手法

　ここでは工場・事業場騒音についてのみ取り上げると，指定地域内に特定施設を設置しようとする者は，設置工事の30日前までに市町村長にその旨を届け出なければならず，届出を受けた市町村長は，所定の場合に騒音の防止方法または特定施設の使用方法若しくは配置計画を変更するよう勧告することができる。指定地域内に特定工場等（特定施設を設置する工場または事業場）を設置している者は，当該特定工場等にかかる規制基準を守らなければならない。

　規制基準は，環境大臣が時間区分・地域区分ごとに定める基準（表 1 参照[20]）の範囲内において，都道府県知事が定める。なお，騒音レベルの単位はデシベル（dBA）であり，たとえば20デシベルは木の葉の擦れ合う音，40デシベルは閑静な住宅地，60デシベルは都市郊外の住宅地（昼）や普通の会話，80デシベルは騒々しい工場，100デシベルは鉄道高架下，120デシベルは飛行機エンジンであり，80デシベルから会話が困難となるという目安がある[21]。

表 1：工場・事業場騒音にかかる基準

	昼間	朝・夕	夜間
第一種区域	45デシベル以上	40デシベル以上	40デシベル以上
	50デシベル以下	45デシベル以下	45デシベル以下
第二種区域	50デシベル以上	45デシベル以上	40デシベル以上
	60デシベル以下	50デシベル以下	50デシベル以下

(20)厚生省・農林省・通商産業省・運輸省告示 1 号（昭和43年11月27日）より作成。
(21)花木啓祐監修『環境工学入門』（実教出版，2014）139頁図 4 参照。

第三種区域	60デシベル以上	55デシベル以上	50デシベル以上
	65デシベル以下	65デシベル以下	55デシベル以下
第四種区域	65デシベル以上	60デシベル以上	55デシベル以上
	70デシベル以下	70デシベル以下	65デシベル以下

※昼間とは，午前7時又は8時から午後6時，7時又は8時まで，朝とは，午前5時又は6時から午前7時又は8時まで，夕とは，午後6時，7時又は8時から午後9時，10時又は11時まで，夜間とは，午後9時，10時又は11時から翌日の午前5時又は6時までである。

※第一種区域とは，良好な住居の環境を保全するため特に静穏の保持を必要とする区域，第二種区域とは，住居の用に供されているため静穏の保持を必要とする区域，第三種区域とは，住居の用にあわせて商業，工業等の用に供されている区域であって，その区域内の住民の生活環境を保全するため騒音の発生を防止する必要がある区域，そして第四種区域とは，主として工業等の用に供されている区域であって，その区域内の住民の生活環境を悪化させないため著しい騒音の発生を防止する必要がある区域である。

　また，指定地域内に特定工場等を設置している者は，公害防止管理者および公害防止統括者を選任し，都道府県知事に届け出なければならない（「特定工場における公害防止組織の整備に関する法律」3条および4条）。

Ⅳ　振　動

1　法律による規制

　本章冒頭に見た通り，振動についての苦情件数は典型7公害の中で最も少なく，その発生源を見れば，「工事・建設作業」70.6%，「産業用機械作動」10.3%，「移動発生源（自動車運行）」9.1%である[22]。概して振動は，単独で生ずることは稀であり，騒音を伴って，あるいは騒音によって認識されることが多いと考えられる。

---

(22)公害等調整委員会報告書・前掲注(4)11頁表5参照。

　振動に対する規制は，明治時代の工場関係規制において「騒響」（震動および喧噪）として調査項目のひとつに挙げられたことに始まるなど，地方自治体における条例による規制が先行し，公害対策基本法が1967年に制定されてからも，諸外国においては法律による規制の例が見られず，また，実際の振動対策には技術的課題があったことから，具体的な規制は地方自治体に委ねられていた[23]。

　しかし，一層の振動公害の発生を受け，条例ごとに異なる規制手法を統一し，被害の未然防止を図るために，1976年に振動規制法が制定された。同法は，工場および事業場における事業活動並びに建設工事に伴って発生する相当範囲にわたる振動について必要な規制を行うとともに，道路交通振動に係る要請の措置を定めること等により，生活環境を保全し，国民の健康の保護に資することを目的とする。そして，他と同様に，地方自治体の条例による上乗せ・横出し規制を容認している。

2　規制対象

　振動規制法による規制の構造は，基本的に騒音規制法と同じである。

(1)　工場・事業場振動，建設作業振動

　振動規制法の規制対象となる工場・事業場振動は，都道府県知事が指定する地域にある工場または事業場において著しい振動を発生する施設（特定施設）[24]であり，また，建設作業振動は，同じく指定地域内で建設工事として行われる作業のうち，著しい振動を発生する作業[25]である。都道府県知事による地域指定は，騒音規制法と同様に，住居が集合している地域，病院または学校の周辺の地域その他の地域で振動を防止することにより住民の生活

---

(23) 国内における振動（戦前は「震動」と記述するのが一般的だったという。）に対する規制の歴史については，末岡伸一「振動規制の歴史的考察」東京都環境科学研究所年報（2003）111頁以下に詳しい。
(24) 具体的には，機械プレスなどの金属加工機械や圧縮機械など10種類が定められている。法施行令1条参照。
(25) 具体的には，所定のくい打機，鋼球を使用して建築物その他の工作物を破壊する作業，舗装版破砕機を使用する作業，及びブレーカーを使用する作業など4種類であり，作業を開　始したその日に終了するものは除かれる。法施行令2条参照。

環境を保全する必要があると認める地域を対象として行われる。

(2) 道路交通振動

　振動規正法の対象となる道路交通振動とは，自動車が道路を通行すること
に伴い発生する振動である。

3　規制手法

　ここでは工場・事業場振動についてのみ取り上げると，指定地域内に特定
施設を設置しようとする者は，設置工事の30日前までに市町村長にその旨を
届け出なければならず，届出を受けた市町村長は，所定の場合に振動の防止
方法または特定施設の使用方法若しくは配置計画を変更するよう勧告するこ
とができる。指定地域内に特定工場等（特定施設を設置する工場または事業
場）を設置している者は，当該特定工場等にかかる規制基準を守らなければ
ならない。

　規制基準は，環境大臣が時間区分・地域区分ごとに定める基準（表2参
照[26]）の範囲内において，都道府県知事が定める。なお，振動レベルの単位
はデシベル（dB）であり，たとえば55デシベル以下では人は揺れを感じ
ず，55デシベルから65デシベルでは屋内で静かにしている人が揺れをわずか
に感じ（震度階級1），65デシベルから75デシベルでは屋内で静かにしている
人の大半が揺れを感じ（震度階級2。電灯などのつり下げ物がわずかに揺れ
る。），75デシベルから85デシベルでは屋内にいる人のほとんどが揺れを感
じ，また，歩いている人でも揺れを感じ（震度階級3。棚にある食器類が音を
立てることがあり，電線が少し揺れる。），85デシベルから95デシベルではほと
んどの人が驚き，また，歩いている人のほとんどが揺れを感じる（震度階級
4。棚にある食器類は音を立て，また，電線が大きく揺れ，自動車を運転してい
て揺れに気付く人がいる。）という目安がある[27]。

---

(26)「特定工場等において発生する振動の規制に関する基準」環境庁告示（昭和51年11月
　　10日）より作成。
(27)川崎市「振動の大きさの目安」及び気象庁「気象庁震度階級関連解説表」参照。

表２：工場・事業場振動にかかる基準

	昼間	夜間
第一種区域	60デシベル以上 65デシベル以下	55デシベル以上 60デシベル以下
第二種区域	65デシベル以上 70デシベル以下	60デシベル以上 65デシベル以下

※昼間とは，午前５時，６時，７時又は８時から午後７時，８時，９時又は10時まで，夜間とは，午後７時，８時，９時又は10時から翌日の午前５時，６時，７時又は８時までである。

※第一種区域とは，良好な住居の環境を保全するため特に静穏の保持を必要とする区域，及び住居の用に供されているため静穏の保持を必要とする区域であり，第二種区域とは，住居の用に併せて商業，工業等の用に供されている区域であって，その区域内の住民の生活環境を保全するため振動の発生を防止する必要がある区域，及び主として工業等の用に供されている区域であって，その区域内の住民の生活環境を悪化させないため著しい振動の発生を防止する必要がある区域である。

　また，指定地域内に特定工場等を設置している者は，公害防止管理者および公害防止統括者を選任し，都道府県知事に届け出なければならない（「特定工場における公害防止組織の整備に関する法律」３条および４条）。

Ⅴ　訴　訟

　感覚公害に関する訴訟は，大規模な開発事業や廃棄物処理施設の設置・稼働に対して，付近住民等によって具体的な健康被害について人格権や環境権に基づく損害賠償請求や差止めを求めるものが多く提起されてきた。

　騒音・振動については，地下鉄敷設工事に伴う騒音・振動被害などから当該工事の差止めを求めたものの棄却された半蔵門線工事差止請求事件[28]や，鉄道事業者に対する騒音差止請求は棄却されたものの損害賠償請求は一部認容された小田急線騒音差止・損害賠償請求訴訟第一審判決[29]，東海道

---

(28) 東京地判昭和63年３月29日判時1283号109頁。

新幹線騒音・振動差止・損害賠償訴訟控訴審判決[30]などがある。

　悪臭については，都市計画法にいう第二種住宅地域において建築基準法に違反して操業していた菓子製造工場による焦げたバターの臭いやベビーカステラ，キャラメルコーンおよびあんこ等の甘味臭等について近隣住民等の損害賠償請求が一部認容された損害賠償請求事件[31]や，焼鳥店の焼き鳥用グリルによる臭気濃度が市の規制基準の3倍に及んでいることなどから付近住民による差止請求および損害賠償請求が一部認容された臭気対策請求事件[32]およびその控訴審として排出口の臭気濃度が市規制基準を上回っていることを考慮しても受忍限度を超えているとは認められなかったもの[33]，飼犬の糞の放置による悪臭等の解消に真摯に努力しなかった飼主に対する近隣者による慰謝料請求が認められた損害賠償請求事件[34]，魚あら処理工場による腐敗臭によって付近住民の精神的被害や食欲不振，睡眠妨害などが生じていることについて損害賠償が認められた損害賠償請求事件[35]などがある。

---

(29)東京地判平成22年8月31日判時2088号10頁。
(30)名古屋高判昭和60年4月12日判時1150号30頁。
(31)京都地判平成22年9月15日判時2100号109頁。
(32)神戸地判平成13年10月19日判時1785号64頁。
(33)大阪高判平成14年11月15日判時1843号81頁。
(34)京都地判平成3年1月24日判時1403号91頁。
(35)名古屋地一宮支判昭和54年9月5日判時938号9頁。

第**11**章

循環管理に関する法制度

Ⅰ 問題の概況

　現代社会は，自然に対してその許容量を大きく上回る負荷を与え続けてきた。大量生産されたモノが，流通，消費を経て安易に廃棄される経済構造の転換は一刻を争う課題である。2017年に公表された調査結果によると，世界全体のプラスチックごみのうち，リサイクルされたものは9％，焼却されたものは12％，そして残りの79％は埋立地または自然環境に廃棄されているという[1]。不適切な処理のため陸上から海洋へ流出するプラスチックごみは世界全体で年間数百万トンとも言われ，海洋環境の悪化や海岸機能の低下，景観や漁業等への影響など多くの問題を引き起こしている。日本の家庭から出されるゴミの66％（容積比）はプラスチック類等で作られている容器包装廃棄物であり[2]，この状況を変えるためには官民を挙げた取り組みと消費者の理解を広く得ることが課題となる。日本では，2019年に「プラスチック資源循環戦略」が策定されており，この戦略を受けて，同年に容器包装リサイクル法の関係省令が改正されたことで，2020年7月1日から全国一律でプラスチック製買物袋の有料化がスタートしている。限りある自然資源とどのよう

（1）R. Geyer, J. Jambeck, K. Law, 'Production, use, and fate of all plastics ever made', 2017, Science Advences.
（2）環境省 Web サイト「容器包装廃棄物の使用・排出実態調査の概要（令和3年度）」参照。

152

に向き合うべきなのか，将来世代の存在を踏まえつつ，一人ひとりが考えなければならない時代が到来していると言えよう。そこで本章では，日本における循環型社会形成のための基本的法枠組みについて領域ごとに概観した上で，現在目指されている地域循環共生圏の実現のためには何が必要なのかを考えてみたい。

Ⅱ　循環型社会形成のための基本的法枠組み

1　循環基本法および基本計画

　循環管理に関する基本法は，2000年に成立した循環型社会形成推進基本法（循環基本法）である。本法の定義では，循環型社会とは，製品等が廃棄物等となることが抑制され，ならびに製品等が循環資源となった場合においてはこれについて適正に循環的な利用が行われることが促進され，および循環的な利用が行われない循環資源については適正な処分（廃棄物（ごみ，粗大ごみ，燃え殻，汚泥，ふん尿，廃油，廃酸，廃アルカリ，動物の死体その他の汚物または不要物であって，固形状又は液状のものをいう）としての処分をいう）が確保され，もって天然資源の消費を抑制し，環境への負荷ができる限り低減される社会を意味する（2条）。循環基本法は枠組規定であり，循環型社会形成に関する基本原則や，国，地方公共団体，事業者および国民の責務等について定めている。また，同法15条は循環型社会形成推進基本計画の策定を政府に義務付けており，概ね5年ごとに見直しを行うものとされている。

　2018年6月19日に閣議決定された第4次循環型社会形成推進基本計画では，2025年までに国が講ずべき施策について示されている。その基本的な方向性は，①地域循環共生圏形成による地域活性化，②ライフサイクル全体での徹底的な資源循環，③適正処理の推進と環境再生，④災害廃棄物処理体制の構築，⑤適正な国際資源循環体制の構築と循環産業の海外展開である[3]。

（3）環境省 Web サイト「第四次循環型社会形成推進基本計画の概要」参照。

2　法体系

　循環基本法および基本計画に基づき，循環型社会の形成推進のための法体系は，廃棄物処理法の領域と，資源有効利用促進法の領域に二分される。ただし，廃棄物の適正処理にはリサイクル[4]も含まれる。また，個別物品の特性に応じた規制として，容器包装リサイクル法，家電リサイクル法，食品リサイクル法，建設資材リサイクル法，自動車リサイクル法および小型家電リサイクル法等がある。なお，国等が率先して再生品等の調達を推進する法制度としてグリーン購入法，そして素材に着目した包括的な法制度としてプラスチック資源循環促進法等も，それぞれが循環管理に関する法体系の一角をなしている。

　また，循環管理に関する法制度には，放射性物質汚染対処特措法や東日本大震災により生じた災害廃棄物の処理に関する特別措置法等も含まれる。放射性物質汚染対処特措法は，従来，廃棄された放射性物質およびこれによって汚染された物については，廃棄物処理法等の適用が除外されてきたが，福島原発事故によって発生した新たな問題状況に対処したものである[5]。同法には，除染特別地域と汚染状況重点調査地域が規定されている。除染特別地域は，警戒区域設定指示または計画的避難指示の対象区域であるか，またはそうであった地域であり，国が除染計画を策定し除染事業を進めることになっている。また，汚染状況重点調査地域は，年間の追加被爆線量が１ミリシーベルト以上の地域であり，指定された市町村では，該当区域について，除染実施計画を定め，除染を実施する区域を決定する。除染特別地域には，2023年３月末時点で，福島県内の10市町村が指定されている[6]。なお，汚染状況重点調査地域には岩手県，宮城県，福島県，茨城県，栃木県，群馬県，

（４）循環基本法５～７条には政策の優先順位を①発生抑制（Reduce），②再使用（Reuse），③再生利用（Recycle），④熱回収（Thermal Recycle），⑤適正処分の順とすることが定められている。①～④を３Ｒと呼ぶ。

（５）大塚直『環境法（第４版）』（有斐閣，2020）405頁。

（６）福島県 Web サイト「除染特別地域及び汚染状況重点調査地域の指定」参照。

埼玉県，千葉県において，それぞれ複数の市町村が指定を受けている⁽⁷⁾。福島県内の除染に伴い発生した大量の土壌や廃棄物等については，最終処分するまでの間，集中的な管理・保管のための施設が必要であった。そのための中間貯蔵施設は，福島県および大熊町・双葉町による建設・搬入の受け入れにより，2015年３月より除去土壌等の搬入が開始された。その後，2016年11月より施設整備に着手し，2017年10月に土壌貯蔵施設への貯蔵が開始された。そして2020年３月から，中間貯蔵施設の全処理工程において施設が稼働されるに至っている⁽⁸⁾。

3　国際的な枠組み

循環管理に関する重要な条約としては，以下の２つを挙げておく。まず1972年12月に採択されたロンドン条約である。日本は1980年10月に同条約を締結している。当初，同条約は，水銀，カドミウム，放射性廃棄物等の有害廃棄物を限定的に列挙し，これらの海洋投棄のみを禁止していたが，その後の世界的な海洋環境保護の必要性への認識の高まりを受け，1996年11月に，同条約の汚染防止措置を更に強化するためのロンドン議定書を採択した。同議定書は，廃棄物等の海洋投棄および洋上焼却を原則禁止した上で，厳格な条件の下で，例外的に浚渫物，下水汚泥等，海洋投棄を検討できる品目を列挙した。同議定書は2006年，2009年，2013年の３度の改正を経ている⁽⁹⁾。

　２つ目の条約はバーゼル条約である。同条約は有害廃棄物の越境移動に関する国際的なルールとして1989年に採択され1992年に発効した。日本は同条約を締結し，これに対応する国内法として1992年にバーゼル国内法を制定している。同法の目的は，特定有害廃棄物等の輸出，輸入，運搬および処分の規制に関する措置を講じ，人の健康の保護および生活環境の保全に資することとされ，特定有害廃棄物の輸出入に関しては外国為替及び外国貿易法（外

（7）環境省 Web サイト「除染情報サイト：除染の状況」参照。
（8）環境省環境再生・資源循環局「中間貯蔵・環境安全事業株式会社法の施行状況に関する取りまとめ」（2022年）２頁。
（9）外務省 Web サイト「ロンドン条約及びロンドン議定書」参照。

為法）により承認を受けることの義務付けや，不適切な取引が行われた場合等にその輸出者に対して再輸入義務を課す等の規定が設けられている。

　近年の国際動向としては，2022年2月から3月にかけて開催された第5回国連環境総会再開セッション（UNEA5.2）において，海洋プラスチック汚染をはじめとするプラスチック汚染対策に関する法的拘束力のある文書（条約）について議論するための政府間交渉委員会（INC）を立ち上げる決議が採択された。日本は2050年までに海洋プラスチックごみによる追加的な汚染をゼロにまで削減することを目指す「大阪ブルー・オーシャン・ビジョン」の提唱国として INC における国際交渉の場で積極的な役割を果たすことを目指している[10]。

Ⅲ　廃棄物の処理に関する法

1　廃棄物処理法

　2020年度のデータ[11]では，日本全国における一般廃棄物の年間総排出量は4,167万トンで東京ドーム約112杯分であり，一人一日当たり901グラムのゴミを排出している計算になる。ここ数年は微減傾向にあるとはいえ，最終処分場の残余年数は22.4年とされており，楽観視できる状況にはない。また，2020年度に新たに判明した不法投棄事案は日本全国で139件，不法投棄量は5.1万トン，不適正処理事案は182件，そして不適正処理量は8.6万トンであった。不法投棄の新規判明件数は，ピーク時の1990年代の終わりから2000年代のはじめにかけての時期に比べて大幅に減少しているものの，無許可業者によるものや，全体の4割を占める排出事業者による事案等がいまだ跡を絶たない[12]。

---

(10)環境省「令和4年版 環境・循環型社会・生物多様性白書」28頁。
(11)環境再生・資源循環局　廃棄物適正処理推進課 Web サイト「一般廃棄物の排出及び処理状況等（令和2年度）について」参照。
(12)環境省 Web サイト「産業廃棄物の不法投棄等の状況（令和2年度）について」参照。

156

廃棄物の処理に関する法の中心となるのは1970年の公害国会で制定された廃棄物処理法である。同法によって一般廃棄物と産業廃棄物は区分され，それぞれの処理体系が整えられることとなった。廃棄物の処理をめぐっては，まず廃棄物とは何を指すのかを明確に定義づける必要がある。なぜならば，客観的には廃棄物としか思われないような物であっても，占有者がそれを否定することにより，廃棄物処理法の適用を逃れ，大量の廃棄物の不法投棄事案を生じさせかねないからである[13]。最高裁は，おからが産業廃棄物に該当するかが争われた事件[14]で，廃棄物か否かの判断は，①その物の性状，②排出の状況，③通常の取扱い形態，④取引価値の有無および⑤事業者の意思等を総合的に勘案して判断すべきであるとし（総合判断説），おからは産業廃棄物であるとした原判決を維持したが，占有者の意思を客観的に判断すべきか否かについては示されなかった。その後，環境省の通知や裁判例の蓄積を通じて，廃棄物の定義は，これまでよりも緻密かつ客観的なものとして構成されつつあり，現在の定義は，2018年に改正された廃棄物規制課長通知（「行政処分の指針について（通知）」）にまとめられている[15]。

2　法改正とその背景

廃棄物処理法は2017年に大きく改正されたが，その背景のひとつには食品廃棄物の不正転売事案として大きく報道されたダイコー事件がある。まず，廃棄物処理法上，産業廃棄物については，排出事業者の自己処理が原則とされているが，事業者が処理費用を負担し，その処理を他者に委託することは認められている。事業者が処理業者等と委託契約を交わす場合には，その運搬または処分の間の廃棄物の流れを管理する必要があるため，産業廃棄物管

(13)香川県の豊島で起きた大規模な産業廃棄物不法投棄事件である豊島事件もこの例である。廃車等の粉砕屑は，金属回収のための原料であって廃棄物ではないとする業者の主張を県側が認めたことで，長期にわたり大量の廃棄物が不法投棄された。事件の経緯については，南博方＝西村淑子「豊島産業廃棄物事件の概要と経過」判タ961号（1998）35頁以下参照。
(14)最決平成11年3月10日刑集53巻3号339頁。
(15)環境省環境再生・資源循環局廃棄物規制課長「行政処分の指針について（通知）」（環循規発第18033028号平成30年3月30日）3頁以下。

理票制度（マニフェスト制度）が適切に機能することが重要となる。マニフェスト制度とは，事業者が処理業者に産業廃棄物を引き渡す際に，その運搬受託者に対して委託に係る産業廃棄物の種類および数量，運搬または処分を受託した者の氏名または名称その他環境省令で定める事項を記載したマニフェストを交付しなければならないというものである。なお，マニフェストの公布者は，毎年度マニフェストの交付状況に関する報告書を作成し，これを都道府県知事に提出しなければならない。

　ダイコー事件では，このマニフェストについて，処理業者であるダイコーから排出事業者である壱番屋に対して処分が終了したという虚偽報告がなされていた。ダイコーは委託を受けた食品廃棄物を卸売事業者である，みのりフーズに不正流通させ，それが弁当屋や飲食店等の販売事業者を通じて消費者に販売されてしまったのである[16]。この事件を受け，2017年の廃棄物処理法改正では，マニフェストの不交付や虚偽記載等に関する罰則が強化された。また，環境省令で定める産業廃棄物を多量に排出する事業者に対して，紙マニフェストの公付に代えて，電子マニフェストの使用も義務付けられることとなった。電子マニフェスト制度は，事業者および都道府県等の事務を効率化させ，原因究明を迅速に行うことができ，透明性を向上させ，不適正処理を未然に防止することが期待できる[17]ため，今後さらなる推進が目指されるところである。

Ⅳ　リサイクルに関する法

1　資源有効利用促進法

　リサイクルに関する法の基軸となるのは，資源有効利用促進法である。同法は1991年に制定された「再生資源の利用の促進に関する法律」を一部改正

---

(16)環境省 Web サイト「食品廃棄物の不正転売事案について（総括）」参照。
(17)大塚・前掲注（5）441頁。

して2001年に施行されたものであり，廃棄物の発生の抑制および環境の保全に資するため，使用済物品等および副産物の発生の抑制ならびに再生資源および再生部品の利用の促進に関する所要の措置を講ずることを目的としている。同法が制定された1990年台前半には，バブル崩壊の影響から円高が進んだことで，海外から輸入されるバージン原料価格が低下し，再生資源価格が暴落した。紙，アルミ，鉄くずといった再生資源について，それまでは回収業者が自治体や回収団体から有償で仕入れていたものが，その後は逆に，自治体や回収団体が処理費用を支払って，回収業者に引き取ってもらわなければならない状況へと変化したのである。この状態を逆有償という。逆有償の状態は，自治体や回収団体のリサイクルへのインセンティブを損ない，その推進を阻む。この問題への対応策として，再生資源の回収を関係者に義務づけする個別のリサイクル法が制定されることとなったのである。ここではその中でも特に，家庭ごみの66％を占める容器包装に関する容器包装リサイクル法と，その容器包装の50.4％を占めるプラスチック類[18]に関するプラスチック資源循環促進法について取り上げる。

2　容器包装リサイクル法

まず，容器包装リサイクル法は，1995年6月に成立し，2006年に改正がなされている。同法の特徴は，それまで市町村が全面的に責任を負っていた容器包装廃棄物の処理について，国，自治体，事業者および国民等，全ての関係者にそれぞれの役割を担うことを義務づけた点である。事業者に対しては容器包装廃棄物の排出抑制および再商品化の促進が責務とされたが，この規定が設けられた背景には，1990年代にドイツ，フランスにおいて，容器包装廃棄物について事業者がその回収およびリサイクルの義務を負うシステムが導入され，またEU包装廃棄物指令[19]が採択された等の動きが大きく影響

---

(18) 環境省 Web サイト「容器包装廃棄物の使用・排出実態調査の概要（令和3年度）」参照。

(19) European Parliament and Council Directive 94/62/EC of 20 December 1994 on packaging and packaging waste.

していると言われる[20]。消費者は，市町村が定めるルールに従った分別排出と，環境適合的な消費行動による排出量の削減に努めることが責務とされている。国は，容器包装廃棄物の排出の抑制ならびにその分別収集および分別基準適合物の再商品化等を促進するために必要な資金の確保その他の措置を講ずるよう努めること，そして市町村は分別収集について責務を負うものとされた。

3　プラスチック資源循環促進法

　次に，2021年に制定されたプラスチック資源循環促進法は，国内外におけるプラスチック使用製品の廃棄物をめぐる環境の変化に対応して，プラスチックに係る資源循環の促進等を図るため，プラスチック使用製品の使用の合理化，プラスチック使用製品の廃棄物の市町村による再商品化ならびに事業者による自主回収および再資源化を促進するための制度の創設等の措置を講ずることにより，生活環境の保全および国民経済の健全な発展に寄与することを目的する法律である。

　本法では，3 R+Renewable の促進のために各主体が負うべき責務について定められているが，特にプラスチック使用製品製造事業者等が講ずべき措置に関する指針である，プラスチック使用製品設計指針についての規定を設けた点が注目される。同指針は2022年に施行されており，具体的には，プラスチックの使用量の削減，部品の再使用，再生利用を容易にするためのプラスチック使用製品の設計または部品もしくは原材料の種類の工夫，プラスチック以外の素材への代替，再生プラスチックやバイオプラスチックの利用等の取組みを促進することが重要とされている（プラスチック使用製品設計指針 2 条）。このように，事業者自らが製品のライフサイクル全体を通じた環境負荷等の影響を総合的に評価し，合理的にプラスチック使用製品の設計に係る取組みを実施すべきとした点は，拡大生産者責任（Extended Producer Responsibility: EPR）アプローチを具体化したものとも言える。EPR とは，

---

(20)大塚・前掲注(5)531頁。

物理的および・または金銭的に，製品に対する生産者の責任を製品のライフサイクルにおける消費後の段階にまで拡大させるという環境政策アプローチを意味しており[21]，プラスチック資源循環法におけるキー概念のひとつとなっている。

Ⅴ　おわりに

2018年に閣議決定された第5次環境基本計画では，各地域がその特性を活かした強みを発揮し，地域ごとに異なる資源が循環する自立・分散型の社会を形成しつつ，それぞれの地域の特性に応じて近隣地域等と共生・交流し，より広域的なネットワークを構築していくことで，地域資源を補完し支え合いながら農山漁村も都市も活かす「地域循環共生圏」を創造していくことが目標として示された。「地域循環共生圏」における「循環」とは，食料，製品，循環資源，再生可能資源，人工的なストック，自然資本の他，炭素・窒素等の元素レベルも含めたありとあらゆる物質が，生産・流通・消費・廃棄等の経済社会活動の全段階および自然界を通じてめぐり続けることを意味する。この「循環」を適正に確保するために，物質やエネルギー等の資源の投入を可能な限り少なくする等の効率化を進めるとともに，多種多様で重層的な資源循環を進め，環境への負荷をできる限り低減しつつ地域経済循環を促し，地域を活性化させることが目指されている[22]。

ここでは，国，事業者，自治体，消費者等の各主体が，物質およびエネルギー等の循環の効率化について十分に理解し積極的な役割を果たすことが期待されているが，それぞれに異なる事情を抱える消費者が，その任に耐えうることが困難である場合も少なくない。たとえば，ごみ屋敷や樹木の繁茂，多頭飼育・給餌等の住居荒廃の問題について，日本都市センターが2018年に全国814市区を対象として実施した調査では，考えられる発生要因として，

(21)北村喜宣『環境法（第5版）』（弘文堂，2020）63頁。
(22)「第5次環境基本計画」（2018年）20～21頁。

25.4% が家族や地域からの孤立，24.6% が統合失調症やうつ病等の精神障害・精神疾患，24% が経済的困窮および21.8% が判断力の低下・認知症を挙げていた[23]。物質循環のライフサイクルにおいて，各主体が十分にその役割を果たすためにも，福祉も含めた多角的視点からの法政策的アプローチの拡充が今後の課題として指摘されうる。

COLUMN

二酸化炭素回収利用・貯留（CCU/CCS）

　二酸化炭素回収・有効利用・貯留（CCU/CCS: Carbon dioxide Capture, Utilization and Storage）とは，火力発電所や工場等からの排気ガスや大気中に含まれる二酸化炭素を分離・回収し，資源として作物生産や鉱物，化学品，燃料の製造等に有効利用するか，または地下の安定した地層の中に貯留する技術を意味する。2021年に閣議決定された地球温暖化対策計画では2050年までに温室効果ガスの排出を全体としてゼロにする「2050年カーボンニュートラル」の実現が目指されており，CCU/CCS は，そのための有効な手段のひとつとして取り上げられている。

　カーボンニュートラル社会においては，様々な製品を化石燃料に頼らず生産し，かつ炭素を循環的に利用することが求められる。たとえば，CCU の試みとして，再生可能エネルギー由来の水素と CO_2 を反応させることにより，メタン等の化学原料を生産し，その原料から生産された化学製品をごみとして償却する際に発生した CO_2 を回収することで，循環的な利用が可能となる。

　2019年11月の時点で，世界では19の大規模 CCS 施設が操業中であり，日本においても，環境省の主導の下，CCS 技術の実証・検討，実際の貯留適地の調査，社会的な課題の検討等の取組が行われている。日本で CCS を実施する場合，海底下への CO_2 貯留が適していると考えられており，現行の法律では唯一海洋汚染防止法が CCS に関するものである。今後，包括的な CCS 法が検討されていくことになると思われるが，CO_2 漏洩，モニタリング，貯留サイトの選定，事業許可および閉鎖後の管理について等，先行し

---

[23] 日本都市センター研究室「都市自治体の「住居荒廃」問題に関するアンケート　集計結果」日本都市センター編『自治体による「ごみ屋敷」対策』（日本都市センター，2019）245頁以下。

て法整備を行っている諸外国の動向を踏まえながら，日本の現状に適合的な法制度の構築が目指されるところである。

第 12 章

化学物質の管理・規制・被害救済と法

I はじめに

　わが国において化学物質に関連する法律は多数存在する[1]。一方では，出口規制と呼ばれるような，化学物質の排出や廃棄による環境媒体の汚染を未然に防止することを目的とする，「水質汚濁防止法」や「大気汚染防止法」，「廃棄物の処理及び清掃に関する法律」（廃掃法／廃棄物処理法）などがある。もう一方では，入口規制と呼ばれるような，「食品衛生法」，「労働安全衛生法」（安衛法），「毒物及び劇物取締法」（毒劇法），「特定物質等の規制等によるオゾン層の保護に関する法律」（オゾン層保護法）などがある。これらの法律は，化学物質の製造や使用を規制するものである。入口規制に関わる法律には，化学物質全般の管理・規制をねらいとする「化学物質の審査及び製造等の規制に関する法律」（化審法）があるほか，毒劇法のように特定の性質をもつ化学物質やそれを用いた製品に規制の対象を限定する法律や，食品衛生法や安衛法のようにその中の一部に化学物質に関連する規定を有しているにすぎない法律もある。

（1）高橋滋＝織朱實「化学物質管理法制の現状と課題」高橋信隆＝亘理格＝北村喜宣編
　　『環境保全の法と理論』（北海道大学出版会，2014）266〜267頁参照。

Ⅱ　化審法の概要

1　制定の背景と改正の経緯

　わが国では，1968年に，当時世界的に環境汚染の原因として注目を集めていたPCB（ポリ塩化ビフェニル）を原因とするカネミ油症事件が起こった。これは，食用油の製造過程において，熱媒体として使用されていたPCBが混入し，食用油摂取者に健康被害を生じさせた事件である。

　これを契機として，1973年に化審法が制定された。本法は現在まで複数回の改正が重ねられている。特に注目すべき改正として，2009年改正がある。この改正の背景としては，国際条約や諸外国法における次のような動きがある。「残留性有機汚染物質に関するストックホルム条約」（POPs条約）において，PCB等の残留性有機汚染物質（POPs）について，その製造および使用の廃絶・制限，排出の削減，これらの物質を含む廃棄物等の適正処理等が規定され（2001年採択，2004年発効），発効後の締約国会議において，規制の見直しがなされた。また，2007年には，EUにおいてREACH（化学物質の登録，評価，認可及び制限に関する規則）が採択され，すでに流通している既存の化学物質についても事業者に安全性評価を求める新たな規制がなされた。これらを受け，化審法の2009年改正では，規制対象とする化学物質の分類の見直し，新規および既存の化学物質を含めた管理の見直しがなされ，現行の法枠組みとなった。

2　目的・対象

　本法は，人の健康または動植物の生息・生育に支障を及ぼすおそれがある化学物質による環境の汚染を防止するために，化学物質の性状に応じて，化学物質の①製造・輸入，および②使用等について規制を行うことを目的としている。

　ここでの化学物質の性状とは，化学物質の有する性状のうちの３つ，すな

わち，①難分解性（自然的作用による化学的変化を生じにくいか否か），②蓄積性（生物の体内に蓄積しやすいか否か），③人または動植物への毒性（継続的に摂取等した場合に人の健康を損なうおそれ，または動植物の生息・生育に支障を及ぼすおそれ，があるか否か），である。本法が制定されるきっかけとなったPCBは，これら3つの性状すべてを備えるものである。

3　全体像

本法は化学物質の3つの性状に加え，化学物質の環境中での残留状況（これが問題となる化学物質として，残留性有機汚染物質（POPs）がある）にも着目し，これらに応じて化学物質を分類し，規制の程度や態様，管理の仕方を異ならせている。

具体的な分類は，第一種特定化学物質，監視化学物質，第二種特定化学物質，優先評価化学物質，特定一般化学物質，一般化学物質である。この分類をするまでの流れとして，まず，(1)　初めて国内で製造される・国内に輸入される化学物質は，新規化学物質と呼ばれ，製造・輸入前にそれがどのような性状を有しているかを明らかにするための審査が行われる。そして，(2)上市した後の新規化学物質，または本法制定時にすでに国内で流通している化学物質は，上記のいずれかに分類され，それぞれの規制がなされる。

(1)　初めて国内で製造するまたは国内に輸入しようとする化学物質（新規化学物質）の場合

わが国における新たな化学物質（新規化学物質）を製造・輸入しようとする者は，事前に届出をし，当該化学物質の性状に関して審査を受ける必要がある。これが事前審査制度と呼ばれる。この審査判定が終了するまでは製造・輸入が制限される。

審査によって，後述する，第一種特定化学物質，優先評価化学物質，特定新規化学物質（公示後は特定一般化学物質となる），または一般化学物質に振り分けられる。なお，新規化学物質は，その審査過程で難分解性および高蓄積性を有すると判明した場合には，長期毒性の有無が明らかになるまでは製造・輸入が認められないことから，監視化学物質に該当することはない[2]。

166

(2)　上市後の新規化学物質，またはすでに国内で流通している化学物質の場合

　化審法の対象となるすべての化学物質が，以下のいずれかの分類に割り当てられ，管理・規制を受ける。すなわち，本法制定時にすでに国内で流通している化学物質（既存化学物質）のほかに，上述した新規化学物質も，事前審査を経て上市（市場流通）された後に，管理・規制を受ける。

　第1に，化学物質の性状や環境中での残留状況に応じて次の3つに分類され，その分類ごとに規制などが課される。

① 第一種特定化学物質

　本法にいう化学物質の3つの性状，すなわち，難分解性，高蓄積性，および人または高次捕食動物[3]への長期毒性，のすべてを有する物質は，いったん環境中に排出された場合には，容易に分解せず，食物連鎖等を通じて濃縮され，人の健康や動植物に不可逆的な悪影響を与える可能性がある。こうした性状を有する化学物質は，政令で「第一種特定化学物質」として指定され，その製造・輸入について許可制をとるとともに，その使用については政令で指定する特定の用途以外は認めない等，厳しい規制が課される。

　また，第一種特定化学物質による環境汚染を防止するために特に必要があるときは，主務大臣は，製造・輸入事業者に対し，回収等の必要な措置を命ずることができる。

② 監視化学物質

　本法にいう化学物質の3つの性状のうち，難分解性と高蓄積性を有することが判明し，人の健康または高次捕食動物への長期毒性の有無が不明である化学物質は，「監視化学物質」に指定される。仮に長期毒性を有する場合には，第一種特定化学物質として指定されることとなるが，それが判明するま

（2）経済産業省・厚生労働省・環境省「化学物質の審査及び製造等の規制に関する法律【逐条解説】」（2019）21頁。
（3）生活環境動植物であって，生態系における食物連鎖の関係において，高次の階層に分類される動物で食物連鎖を通じて化学物質を最もその体内に蓄積しやすい状況にあるもの，具体的には鳥類や哺乳類，が想定されている。逐条解説・前掲注（2）19～20頁。

でには数年を要する場合があることを踏まえ，その間の措置としてこの分類が設けられた。監視化学物質を製造・輸入する者には，毎年度，数量等の届出義務が課される。一定の場合には関係大臣が有害性調査の指示を行い，長期毒性を有することが明らかになれば，速やかに第一種特定化学物質に指定される。

③　第二種特定化学物質

高蓄積性の性状は有さないものの，人または生活環境動植物[4]への長期毒性を有することが判明した化学物質のうち，相当広範な地域の環境中に相当程度残留しているまたはその見込みがあることから，さらに環境中に放出した場合には人の健康または生活環境動植物の生息・生育に係る被害を生ずるおそれのある化学物質は，「第二種特定化学物質」として政令で指定される。第二種特定化学物質は，少量の環境放出であれば直ちに人または生活環境動植物に被害が生ずることは想定されないが，使用や廃棄を通じて環境中に一定数量以上放出されると，環境中の濃度が人や動植物への被害が生ずるレベルに達することがありうる。このことから，環境中に放出される数量を一定以下に管理することが重要となる。

そこで，第二種特定化学物質を製造・輸入する者には予定数量等の事前届出義務が課され，環境汚染の状況によってはその数量等の変更を命ずることとされている。

第2に，上記の3つの分類に該当しなかった化学物質であっても，上市（市場流通）後に継続的な管理を行うため，①一般化学物質，②特定一般化学物質，及び③優先評価化学物質の3つに分類される。なお，以下において，①と②はまとめて説明する。

①　一般化学物質・②　特定一般化学物質

第一種特定化学物質，監視化学物質，第二種特定化学物質，後述する優先評価物質以外の化学物質は「一般化学物質」と呼ばれる。もっともリスクが

（4）対象となる動植物の範囲を，環境基本法に規定される生活環境保全に限定する趣旨である。逐条解説・前掲注（2）22頁参照。

168

小さい化学物質の分類とされる。政令で定める数量（1トン）以上の一般化学物質を製造・輸入した事業者には，毎年度，製造・輸入数量等の届出義務（事後届出）が課される。

　また，2017年改正によって，継続的に摂取される一般化学物質であって，人の健康を著しく損なうおそれがあるものまたは生態系に著しい支障があるおそれがあるものは「特定一般化学物質」とされ，追加措置として情報提供の努力義務が課されている。

　③　優先評価化学物質

　上記の一般化学物質の製造・輸入数量等の届出から推定される環境残留状況や，化学物質の有害性に関する知見を考慮した上で，人の健康や動植物に係る被害等を生ずるおそれがないとは認められず，そのおそれの有無についての評価を優先的に行う必要があると認められる化学物質は，「優先評価化

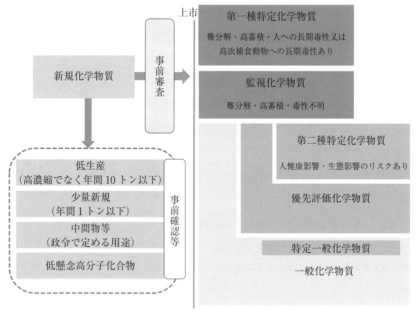

出典：経済産業省 Web サイト（https://www.meti.go.jp/policy/chemical_management/kasin
　　hou/about/about_index.html）を修正

学物質」に指定され，公示される。優先評価化学物質については，国がリスク評価のために必要な情報を収集できるよう，政令で定める数量（1トン）以上の優先評価化学物質を製造・輸入した者には，毎年度，製造・輸入数量等の届出義務が課される。また，関係大臣が，優先評価化学物質を製造・輸入した者に，毒性試験等の試験成績を記載した資料の提出や，有害性調査の指示・提出を求めることができる。

　上記のリスク評価の結果，人または生活環境動植物への長期毒性があることが明らかになった場合には，第二種特定化学物質に指定され，規制がなされる。一方で，一般化学物質に変更される場合もある（11条2号二）。

Ⅲ　化管法の概要

1　制定の背景

　1999年に「特定化学物質の環境への排出量の把握等及び管理の改善の促進に関する法律」（化管法）が制定された[5]。同法の制定の背景には，1992年に採択された「アジェンダ21」に化学物質の管理の重要性が位置づけられたこと，1996年にOECDが加盟国に対してPRTRの法制化を勧告したことがある。

2　目的・対象

　化管法は，PRTR制度とSDS制度を柱として，化学物質を取り扱う事業者の自主的な化学物質の管理の改善を促進し，化学物質による環境の保全上の支障が生ずることを未然に防止することを目的としている。

　対象となる化学物質は，人の健康や生態系への有害性（オゾン層破壊性を含む）があり，①相当広範な地域の環境に継続して存在すると認められる「第一種指定化学物質」，および②相当広範な地域の環境に継続して存在する

（5）経済産業省Webサイト「化学物質排出把握管理促進法」
　　https://www.meti.go.jp/policy/chemical_management/law/index.html（最終閲覧日：2022年9月24日）参照。

ことが見込まれる（将来的に広く存在する可能性がある）「第二種指定化学物質」，である。対象物質は同法施行令において指定されており，2021年の政令改正により，第一種指定化学物質には515物質，第二種指定化学物質には134物質が指定されている。

3　全体像

⑴　PRTR 制度

PRTR（Pollutant Release and Transfer Register；環境汚染物質排出移動登録）制度とは，有害性のある物質が，どの発生源から，どの程度環境（大気，水，土壌）中に排出されたかまたは廃棄物に含まれて事業所外に移動したかというデータを把握し，集計し，公表する制度である。わが国は，化管法によって PRTR を制度化した[6]。この制度は，情報的手法を採用したものであるとされる[7]。

化管法において PRTR 制度の対象となるのは，第一種指定化学物質である。事業所からの排出量および移動量について，まず，①対象事業者が，自ら把握し国に届け出をし，つづいて，②国は，届け出られた情報とその他発生源からの推計排出量とをあわせて集計・公表する。さらに，③国は，国民からの請求があった場合は，これら個別事業所の届出データを開示することが義務づけられている。

⑵　SDS 制度

化管法の SDS（Safety Data Sheet：安全データシート）制度は，第一種指定化学物質と第二種指定化学物質を対象としている。SDS 制度とは，事業者が第一種・第二種指定化学物質とそれを含む製品を他の事業者に譲渡・提供する際に，①その相手方に SDS（安全データシート）を交付することによって，その成分や性質，取扱い方法に関する情報を提供することを義務づける，また，②ラベルによる表示を行う努力義務を課す，といった制度であ

（6）この点で，本法は PRTR 法と称されることもある。
（7）大塚直『環境法（第 4 版）』（有斐閣，2020）230頁。

る。これは，事業者による化学物質および製品の適切な管理に役立たせることをねらいとするものである。

　なお，わが国におけるこの制度は，従来，MSDS（Material Safety Data Sheet；化学物質等安全データシート）と呼ばれていた。2003年に，化学物質および製品の分類・表示方法の国際標準として，「化学品の分類および表示に関する世界調和システム（GHS）」が国連において採択された。ここではSDS の表記が用いられており，これに従い，わが国においても2012年にMSDS から SDS へと名称変更された。

Ⅳ　化学物質を起因とした健康被害に関する訴訟等

　はじめにで紹介したように，すでに，化学物質の出口規制・入口規制に関して複数の法律が定められており，また，化審法や化管法のように化学物質の管理に特化した法律も定められている。それにもかかわらず，化学物質による健康被害は依然として生じている。こうした健康被害として最近問題とされているものとしては，化学物質過敏症やシックハウス症候群などがある[8]。

　ここでは，訴訟（不法行為責任，債務不履行責任を問う訴訟）や公害紛争処理法に基づく紛争処理に残された課題をみておこう。化学物質過敏症やシックハウス症候群の損害賠償請求訴訟においては，因果関係や過失の判断（立証責任）に課題があるといわれている[9]。

1　化学物質過敏症に関する訴訟・紛争

　化学物質過敏症（CS：Chemical Sensitivity）は，1950年代にアメリカで命

（8）公害等調整委員会事務局「化学物質過敏症に関する情報収集，解析調査報告書」（2008年）参照。
（9）複数の文献で指摘されているが，たとえば，神山美智子「化学物質被害の立証責任」淡路剛久＝寺西俊一＝吉村良一＝大久保規子編『公害環境訴訟の新たな展開―権利救済から政策形成へ』（日本評論社，2012）246頁。

172

名され，1987年には，「かなり大量の化学物質に抵触した後，または微量な化学物質に長期に抵触した後で，非常に微量な化学物質に再接触した場合に出てくる不快な症状」との定義が示されている[10]。なお，化学物質過敏症（CS）は，国際的には，多種化学物質過敏症（MCS；Multiple Chemical Sensitivity）と表現される。

　わが国において化学物質過敏症が有名となったのは，杉並病によってである。1996年に東京都が杉並区に建設した不燃ごみ中継所の操業開始から，周辺住民に健康不調（喉の痛み，頭痛，めまい，吐き気，動悸等）が発生した。健康不調の原因が中継所から大気中に排出される有害物質にあるかどうかの因果関係の有無について，1997年に，周辺住民らが都を相手方として，公害等調整委員会に原因裁定を求める申請をした。本件においては，一部の申請人につき，原因物質の特定はできないとしたものの，健康不調の原因は当該中継所の操業に伴って排出された化学物質によるとして因果関係が認められた（杉並区不燃ごみ中継施設健康被害原因裁定事件[11]）。

　近時では，カラーボックスに含まれるホルムアルデヒドによって化学物質過敏症を発症したとして，販売業者に損害賠償が請求され，債務不履行（不完全履行）責任を理由とする損害賠償が認められた判例[12]もある。本件では，「原告は，カラーボックスとの接触後，気分不良，のどの痛み，呼吸の違和感等の症状を訴え，本件カラーボックスの使用を中止した後にも，化学物質に接すると気分不良を来たすという状態が継続するようになったものであり，原告は，本件カラーボックスへの接触を契機として，化学物質に対する過敏性を獲得したものと認められる」とし，因果関係が認められた。加えて，過失については，ホルムアルデヒドについては室内濃度指針値等の様々な規制が設けられており，また，販売業者はカラーボックスにホルムアルデ

(10) 寺田良一「新たな公害―『香害』と化学物質過敏症の現状と課題」環境と公害51巻4号（2022）51頁以下。2010年以降は，化学物質を起因とした新たな被害として香害が挙げられている。
(11) 公調委裁定平成14年6月26日判時1789号34頁。
(12) 高松地判平成30年4月27日判時2406号41頁。判例解説として，須加憲子「判批」新・判例解説 Watch25号（2019）268頁がある。

ヒドを含有する接着剤が使用されていることを認識していたことから，「家具の販売を業とする被告としては，人体に悪影響を及ぼす程度のホルムアルデヒドを拡散させるような家具を顧客に販売しないようにする注意義務があったというべき」であり，被告はこの注意義務に違反した過失があると認められた。

　因果関係または過失が認められず敗訴する例が多いが，上記の例のように，近時では，因果関係および過失を肯定し，損害賠償を認める例も少なくない。

2　シックハウス症候群に関する訴訟

　わが国では，2000年前後からは，シックハウス症候群（SHS：Sick House Syndrome）も知られてきた。これは，住宅等の建築物の内部において，建材や家屋などに使用される化学物質等（接着剤に含まれるホルムアルデヒドなど）への暴露によって発症する健康被害（目・鼻・喉・皮膚の刺激症状，頭痛等）を指している。室内の空気質汚染による健康被害であり，原因と考えられる建築物室内から離れれば症状が治まる点で，化学物質過敏症とは異なるとされる。

　シックハウス症候群訴訟の先例とされる判例[13]においては，建物賃借人が賃貸人に対し，新建築物に新建材を使用したため化学物質過敏症に罹患し退去せざるを得なくなったとして，貸主の債務不履行に基づく損害賠償請求をした。本件では，原因となる化学物質と健康被害の発生との間の因果関係は認められたが，被告たる建物賃貸人ないし住宅等の製造・販売事業者に予見可能性がないとして過失が否定され，原告の訴えが棄却された。

　シックハウス症候群につき，初めて開発業者に不法行為責任が認められたのは，2009年である[14]。これは，新築マンションの買主が開発業者に対

---

(13)横浜地判平成10年2月25日判時1642号117頁。
(14)東京地判平成21年10月1日消費者法ニュース82号267頁。判例解説として，松本克美「判批」現代消費者法8号（2010）77頁，宮澤俊昭「判批」新・判例解説 Watch 9号（2011）322頁がある。

し，当該マンションの建材から放散されたホルムアルデヒドによりシックハウス症候群および化学物質過敏症に罹患したことに対して，不法行為に基づく損害賠償請求をした事案である。本件では，「被告には，本件マンションの開発に当たり，設計業者や施工業者に対し，厚生省指針値に適合するような…建材を使用させなかったこと，若しくは原告に対し…説明しなかったこと，また，完成後にホルムアルデヒド室内濃度を測定して適切な措置をとらなかったことについて過失があるというべき」であるとされた。

このように，シックハウス症候群に関する訴訟においては，因果関係を認めるものの過失を否定する例が複数あるが，近時は，被告の過失を肯定する例もみられる。

COLUMN

水銀に関する規制と水俣病の被害救済

わが国の環境問題の歴史において忘れがたい化学物質を挙げるならば，水銀やアスベストやフロンがある。特に水銀（具体的には，メチル水銀）は，水俣病の原因物質として様々な場面で耳にするだろう。

2013年に「水銀に関する水俣条約」が採択された。これは，鉱山からの水銀産出，貿易，水銀含有製品や製造工程，大気への排出，水銀廃棄物に係る規制等について，水銀が人の健康や環境に与えるリスクを低減するために，ライフサイクル全般にわたる包括的な規制を定める条約である。わが国はこの条約の国内法として，2015年に「水銀による環境の汚染の防止に関する法律」を制定し，2016年に条約を締結した。

一方で，水俣病の被害救済として，複数の訴訟が提起されるだけでなく，2009年に「水俣病被害者の救済及び水俣病問題の解決に関する特別措置法」（水俣病救済特別措置法）が制定されている。本法は，①水俣病被害者の救済，②水俣病問題の最終解決のために，救済措置の方針，水俣病問題の解決に向けて行うべき取組を明らかにするとともに，これらに必要な補償の確保等のために事業者の経営形態の見直し（分社化）に関する措置を定めることを目的としている。

今後の水銀の扱いだけでなく，水俣病の解決も現在の問題として，現在世

代・将来世代の両者が取り組まなければならない課題であろう。

第13章

気候変動と法政策

I　気候変動訴訟の世界的展開

1　パリ協定の発効

　パリ協定は，2015年12月，フランス・パリにおいて開催された国連気候変動枠組条約第21回締約国会議（COP21）で採択され，2016年11月に発効し，2020年から本格的に運用が開始されている。協定では，世界的な平均気温上昇を産業革命以前に比べて2℃より十分低く保つとともに，1.5℃に抑えるように努力を続けることを目標に掲げている（協定2条1項 (a)）。また，各国は温室効果ガス（Greenhouse Gas：GHG）の削減に向けた「国が決定する貢献（Nationally Determined Contribution：NDC）」を定め，GHGの排出削減や吸収に関する国内措置をとり，今世紀後半にGHGの人為的な排出量と吸収量を均衡させるよう取り組むことが求められている（協定4条1項）。NDCは，5年ごとに提出・更新することとされている（協定4条3項・9項）。

2　気候変動訴訟の増加

　気候変動に関する政府間パネル（The Intergovernmental Panel on Climate Change：IPCC）[1]は，2021年の第6次評価報告書において，気候変動システムの温暖化は「疑いの余地がない」とし，人為的起源の気候変動により，自

然や人間に対して「広範囲にわたる悪影響」を引き起こしていると評価した。IPCC は，現行の対応策では温暖化を1.5℃に抑制できないとして危機感を募らせている。他方，パリ協定の下では，各国が提出する NDC に関する目標の水準は，基本的にはそれぞれの国が一方的に表明するにとどまる。それゆえ，単純に各国の NDC を積み上げるだけでは，パリ協定の2℃・1.5℃目標の達成が危ぶまれる状況にある。

　こうしたなかで，「気候変動訴訟（Climate Change Litigation）」と呼ばれる訴訟が世界各地で提起されている[2]。気候変動訴訟とは，国連環境計画（UNEP）の定義によれば，気候変動の緩和，適応または気候変動の科学に関連する法または事実を主要な争点とする訴訟であって，行政，司法その他裁定機関に提起される事件を意味する[3]。気候変動訴訟は1980年代後半の米国に起源を有し，その後，オーストラリアなどの先進国（グローバル・ノース）でも提起されるようになり，2010年代半ばからは，途上国（グローバル・サウス）にも拡大している。英ロンドン・スクール・オブ・エコノミクスの調査によれば，2022年5月末時点において，地球上には，1986年以降，計2,002件の気候変動訴訟が提起されている（係属中の事案を含む）[4]。このうち大半の訴訟は，米国にみられる。米国以外では，オーストラリア，英国，EU など，世界43の国と地域に拡大している[5]。

　これ以外にも，国際的・地域的な裁定機関でも気候変動訴訟が審理されている[6]。2022年12月，小島嶼国と気候変動委員会（COSIS）が，海洋温暖化

（1）IPCC とは，世界気象機関（WMO）および国連環境計画（UNEP）により1988年に設立された政府間組織である。2021年2月現在，195か国が参加している。気候変動およびその影響，適応や緩和の選択肢に関する科学的知見の評価を行う。
（2）気候変動訴訟のデータベースとして，米コロンビア大学サビン気候変動法センター（http://climatecasechart.com/）および英ロンドン・スクール・オブ・エコノミクス（https://climate-laws.org/）の各 Web サイトが有益である。
（3）UNEP, *Global Climate Litigation Report: 2020 Status Review* (2020), p. 6.
（4）Joana Setzer and Catherine Higham, *Global Trends in Climate Change Litigation: 2022 Snapshot* (2022), p. 9.
（5）2022年5月末時点で訴訟が終了したかあるいは係属中の気候訴訟は，1,426件と米国が最も多く，に次いで，オーストラリアが124件，英国が83件，EU が60件となっている。*Ibid.*

や海面上昇，海洋酸性化などの気候変動の影響に関し，国連海洋法条約における締約国の具体的な義務の内容を求めて国際海洋法裁判所（ITLOS）に勧告的意見を諮問したケースも，その一例である（係属中）。また，国連総会は2023年 4 月，気候変動対策で国家が負う法的義務について，国際司法裁判所（ICJ）に勧告的意見を求めるバヌアツ主導の決議案を採択した（ICJ に係属中）。

　米国以外の国内訴訟では，全体の半数以上で非政府組織（NGO）・個人が原告となっており，他方，全体の70％以上で政府が被告となっている[7]。これに対し，米国では，他の地域とは様相が異なり，個人や NGO が原告となるケースが低く，代わって政府，企業，業界団体が原告となる割合が高い[8]。

　日本では，2011年の東日本大震災に伴う福島第 1 原子力発電所の事故以後，石炭火力発電所の新増設が行われてきた。こうした背景の下で，日本では，石炭火力発電所の建設・活動の差止を求める 4 件の訴訟が提起されている[9]。1 件目は，周辺住民らが仙台市の石炭火力発電所を相手取り操業の差止を求めた仙台パワーステーション操業差止訴訟（民事訴訟）である。本件は，2021年 4 月，仙台高裁において原告の敗訴が確定している。

　2 件目は，住民らが神戸製鋼や関西電力等を相手取り石炭火力発電所の建設・稼働等の差止を求めた民事訴訟だが，2023年 3 月神戸地裁は，稼働によって原告らの健康などが侵害される具体的な危険性があるとは認められないなどとして住民側の訴えを棄却した。

　3 件目は，同じく神戸石炭火力発電所増設をめぐる訴訟で，周辺住民ら

（6）気候変動訴訟は，15の国際的・地域的な裁判所（準司法機関を含む）に計103件確認できる。主な機関として，人権条約機関（自由権規約委員会，子どもの権利委員会等），欧州人権裁判所，欧州司法裁判所，米州人権委員会，投資紛争解決国際センター（ICSID），世界貿易機関（WTO），国際刑事裁判所（ICC）等が挙げられる。*Ibid.*

（7）*Ibid.*, p. 11.

（8）*Ibid.*

（9）詳細は，島村健＝杉田俊介＝池田直樹＝浅岡美恵＝和田重太「日本における気候訴訟の法的論点―― 神戸石炭火力訴訟を例として ―― 」神戸法学雑誌第71巻第 2 号（2021）1 -88頁。

が，事業者が行った環境影響評価の内容が不十分だったとして，評価書の変更が必要ないとした国の通知の取り消しを求めた行政訴訟である。大阪高裁は，事業者が出した環境影響評価書を国が適正と判断したことは，裁量権の範囲を逸脱したとはいえないとして当該通知の違法性を否定した1審・大阪地裁判決を支持し，住民側の控訴を棄却した。判決はさらに，地球温暖化の被害は発電所の近隣住民に限られないとして，原告には訴訟を起こす資格がないとした。最高裁は，2022年3月，原告の上告を棄却する決定を下し，住民側の敗訴が確定した。

4件目は，東京電力と中部電力の共同出資会社「JERA（ジェラ）」が神奈川県横須賀市で計画中の2基の石炭火力発電所の建設計画をめぐって，簡略化された環境影響評価に基づいて国が計画を認める通知を出したのは違法だとして，周辺の住民らが確定通知の取り消しを求めた行政訴訟である。東京地裁は，2023年1月，温暖化の被害を訴えた住民について原告の資格なしと判断した[(10)]。このように，日本の司法では，原告適格や国の裁量権が訴訟の高いハードルとなっている。

Ⅱ　人権を主張の基礎とする気候変動訴訟

1　気候変動訴訟における人権概念の導入

最近の気候変動訴訟の特徴として，将来の「危険な気候変動」[(11)]リスクを回避するために，国が策定した気候変動に関する目標・対策が不十分であるため，個人または集団の人権を侵害しているとして，政策の再検討を迫るタイプの訴訟がみられる。こうした人権を主張の基礎とする気候変動訴訟は，

---

(10)なお，これら4件以前に，「シロクマ事件」（東京高判平成27年6月11日判例集未登載）において，原告は，被告（電力会社等11社）に対して二酸化炭素排出量の削減を求めた事件がある。本件判例が，本章にいう気候変動訴訟と位置付けられるか否かは議論の余地があるが，少なくとも二酸化炭素の排出行為を「公害」と位置付けて，その排出量削減を求めた点では軌を一にするといえよう。

世界各地の裁判所で提起されている[12]。このようなタイプの訴訟は，「人権アプローチに基づく気候変動訴訟（Human Rights-Based Climate Litigation）」とも呼ばれる。人権侵害を主張の基礎とする気候変動訴訟において，原告側が世界で初めて勝訴したのは，後述する，オランダにおける「ウルヘンダ財団事件」[13]である。本件でオランダ最高裁は，2019年12月20日，欧州人権条約2条（生命に対する権利）および8条（私生活および家族生活が尊重される権利）を基礎としてオランダの注意義務違反を認定し，GHGの排出削減に関する国際約束および国内目標についてオランダ政府に説明責任を負わせる内容の判決を下した。本判決を契機として，個人およびNGOが，欧州人権条約に加盟している国を相手方として，欧州人権条約2条・8条の積極的義務[14]の違反を理由に，欧州人権裁判所に提訴する動きがみられる[15]。

2　気候変動訴訟が不成功に終わった主な事例

もっとも，こうした人権に基づく気候変動訴訟は，原告側が常に勝訴しているわけでは決してない。国内裁判所の多くは，「ウルヘンダ財団事件」と

---

(11)「危険な気候変動」の確立した定義は存在しないが，ここでは，パリ協定2条1項
　　(a) を参照し，世界全体の平均気温の上昇が工業化よりも1.5℃高い水準を超え，
　　2℃高い水準を十分に下回るよう抑えることが困難になることによって現実化するさ
　　まざまな有害な影響（極端な暑さ，極端な干ばつ，極端な降水，氷の融解加速，海水
　　面の上昇等）を指す。
(12)人権アプローチに基づく気候変動訴訟は，2021年5月現在，112件存在することが確
　　認されている。Annalisa Savaresi and Joana Setzer, "Rights-based litigation in the
　　climate emergency: Mapping the landscape and new knowledge frontiers," *Journal
　　of Human Rights and the Environment*, Vol. 13 No. 1 (2022), pp. 8, 31-34. 地域別
　　にみれば，ヨーロッパではベルギー，ドイツ，アイルランド，スイス，スペイン，英
　　国，EU等で，アジア・オセアニアでは，パキスタン，韓国，インド，ネパール，イ
　　ンドネシア，フィリピン，タイ，日本，オーストラリア等で，北米ではカナダ，米
　　国，メキシコ等で，南米ではブラジル，アルゼンチン，コロンビア，ペルー等で，ア
　　フリカでは南アフリカ等で，それぞれ国内裁判所が利用されている。
(13)Supreme Court of the Netherlands, *State of the Netherlands v. Urgenda Foundation*,
　　20 December 2019, ECLI:HR:2019:2007; The Hague Court of Appeal, *State of the
　　Netherlands v. Urgenda Foundation*, 9 October 2018, ECLI:NL:GHDHA:2018:2610;
　　The Hague District Court, *Urgenda Foundation v. State of Netherlands*, 24 June
　　2015, ECLI:RBDHA:2015:7196.

は対照的に，むしろ積極的義務の違反認定に消極的である。英国では，パリ
協定および最新の気候科学を踏まえて，2050年のGHG排出削減目標を改定
しなかったことが2008年の気候変動法および欧州人権条約2条・8条に違反
するとしてNGOが政府機関を訴えた事件がある（Plan B（NGO）等気候変動
訴訟事件）[16]。2021年11月，イングランド・ウェールズ高等法院は，パリ協
定が2050年までの具体的な削減目標を達成することを締約国に義務づけてい
るわけではないこと，また，どのような対策をとるかについて政府には広範
な裁量があること等を理由に，原告の主張を退けた[17]。

　このように，政府がGHG排出削減目標の見直しを行ったことが国内法お
よび欧州人権条約に違反するとするNGO主導の気候変動訴訟は，以下にみ
るようにノルウェー，スイス，ドイツ等でも提起されているが，いずれも退
けられている。ノルウェーでは，北極圏バレンツ海での石油およびガス田へ
の政府の開発許可決定を受けて，スウェーデンに本拠を置く2つのNGO
が，パリ協定の目標との不一致を理由に，ノルウェー憲法に加え欧州人権条
約2条・8条の違反を主張して提訴した事件がある（グリーンピース気候変
動訴訟事件（ノルウェー））[18]。ノルウェーの最高裁は，2020年12月，当該決
定がノルウェー住民に「現実のかつ差し迫った」危険を生じさせるとはいえ

---

(14) 積極的義務は，欧州人権条約2条・8条との関連において次のように理解される。す
　　なわち，たとえ深刻な被害が発生する前のリスクの段階であっても，同条の侵害を引
　　き起こすような被害を防止するために適切な措置（立法上および行政上の枠組みの整
　　備）を講じることを締約国に課す義務である。この義務は行為の義務であり，「相当
　　の注意」義務であるとされる。積極的義務は，欧州人権裁判所判例によれば，個人に
　　深刻な被害を及ぼす「現実のかつ差し迫ったリスク」があれば，その時点で国に適切
　　な措置を講じる義務を生じ，最終的に被害が生じなくとも適切な措置を怠れば欧州人
　　権条約の違反が成立する。
(15) 欧州人権裁判所に係属中の主な気候変動訴訟は次の通り。① *Duarte Agostinho and
　　Others v. Portugal and 32 Other States*，② *Verein Klimaseniorinnen Schweiz and
　　Others v. Switzerland*，③ *Greenpeace Norway and Others v. Norway*，④ *Plan B.
　　Earth and Others v. United Kingdom*，⑤ *Mex M v. Austria*.
(16) *Plan B Earth and Others v. The Secretary of State for Business, Energy, and Indus-
　　trial Strategy*, [2018] EWHC 1892 (Admin), [2019] *Environmental Law Reports*13.
(17) *Ibid.*, paras. 30 and 49.
(18) *Greenpeace Nordic Association v. the Government of Norway through the Ministry of
　　Petroleum and Energy*, case no. 20-051052SIV-HRET.

ないとして，原告の主張を退けた[19]。

　スイスでは，政府の GHG 排出削減政策がパリ協定に合致していないとして，シニア女性団体がスイス憲法および欧州人権条約 2 条・8 条の違反を主張して提訴した事件（KKS 等気候変動訴訟事件（スイス））[20]がある。最高裁は，2020年 5 月の判決で，原告の人権侵害の程度が弱いこと，司法の場ではなく政治が解決すべき問題であること等を理由に，原告の訴えを退けた[21]。

　ドイツでは，2020年の GHG 排出削減目標達成に向けたドイツ政府の取組みが不十分であるとして，NGO が政府を相手にベルリン行政裁判所に提訴した事件（グリーンピース等気候変動訴訟事件（ドイツ））[22]がある。2019年10月の判決で，ドイツ政府に広範な裁量権が与えられており，同政府に不可能または不均衡な負担を課してはならないとして，ドイツ憲法および欧州人権条約 2 条・8 条の違反には当たらないという判断がなされた。

　国連の人権条約機関への通報事例に目を向けてみよう。テイティオタ事件[23]は，ニュージーランド政府が，キリバス出身のテイティオタ氏による難民申請を退け，気候変動や環境劣化が進行するキリバスへ送還したことが自由権規約 6 条（生命に対する権利）の違反にあたるかが争われた事件である。2019年10月，自由権規約委員会は，通報者が，生命に対する脅威の「現実的かつ合理的に予見可能な危険」[24]を証明しなかったとして，6 条違反を認めなかった[25]。しかし，本件で委員会は，国内的および国際的に強固な取組みがなければ，本国における気候変動の影響が，自由権規約 6 条等に基づく個人の権利を侵害することとなり，当該個人の本国への送還が禁止され

(19) *Ibid.*, para. 168. 本件は現在，欧州人権裁判所に係属中である。*Greenpeace Norway and Others v. Norway*（Application no. 34068/21）.

(20) *Verein Klimaseniorinnen Schweiz and Others v. Switzerland*, Federal Supreme Court［of Switzerland］, Public Law Division I, Judgment 1 C_37/2019 of 5 May 2020.

(21) 本件は現在，欧州人権裁判所に係属中である。［⇨コラム 1 参照］

(22) *Family Farmers and Greenpeace Germany v. Germany*,［2018］VG 10 K 412.18.

(23) *Ioane Teitiota v. New Zealand*, UN Doc. CCPR/C/127/D/2728/2016.

(24) *Ibid.*, paras. 9.7 and 9.9.

(25) *Ibid.*, para. 10.

る可能性を示唆した[26]。

　また，環境活動家のグレタ・トゥーンベリ氏を含む16名の子どもが，不十分な気候変動対策が子どもの権利条約に違反するとして，2019年9月，アルゼンチン，ブラジル，フランス，ドイツ，トルコを，子どもの権利委員会（Committee on the Rights of the Child）に通報したサッキ等事件[27]において，2021年9月，委員会は，通報者が国内救済措置を尽くしていないことを理由に不受理と判断した。なお，本件では上記16名の通報者のなかに当該国の領域外に居住する者がいたため，委員会は，かかる通報者が，条約上，当該国の管轄下に置かれるかどうかを検討した。その結果，委員会は，通報者が当該国の領域外に所在する場合であっても，一定の条件を満たせば[28]，当該国の管轄下に置かれ，当該国が責任を負う可能性を示唆した[29]。

3　気候変動訴訟が成功を収めた主な事例

　ベルギーでは，2021年6月，ブリュッセル第1審裁判所において，同国の現行の緩和策は気候変動への適切な対処のためには不十分であるとして，ベルギー民法典1382条の一般的注意義務および欧州人権条約2条・8条の違反を認定するという注目すべき判決が下された（クリマツァーク（NGO）気候変動訴訟事件）[30]。しかし，本判決は，権力分立の観点から，GHG の排出削減に関する具体的な目標については課さなかった[31]。

　ドイツでは，2019年の気候保護法が，GHG 排出削減のための措置を2030

---

(26) *Ibid.*, para. 9.11.

(27) *Chiara Sacchi et al. v. Argentina, Brazil, France, Germany and Turkey*, UN Doc. CRC/C/88/D/104/2019（Argentina）; CRC/C/88/D/105/2019（Brazil）; CRC/C/88/D/106/2019（France）; CRC/C/88/D/107/2019（Germany）; CRC/C/88/D/108/2019（Turkey）.

(28) 委員会が示した一定の条件とは，①当該国が排出源を実効的に管理していること，②当該国の作為または不作為と領域外の子どもの権利に対する悪影響との間に因果関係が存在すること，③当該国がその作為または不作為の時点において被害者がこうむった害を合理的に予見できたこと，である。*Ibid.*, para. 10.7（Argentina）.

(29) *Ibid.*, para. 10.10（Argentina）.

(30) *VZW Klimaatzaak v. Kingdom of Belgium, et al.*, Civ.［Tribunal of First Instance］Bruxelles（4 th ch.）, Judgment of 17 June 2021, pp. 57-58, 61.

年までしか規定しておらず，パリ協定の1.5℃目標を達成できないことか
ら，ドイツ基本法（憲法）の違反にあたるとして，若者らが連邦憲法裁判所
に提訴した事件がある（ノイバウアー等気候変動訴訟事件）[32]。2021年3月，
連邦憲法裁判所は，現行の気候保護法が一部違憲との判断を示した。本件で
は，気候保護法が，憲法上の権利である基本権保護義務および自由権等に反
しているかが問題となった。裁判所は，基本権保護義務について違憲性はな
いとしたが，自由権について，比例原則に反する侵害が認められるとして違
憲と判断し，立法者に対し，2030年以降の削減目標の確定を命じた[33]。本
判決は，前述のグリーンピース等気候変動訴訟事件（ドイツ）と比較すれ
ば，画期をなすものといえる。

　国連の人権条約機関への通報事例をみてみよう。2022年7月，自由権規約
委員会が気候変動問題について人権条約機関として初めて当事国の違反を認
定したビリー等事件[34]が注目を集めている。本件は，オーストラリアの低
地にあるトレス海峡諸島に居住する先住民族が気候変動により深刻な影響を
被っているのは，オーストラリア政府が気候変動対策を怠ってきたことが原
因であるとして，同政府の自由権規約6条（生命に対する権利），27条（文化
に対する権利），17条（私生活等の尊重）等の違反を，ビリー氏を含む島民7
名が自由権規約委員会に通報した事件である。委員会は，2022年7月，テイ
ティオタ事件決定と同様，6条の違反については，「現実的かつ合理的に予
見可能な危険」の証明の不十分さを指摘し，通報者の主張を退けた[35]。他
方，委員会は，27条について，次のように述べてその違反を認定した。「通
報者らが伝統的な生活様式を維持し，彼ら／彼女らの子どもや将来世代にそ

(31) *Ibid.*, p. 82.
(32) *Neubauer et al. v. Germany*, BVerfG 24 March 2021, 1 BvR 2656/18, 1 BvR 78/20, 1 BvR 96/20, 1 BvR 288/20.
(33) *Ibid.*, paras. 192, 193, 268. なお，桑原勇進「気候変動と憲法——ドイツ連邦憲法裁判所21年3月24日決定と同決定をめぐる議論状況」上智法学論集第65巻第4号（2022）133頁以下が，本件決定の内容とドイツ公法学における学問的対応（議論状況）について詳細に分析している。
(34) *Daniel Billy et al. v. Australia*, UN Doc. CCPR/C/135/D/3624/2019.
(35) *Ibid.*, para. 8.6.

の文化や伝統ならびに土地や海洋資源の使用を伝承する集団的能力を保護するために時宜に適った十分な適応措置を講じることをオーストラリア政府が怠ったことにより，通報者らの少数民族文化を享受する権利を保護する積極的義務に違反した」[36]。さらに，委員会は，オーストラリア政府が通報者の家庭，私生活および家族生活を気候変動の影響から保護するための十分な適応措置を実施する積極的義務を履行しなかったとして，自由権規約17条（私生活等の尊重）の違反をも認定した[37]。

Ⅲ 人権アプローチによる気候変動訴訟の先駆け
──ウルヘンダ財団事件

(注)詳細は，鳥谷部壌「欧州人権条約に基づく気候訴訟─Urgendo 財団対オランダ事件からの示唆─」国際公共政策研究第26巻第2号（2022）107～118頁を参照

1 事案の背景

ウルヘンダ財団は，気候変動の防止に係る計画および措置を発展させることをその任務として設立された市民団体である。2013年11月，同財団は，自らと個人886名を代表して，オランダ政府を被告として，危険な気候変動のリスクを防止する目的で，国内の GHG 排出量の削減を要求する訴訟を提起した。2019年12月，オランダ最高裁は，欧州人権条約2条および8条に基づき，オランダにおける GHG の排出量を，2020年末までに1990年比で少なくとも25％削減すべきことを命じた。なお，本件とは別に，民間企業に排出削減を命じるオランダ裁判所の判決も出された[38]。

25％削減目標は，国際法，EU 法，国内法のいずれにおいても法的義務として規定されていない。ところが，オランダ最高裁は，IPCC 評価報告書のみならず，25％削減目標をその内容とするコンセンサスに基づく COP 決定の積み重ね，さらには，オランダ政府の削減目標の一貫性の欠如（2011年以前は，

---

(36)*Ibid.*, para. 8.14.
(37)*Ibid.*, para. 8.12.
(38)District Court of The Hague, *Milieudefensie et al. v Royal Dutch Shell PLC*（26 May 2021）C/09/571932/HA ZA 19-379.［⇨コラム2参照］

2020年末までに90年比30％削減を目標としていた）等を理由に，25％削減目標達成を義務的なものと解した。本判決は，個別の紛争解決という従来の事後救済型の紛争解決機能を超えて，紛争や被害の事前防止，さらには新しい政策を提起・形成して解決を勧告する「政策形成訴訟」としての側面を有する。ウルヘンダ財団事件では，司法機関としての裁判所が，政策的判断を通じて，気候変動枠組条約に基づく公的利益実現過程に関与することになった。

　もっとも，気候変動訴訟の遂行にあたっては，未解明の問題が多数存在している。たとえば，欧州人権条約 2 条および 8 条は，危険な気候変動から生じるリスクの回避義務を締約国に課しているであろうか。換言すれば，同条の下で締約国には危険な気候変動リスクを防止するために適切な措置を講じる積極的義務があるといえるだろうか。仮にそのような義務があるとして，当該国の政府に対して，達成すべき削減目標を義務的なものとして要求することができるのであろうか。ここから，削減目標の具体的な数値の決定は政府の自由裁量に委ねられているのではないかという疑問が生じる。

　さらに，具体的な削減目標（ウルヘンダ財団事件の場合25％削減目標）の達成を国に義務づけるとして，その法的根拠はどこに求められるのであろうか。国は，自国の GHG 排出量が気候変動に及ぼす影響がごくわずかであっても，排出量削減について共同責任を負うのであろうか。また，負うとするならば，それはいかなる根拠に基づくものか。国は，なぜ自国の排出と直接的に関係しない結果にまで責任を負わなければならないのか。このように，ウルヘンダ財団事件は，欧州人権条約 2 条および 8 条の解釈および適用に関するさまざまな課題を提起したといえる。

2　被告の反論

　こうした課題は，ウルヘンダ財団事件におけるオランダ政府の次のような反論に表れている。すなわち，25％削減目標についてオランダ政府は，①法的拘束力を持つものではないこと，②附属書Ⅰ国（オランダを含む先進国）の全体の目標であって，個々の国の目標ではないこと，③いかなる削減経路をとるかを決定するのは国であり，国の裁量の範囲に不当に踏み込んでいる

こと，を挙げた[39]。また，オランダ政府は，国内からの GHG 排出量は世界全体のごくわずかであり，地球規模ではほとんど影響をもたらさないとして自国の責任を否定した[40]。

3　オランダ最高裁判決の核心部分

オランダ最高裁は，国内からの「気候変動のリスクに関し欧州人権条約 2 条および 8 条は，締約国に，この危険に対応する『自国の分担分』を果たすことを義務づけた規定である」[41]として，「部分的責任」という考え方を示した。この最高裁の判断は，次のような疑問を生じさせる。オランダの GHG 排出量は世界全体の0.5%にすぎないが，オランダ政府が自らの行為と直接的な因果関係のない排出にまで責任を負わなければならないのは，なぜか。このような責任の法的根拠はどこに求められるのであろうか。この点について，最高裁は，「共通の基盤」という欧州人権条約上の解釈基準に依拠したことが注目される[42]。

最高裁は，欧州人権裁判所判例である「デミルおよびバイカラ対トルコ事件」[43]における，「特定の国際国際文書および締約国の慣行により生ずるコンセンサスは，個別の事案における条約の解釈において，重要な考慮をなしうる」[44]との一節を引用した。この判示に従い，最高裁が欧州人権条約の解釈の主たる根拠に据えたのは，2007年の IPCC 第 4 次評価報告書と COP16から21までのコンセンサスによる決定文書であった[45]。このことは，本来，法的拘束力のない IPCC 評価報告書およびコンセンサスによる COP 決定が，「共通の基盤」という解釈基準に依拠することで，法的拘束力のある義務（2020年までに少なくとも25%の削減を達成する義務）に変化した

(39) Supreme Court of the Netherlands, *supra* note 13, para. 3.4.

(40) *Ibid.*, para. 5.7.7.

(41) *Ibid.*, para. 5.8.

(42) *Ibid.*, para. 5.4.2.

(43) ECtHR, *Demir and Baykara v. Turkey*, Application no. 34503/97, Judgment of 12 November 2008.

(44) *Ibid.*, paras. 85-86.

(45) Supreme Court of the Netherlands, *supra* note 13, para. 7.2.3.

ことを意味している。つまり，気候変動訴訟において，非拘束的文書（IPCC 評価報告書およびコンセンサスによる COP 決定）が国際基準（本件では25％削減目標）を定めたとして，それが「共通の基盤」という解釈基準に合致していれば，欧州人権条約 2 条および 8 条の下で積極的義務を負う国は，非拘束的文書による国際基準と一致した国内措置をとる必要に迫られる。最高裁は，「共通の基盤」という解釈基準を用いることにより，コンセンサスで採択された COP 決定を締約国が適切に考慮する義務と，その考慮が困難になった場合の説明責任（条約目的の実現に向けて対策を工夫していることを示し続けることが重要）を要求したのである。そして，考慮義務と説明責任が果たされない場合には，「部分的責任」という責任論に依拠することが正当化されることを示した。

4　若干の懸念事項

　こうした最高裁の解釈論は，条約等の法的拘束力のある文書と，COP 決定のような法的拘束力のない文書の相対化をもたらす可能性がある。「部分的責任」は，COP の決定内容を実質化して，気候変動枠組条約やパリ協定等の目的実現に資するというメリットをもたらす一方で，COP におけるコンセンサスによる採択に慎重になることが予想される。そうなれば，COP が機能不全に陥り，世界の気候変動対策はむしろ後退することが懸念される。今後は，国に対する過度の負担を可能な限り回避しつつ，訴訟等を通じて，危険な気候変動リスクから人権の効果的な保護が実現できるかが重要となろう。

COLUMN 1

欧州人権裁判所：スイスシニア女性団体対スイス事件

(*Verein Klimaseniorinnen Schweiz and Others v Switzerland*)

　スイスシニア女性団体は，スイス政府の GHG 排出削減政策が不十分であるとしてスイスの裁判所に提訴したが，2020 年 5 月 5 日の最高裁判決で敗

190

訴が確定した（第13章Ⅱ２を参照）。そこで同団体は，2020年11月，すべての国内救済措置が尽くされた後に利用できるとされる欧州人権裁判所に申立てを行い，2021年３月，当該申立てが同裁判所の事件簿に登録された。同団体は欧州人権裁判所でも，スイス政府の不十分な GHG 排出削減政策が欧州人権条約２条（生命に対する権利）および８条（私生活および家族生活が尊重される権利）に基づく積極的義務の違反にあたると主張している。

　本件は，2022年４月，17名の裁判官からなる大法廷で審理されることが決定された。小法廷から大法廷への管轄移譲は，欧州人権条約の解釈に影響を与える重大な問題を提起する場合に行われる（欧州人権条約30条）。このことは，欧州人権裁判所が本件を，極めて重要な事案であると認識していることを意味する。では，いかなる問題が争点となることが予想されるだろうか。これに関し，まず受理可能性の審査を通過するかが第１の関門となる。これが乗り越えられれば本案審理に移ることになるが，ここでの最大の争点は，おそらく因果関係の問題であろう。本件では，GHG の排出が気候変動を引き起こすことが原因となり，原告に被害を生じさせるという結果を生じるという事実面の因果関係が肯定されるとしても，スイス政府の不作為によって原告に被害が発生するという法的因果関係をいかに判断するかが鍵を握ることになろう。大法廷は，ウルヘンダ財団事件で最高裁が判じたように，国への責任帰属の論理として，「共通の基盤」という解釈基準に基づき「部分的責任」の考え方に依拠して判断を下すか，あるいは新たな判断基準を打ち立てるかが注目されるところである。

COLUMN 2

オランダ・ハーグ地方裁判所：ミリューデフェンシーほか対ロイヤルダッチシェル事件（*Milieudefensie et al. v. Royal Dutch Shell plc.*）

　2021年５月26日，オランダのハーグ地裁は，シェル社に対し，CO_2排出量を2030年までに19年比で45％の削減を義務づける判決を下した。本判決は民間企業に対し具体的な削減義務を課す世界初の判決として注目が集まっている。本件は原告が勝訴を収めたウルヘンダ財団事件（第13章Ⅲを参照）と共通する点が少なくない（ただし被告が国か企業かという違いは大きい）。今回の事件で，NGO を中心に構成された原告団は，オランダ民法第６巻162条に含意される，「明文化されていない注意の基準」を根拠として，

民間企業たるシェル社に削減義務があると主張した。

　裁判所は，同社が当該注意義務を負うかどうかの判断にあたり，14の要素を考慮に入れた。そのうち本章との関連で特に重要と思われる要素として，次の4つがあげられる。すなわち，①シェルグループ内の同社の地位および影響力，②オランダとワッデン地域に対するCO_2排出の影響，③国際条約および国際的に承認された権威あるソフトロー（欧州人権条約2条・8条，ビジネスと人権に関する指導原則など），④CO_2排出量削減への可能な道筋（2030年のCO_2排出量を10年比で45％削減することを目標とする削減経路が最善の可能性であるとするIPCC報告書など）である。本判決は，シェル社のグループ内での影響力やオランダ特有の事情を踏まえて45％の削減を命じたものであることから，直ちに世界中の民間企業に一般化されるわけではないが，排出量の削減義務を検討する際には参考とされる可能性がある。また本判決は，とりわけ途上国を中心に問題化している，多国籍企業の現地子会社による環境損害および人権侵害に関し，親会社の責任（注意義務違反）を追及する訴訟の展開に寄与する可能性もある。

　本判決の他の特徴として，上記45％削減にあたり同社に生じる注意義務の範囲を，自社の排出量（スコープ1・2：自社の事業と自社が利用する電力から生じる排出量）だけでなく，同社からみれば顧客にあたるサプライチェーンの排出量（スコープ3：販売したエネルギーが使われることで生じる排出量）にも拡張したことがあげられる。排出量全体の約9割をスコープ3が占めていることに照らせば，これを射程に収める本判決にも得心が行くが，現行の注意義務は，スコープ3をその範疇に収めるに足る十分な法的根拠を伴っているか疑問視する見解もある。シェル社は，2021年8月，CO_2削減命令を不服として控訴した。

第 **14** 章

再生可能エネルギーと法

Ⅰ　カーボンニュートラルをめぐる動向

　2021年の COP26終了時には，期限付きカーボンニュートラル目標を表明する国と地域は154に増えたことが確認され，その GDP 総計は世界全体の約90％を占める。これは，2019年の COP25終了時での121の国と地域の GDP 総計が約26％であったことからすると，大幅な上昇といえる[1]。こうしたなか，金融市場の動きも相まって，あらゆる産業が，脱炭素社会に向けた大競争時代に突入した。環境対応の成否が，企業・国家の競争力に直結する，いわゆる GX（グリーントランスフォーメーション）時代の到来である。このことから，日本も脱炭素化の動きとして，再生可能エネルギー（以下，「再エネ」という。）導入に積極的に動いている[2]。

　日本では，2012年 7 月の固定価格買取制度（FIT：Feed-in Tariff）[3]開始により，再エネの導入は大幅に増加したが，その拡大幅は太陽光発電が多くを占めている。具体的には，2011年度には国内総発電電力量の10.4％であった再エネ比率は，2020年度には19.8％に増加している。なかでも，太陽光によ

（ 1 ）WORLD BANK, WORLD DEVELOPMENT INDICATORS, GDP (CONSTANT 2015 US$).
（ 2 ）資源エネルギー庁「クリーンエネルギー戦略の策定に向けた検討」第 1 回グリーントランスフォーメーション推進小委員会（2021年12月16日）資料 2 ， 4 頁。
（ 3 ）再生可能エネルギーからつくられた電気を，電力会社が一定価格で一定期間買いとることを国が保証する制度のこと。

194

るものは，0.4％から7.9％になっているが，風力発電は0.4％から0.9％への伸
びにとどまっている。

　また，経済産業省のエネルギーミックス改定では，2030年度の温室効果ガ
ス46％に向けて，再エネによる電源構成36〜38％が目指されており，いずれ
の再エネの推進も求められている（図表1）[4]。これは，これまで順調に伸び
てきた太陽光においてもさらなる増加を目指すものであるが，風力に関して
はその風況の良さおよび海で囲まれた点から陸域および洋上発電のポテン
シャルは高いと考えられているからである[5]。

表１：　差エネ導入推移と計画

	2011年度（％）	2020年度（％）	2030年旧エネルギーミックス	2030年新エネルギーミックス
太陽光	0.4	7.9	7.0	14-16
風力	0.4	0.9	1.7	5
水力	7.8	7.8	8.8-9.2	11
地熱	0.2	0.3	1.0-1.1	1
バイオマス	1.5	2.9	3.7-4.6	5
電源構成比（再エネ計）	10.4	19.8	22-24	36-38

（出典）経済産業省2022

（4）経済産業省「再生可能エネルギー発電設備の適正な導入及び管理のあり方に関する検
　　討会（第1回）説明資料」（2022年4月）3頁。
（5）KOMIYAMA, Ryoichi and FUJII, Yasumasa, Large-Scale Integration of Offshore
　　Wind into the Japanese Power Grid. Sustainability Science 2021; 16（2）: pp 429-
　　448.

Ⅱ　再エネ発電設備の設置に関する主な関係法令

1　電気設備の安全性を確保

　電気事業法が，電気事業の基幹法である。同法は，「電気事業の運営を適正かつ合理的ならしめることによって，電気の使用者の利益を保護し，及び電気事業の健全な発達を図るとともに，電気工作物の工事，維持及び運用を規制すること」であり，これにより公共の安全の確保と環境の保全を図ることを目的とする。再エネが発電社から使用者に渡るまでのプロセスには，電気事業者が関わる。具体的には，「発電事業者」が発電し，それを「一般送配電事業者」がその供給区域において託送供給および電力量調整供給を行い，「小売電気事業者」が一般の需要に応じ電気を供給する（図表 2 ）。なお，エネルギー供給強靭化法が2020年 6 月に成立し，2022年 4 月に改正電気事業法が施行され，新たに「配電事業者」が位置づけられた。

　まず，発電事業者は，経済産業省令で定めるところにより，経済産業大臣

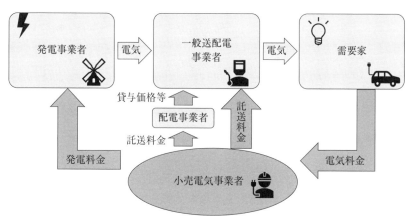

図表 2 ：電気事業者の関わりと電気・料金の流れ
（出典）筆者作図

に「届出」を要する。さらに，事業用電気工作物の設置または変更の工事であって，公共の安全の確保上特に重要なものには，経済産業大臣にその工事計画の「認可」を受ける必要があり，それ以外のものは経済産業大臣に工事計画の「届出」をすることが求められている。

　認可と届出の違いは，前者は認可が下りるまでは工事に着工ができないが，後者は届出をしてから30日のうちに特に所轄の産業保安監督部から変更の指摘をされなければ工事に着工することができる。認可の対象は，原子力発電所と波力発電等の特殊な発電所の設置であり，水力，火力，燃料電池，太陽電池および風力の各発電所，ならびに変電所，送電線，需要設備の設置の工事は，事前届出の対象となる。ただし，対象となる設備は電圧や容量により限定されている。

　次に，一般送配電事業者は，発電事業者の発電所から需要家の住宅・商店・事務所・工場まで電気を送り届け，その対価として小売電気事業者から託送料金を受け取る。発電所で発生した電気を，需要家が電気を使用する地点まで，送電線，配電線などで送り届けることが主な事業であり，日本では10の供給区域に分割されており，供給区域ごとに1事業者が存在する。一般送配電事業者および新たに位置づけられた配電事業者は，経済産業大臣の「許可（行政法学上の「特許」）」が必要である。

　最後に，小売電気事業者は，小売電気事業を営むために経済産業大臣の「登録」を受けた者をいう。2016年4月から，これまで各地域の一般電気事業者（いわゆる電力会社10社）が独占的に行っていた家庭・小規模事業所向けの電気の販売が自由化された。これに伴い，従来，小売を行っていた地域電力10社（上記の一般送配電事業者のこと）以外の新規参入事業者が現れている。なかでも，一般送配電事業者が，各供給区域に果たす役割は重要である。自治体のゾーニング（促進区域の指定）等との連携を行い送配電網の増強を進めるとともに，電気事業の保安監督を行う行政機関とともに発電事業者の保安業務従事のための情報共有を図れる仕組みの構築等が求められている。

2 促進区域の指定

2021年6月4日に，地球温暖化対策法が，次の3点を柱として改正された。1点目に，2050年までの脱炭素社会の実現を基本理念に据えること，2点目に，地方創生につながる再エネ導入を促進すること，3点目に，企業の温室効果ガス排出量情報のオープンデータ化の推進である。まさしく，国も，地方も，企業も協力して，オールジャパンで取り組むことを主たる規範としている。

前述のように，2030年新エネルギーミックスに示したように，再エネのさらなる導入が求められているところ，その導入の現場となる地方における各自治体の役割は，より重要となっている。改正法は，地方公共団体実行計画について，「事務事業編」と「区域施策偏」とに分けて規定し，地方公共団体実行計画において地域脱炭素化促進事業の促進に関する事項を実行計画に定めるように努めることとする。そして，この努力義務を果たした市町村は，「計画策定市町村」と称し，これに該当する市町村には地域脱炭素化促進事業計画の認定に係る権限を付与している。

以上のように，改正法のスキームは，各自治体が地球温暖化対策として進めるべき道筋をかなり明確かつ丁寧に示し，誘導している[6]。また，改正法で注目を浴びているもののひとつが「促進区域」の選定（いわゆるポジティブゾーニング）である（21条5項）。これを選定するための「環境の保全に支障を及ぼすおそれがないもの」として促進区域設定に係る環境省令において定める基準は，全国一律に，市町村が促進区域を設定する際に遵守すべき基準である[7]。このように促進区域の選定が求められているものの，2023年5月時点で，促進区域を設定したのは，全国でも9市町村にすぎない[8]。その

（6）課題解決のためのツールマップやマニュアル・ツール類は，都道府県用・市町村用とともに，環境省Webサイト「策定・実施マニュアル・ツール類」に掲載されている。
（7）環境省大臣官房環境計画課「地方公共団体実行計画（区域施策編）策定・実施マニュアル（地域脱炭素化促進事業編）」（2022年4月）24頁。なお，基準の内容は，同上56〜63頁および環境省環境計画課・環境影響評価課・地球温暖化対策課「地域脱炭素のための促進区域設定等に向けたハンドブック（第1版）」（2022年4月）に詳しい。

内容も，市町村の所有地や公共施設，民間住宅や建物の屋上がほとんどである。

　都道府県基準は，環境省令で定めるところにより，環境の保全に支障を及ぼすおそれがないものとして促進区域設定に係る環境省令で定める基準に即して，「地域の自然的社会的条件に応じた環境の保全に配慮して定めるもの」とされている。他方で，市町村が考慮すべき事項についての環境省の策定実施・マニュアルには，市町村が促進区域を設定するに当たっては，環境省令や都道府県基準に基づくことが必要であるほか，「地域の合意形成の円滑化を図り，事業の予見可能性を高めるとともに，地域における事業の受容性を確保するためには，これらの基準に定める事項以外についても，環境保全の観点から考慮することが望ましい事項や，社会的配慮の観点から考慮することが望ましい事項に留意して，促進区域を設定することが肝要[9]」であるとの記述とともに，詳細な確認事項が並ぶ。この点からも，地域の特性を了知している市町村の役割が重要になっていることが確認できる。しかし，残念なことに，「地形的な優劣順位をつけがたいので，であれば町全体を無秩序な設備の設置から守るという意味で，全体を抑制区域に指定した」，あるいは「『抑制区域を一部の場所に限定する必要があるのか』が検討された結果，町内全域の指定になった」として，自治体内全域を抑制区域に指定する自治体も現れている[10]。再エネ施設設置が自治体間での押し付け合いにならないような統合的な進め方と，法律の趣旨の再確認が求められる。

　なお，再エネ発電施設がNIMBY扱いされている現況においては，こうした再エネ発電施設の立地選定のための「公共関与」も必要である[11]。民間が行う事業に公が関与することであり，例として廃棄物処理法において，

（8）環境省大臣官房地域政策課「地球温暖化対策推進法等を活用した地域脱炭素施策・地域共生型再エネの推進」令和5年4月27日，42頁。
（9）基準の内容は，環境省大臣官房環境計画課「地方公共団体実行計画（区域施策編）策定・実施マニュアル（地域脱炭素化促進事業編）」令和4（2022）年4月63〜69頁。
（10）河野博子「日高市メガソーラー訴訟『地裁で却下』の重大背景，山の斜面の太陽光発電設備，土砂災害への懸念」（2022年5月26日）東洋経済ON LINE版参照。
（11）神山智美「太陽光発電の事業実施に係る一考察─発電設備設置における事業者による地域選定と地方公共団体─」企業法学研究（2019）8巻1号1〜21頁。

立地問題等を解決するために，民間が行う産業廃棄物の処理に国や自治体等の「公共」が関与することとして用いられている。

3　FIT から FIP へ

　再生可能エネルギー特措法（FIT 法）に基づき，2012年に固定価格買取（FIT）制度が導入されてから，再エネは加速度的に導入が進んでいる。そして，さらなる再エネ導入拡大のための新たな方策のひとつとして，2020年6 月に欧州等と同様のしくみである FIP（Feed-in Premium）制度の導入が決まり，2022年4 月からスタートした。

　この FIP 制度は，近年増加している自然災害による電力システムの被災を背景に，電力インフラ・システムを強靱にすること（電力レジリエンス）を重視する観点から導入されたものであり，2020年になされたエネルギー供給強靱化法制定の一部である。このエネルギー供給強靱化法では，電気事業法，再エネ特措法（FIT 法）および JOGMEC 法（独立行政法人石油天然ガス・金属鉱物資源機構法）の三法の改正が一度に行われた。改正（制定）の観点は，経済産業省によれば，次の4 点が示された[12]。①FIT 制度に加えて FIP 制度を導入，②再エネのポテンシャルを生かした系統整備，③再エネ発電設備の適切な廃棄，④長期未稼働についての認定の失効である。FIP 制度への改正点としては，大きく以下の3 点があげられる[13]。①再エネ発電事業者の投資予見可能性を確保しつつ，市場に連動した行動を促すため，固定

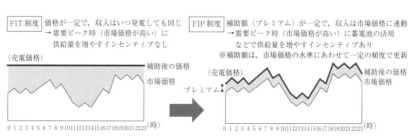

図表 3 ：FIT 制度から FIP 制度へ
（出典）経済産業省2020[14]

価格買取に加えて，新たに，市場価格に一定のプレミアムを上乗せして交付
する制度（FIP）とした（図1），②従来，地域の送配電事業者が負担してい
た，再エネ導入拡大に必要な地域間連系線等の系統増強の費用の一部を，賦
課金方式で全国に負担する制度を導入した，③太陽光発電が適切に廃棄され
ない懸念に対応するため，発電事業者に対し廃棄のための費用に関する外部
積立義務を課した。

　②の地域の送配電事業者の負担軽減措置は有益であると考えられ，地方で
の発電のための基礎インフラ整備に奏功している。他方，この再エネ賦課金
は全国一律であり，大規模風力発電施設やメガソーラー施設を導入した地域
への「可視化できる形での」優遇はなされていない[15]。そのため，地方で
発電した電力を都市部に送るという構図になっており，当該地域で発電する
インセンティブは高まりづらい。

　なお，再エネ導入推進に関連して，太陽光パネルのみならず風力タービ
ン[16]も，いずれは廃棄物となる。それらの再生利用・廃棄処理に関して
は，技術力および処理キャパシティのいずれも不十分であり，これらへの対
応が喫緊の課題と認識されている。

4　環境影響評価法による規制緩和

　一定規模以上の風力発電施設設置に関しては，法アセスの対象となる。環
境影響評価法の対象事業は事業種要件および規模要件等によって決定され
る。風力発電事業に関しては，法アセスの対象となる風力発電所に係る規模
要件（具体的な内容を環境影響評価法施行令改正に伴い，以下のように変更して

(12)経済産業省資源エネルギー庁 Web サイト「『法制度』の観点から考える，電力のレジ
　　リエンス　⑤再エネの利用促進にむけた新たな制度とは？」(2020年10月8日）参照。
(13)大塚直『環境法（第4版）』（有斐閣，2020）772～773頁。
(14)経産省・前掲注(12)参照。
(15)経済産業省 Web サイト「再生可能エネルギーの FIT 制度・FIP 制度における2022年
　　以降の買取価格・賦課金単価等を決定します」(2022年3月25日）参照。
(16)KOHYAMA, Satomi and KOHSAKA, Ryo, Wind Farms in Contested Landscapes:
　　Procedural and Scale Gaps of Wind Power Facility Constructions in Japan. ENER-
　　GY AND ENVIRONMENT2022 (Accepted and Printing).

いる（図表4，5）。

図表4：発電所における環境影響評価法の対象事業

	第1種事業	第2種事業	（単位 kW）
水力発電所	3万以上	2.25万以上3万未満	
火力発電所	15万以上	11.25万以上15万未満	
地熱発電所	1万以上	0.75万以上1万未満	
原子力発電所	すべて	—	
風力発電所	5万以上（政令改正前は1万以上）	3.75万以上5万未満（政令改正前は0.75万以上1万未満）	2021年政令改正（2021年10月31日施行）で規模要件変更。
太陽電池発電所	4万以上	3万以上4万未満	2019年政令改正で追加

（出典）環境影響評価法令等から筆者作成

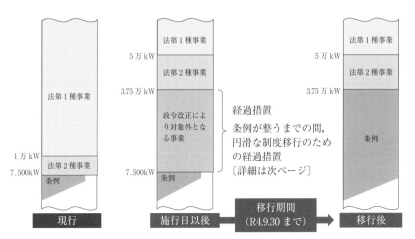

図表5：環境影響評価法施行令の一部を改正する法令
（出典）環境省

　個別の環境影響評価における評価項目は，方法書手続により決定する。なお，FIT認定（2022年4月以降はFIP認定）に際し，添付する環境影響評価に関する書類は「方法書」をもって行うこととされている[17]。

　風力発電に関しては2021年10月に大規模な規制緩和がなされた。これに関しては，2022年9月30日までは条例が整うまでの間として，以下のような「円滑な制度以降」のための「経過措置」がある。これは，政令施行日以降に，0.75万kWから3.75万kWが，法アセス対象外となることから，その部分には必要に応じて条例を整備して環境影響評価（条例アセス）を実施することが求められるからである。とりわけ，風況の良い地域を有する自治体（例として中山間地域の尾根づたいを含む町村）には環境影響評価条例の策定が求められるが，あわせてこうした自治体に対しての"法律，県条例および同町村内の他の条例との整合性確保"のための支援も必要になっている。以上のことからも，「経過措置」期間は，いわば条例策定および施行のための準備期間でもあった。

　風力発電に関しては，立地に応じ地域の環境特性を踏まえた，効果的・効率的なアセスメントに係る制度的対応のあり方についての検討が実施され，2022年に取りまとめが公表されている[18]。そこでは，環境影響の程度に応じてアセス手続を振り分けていくことが検討された。具体的には，①立地特性に起因する著しい環境影響のおそれがあるもの，②立地特性に起因する著しい環境影響のおそれはないものの，一定の環境影響のおそれがあるもの（ただし，③を除く），③環境影響のおそれが大きくないことが確認されたもの，に分類し，③は以降のアセス手続きを不要とする。

　こうした変革期にあることからも，継続的な注視が求められる。

---

(17)環境省Webサイト「環境影響評価法施行令の一部を改正する政令の概要」5頁参照。なお，影響評価手続が必要となる再エネ発電設備について，従来は，経済産業大臣などの勧告を踏まえて，環境アセスメントの結果をまとめた「準備書」の手続終了後に認定申請を行うルールであったが，2016年12月から申請時期の前倒しを行い，環境アセスメントの方法をまとめた「方法書」手続きを開始した段階で，認定申請できるようになった。

(18)令和4年度再生可能エネルギーの適正な導入に向けた環境影響評価のあり方に関する検討会「令和4年度 再生可能エネルギーの適正な導入に向けた環境影響評価のあり方に関する検討会 報告書（令和5年3月）」20頁。

5　土地造成の安全性確保

　森林法は，地域森林計画の対象となっている民有林（保安林を除く）において太陽光パネルの設置を含めた開発行為（土石または樹根の採掘，開墾その他の土地の形質を変更する行為で，森林の土地の自然的条件，その行為の態様等を勘案して政令で定める規模をこえるものをいう。）をしようとする者は，農林水産省令で定める手続に従い，都道府県知事の許可を受けなければならないと規定する。現在は 1 ha 以上の開発にこの林地開発許可が必要となっているが，2022 年 6 月の太陽光発電に係る林地開発許可基準に関する検討会の中間とりまとめに，太陽光発電に係る林地開発については，規制規模を0.5ha 超に引き下げることが盛り込まれた[19]。同内容は，2022 年 9 月の森林法施行令改正において措置され，2023 年 4 月から施行されている。

　また，2021 年 7 月 3 日に熱海市で起きた土石流の発生は，盛土のあり方に関連して，太陽光パネルの設置規制に影響を与えた。宅地造成等規制法に関しては，2022 年 5 月に「宅地造成等規制法の一部を改正する法律」が公布され，法律名を「宅地造成及び特定盛土等規制法」とし，土地の用途や目的にかかわらず，危険な盛土を全国一律の基準で包括的に規制することとした。具体的には，宅地造成工事規制区域内で，一定規模以上の盛土・切土を伴う宅地造成に関する工事には都道府県知事の許可が必要となる。

　さらに，砂防法，地すべり等防止法および急傾斜地の崩壊による災害の防止に関する法律といういわゆる砂防三法は，太陽光パネルの設置に伴う工事も含め，砂防指定地，地すべり防止区域，急傾斜地崩壊危険区域での特定の行為（切土・盛土等）に，都道府県知事の許可が必要とする規制をしている。

　再エネ推進のためには何でも許されるというわけではない。熱海での土石流災害とともに，太陽光パネルの設置に伴う工事も含め，危険な盛土等に関する法律による規制が必ずしも十分でないエリアが存在していること等を踏

---

(19)林野庁 Web サイト「太陽光発電に係る林地開発許可基準に関する検討会『中間とりまとめ』の概要」（2022 年 6 月）4 頁参照。

まえ,「宅地造成等規制法」の抜本的な改正がなされた。改正案の第一の方針は「スキマのない規制」[20]であり，必要な防災策や環境配慮を施しつつ，適地誘導または適地造成を行うということがなされている。

Ⅲ　条例の動き

　各自治体においては，再エネ対応の条例が策定されている。たとえば，太陽光発電につき，太陽光発電抑制条例が全国各地で多数制定されたが，その形式は県条例および市町村条例ともに多様であった。また，自然環境保全条例や環境影響評価条例において再エネ施設も含めて規制対象とするというものもあり，その規制手法もゾーニング，許可・同意（処分性あり），届出・同意（処分性なし）とさまざまである。現在は，環境影響評価法における風力発電の規制緩和がなされたことから，自治体において環境影響評価条例の改正がなされており，風力発電抑制条例の策定も試みられている。

　また，太陽光発電に関しては，いくつかの興味深い判例が存在する。まず，「不同意処分取消請求控訴事件」[21]は，町内の土地に太陽光発電施設を設置しようとする事業者が提訴した事案である。事業者は，条例の規定に従い，原告が町長に協議を申し入れて同意を得ようとしたが，町長から当該事業について同意しない旨の処分を受けたことから，不同意処分は町長がその裁量権を逸脱または濫用したものであり違法であるなどと主張して，町に対し，不同意処分の取り消しを求めた件の控訴審である。第一審では，原告の請求が認容されたが，控訴審では，被控訴人の請求は棄却された。控訴審は，本件土地開発行為の適正化に関する条例が，開発行為の適正化と秩序ある土地利用を図り，町民の適正な生活環境の確保のために特に必要と認める

(20)国土交通省 Web サイト「『宅地造成等規制法の一部を改正する法律案』（盛土規制法案）を閣議決定〜危険な盛土等を全国一律の基準で包括的に規制します！〜」（2022年3月1日）参照。
(21)東京高判平成30年10月3日判自451号56頁。判例解説として，神山智美「不同意処分取消請求控訴事件（山梨県富士河口湖町）」判自456号84頁がある。

基準を満たしていること等の一定の事項を勘案するための手続を規定しているという存在理由を重視している。さらに，住民の同意が得られなかった点についても，住民等に対して格別の説明をしなかった点をもって，「十分な説明を尽くした上でなお利害関係者の同意を得ることができない場合における当該利害関係者の判断の当否等を問う段階にまで至っていなかった」として，住民の不同意に根拠がないとする被控訴人の主張を採用しなかった。

　次に，「河川占用不許可処分取消請求控訴事件」[22]は，静岡県伊東市の区域内において太陽光発電設備の設置等をする事業を計画する事業者が提訴した事案である。いずれも伊東市普通河川条例の規定に基づき，控訴人が管理する河川である八幡野川の敷地の占用の許可を求める 2 件の申請をしたところ，市長が，本件各申請に対し，いずれも占用を許可しない旨の処分をしたことについて，本件各不許可処分は裁量権の範囲から逸脱しまたはこれを濫用してされたものであり，所要の処分の理由の提示もされていないと主張して，本件各不許可処分の取消しを求めた件の控訴審である。本件各申請は，森林を開発して施工して太陽光パネルを設置した場合の，雨水への対応のためのものである。つまり，草木が生えていた時には雨水を吸水してくれたが，開発後は高地から低地に流れる流水や，太陽光パネルの架台を伝って集中的に落ちる雨水による土壌の侵食が始まるため，それらへの対処が必要となるからである。第一審が被控訴人・会社の各請求をいずれも認容したことから，控訴人・市が控訴した。控訴審では，本件各不許可処分をした控訴人市長の判断に関し，本件各申請に対する諾否を判断する際の裁量権の行使にあたり，その範囲を逸脱しまたはこれを濫用したものとは認められないと判示した。環境法の見地からは，特筆すべき事件といえる。だが，本件各不許可決定通知書については，審査基準に該当しないと判断した旨を明らかにするにとどまり，伊東市行政手続条例 8 条 1 項の定める理由の提示がされたものとは認め難く，同処分は，取り消すのが相当であるとして控訴は棄却された。

---

(22)東京高判令和 3 年 4 月21日判自478号59頁。判例解説として，神山智美「河川占用不許可処分取消請求控訴事件（伊東市）」判自495号58頁がある。

　本件では，河川占用許可が問題となっている。これには，既に森林法に基づく林地開発許可および（旧）宅地造成法に係る工事の許可に基づく準備行為がなされた後であるから，最後の「ストッパー」として，市が最後に河川占用許可によって，事業者の事業開始を阻もうとした意図が読み取れる。そのため，本来であれば，伊東市は，早々に，宅地造成法に係る工事の許可を取消すべきであったと思われる。

COLUMN

自然景観（遠景景観）を考える

　再エネの地域トラブルの要因や懸念で最も多いのは，景観問題である。2017年市町村調査で19.9％であったものが，2020年調査では24.8％と上昇している。他方，環境影響評価報告書および評価書における事後調査において，景観がその対象となる件数は０（ゼロ）である（他の項目として，大気環境，水環境，その他の環境，動物，植物，生態系，人触れ，廃棄物等，放射能の量がある。）。つまり，日本の法制度においては，特色ある景勝地や風景のみが保護または保全対象となっており，日常的な景観（都市景観，自然景観，遠景景観および通常の景観ともに）に関しては明確な指標や基準がない。それゆえか，鳥類を含む「動物」や「騒音」に関しては，継続的なモニタリングがされるにもかかわらず，「景観」については継続的なモニタリングはなされていない。この点につき，指標や基準が導入されればモニタリングしやすくなるのではとも考えている。また，島根県知事による意見書には，「眺望点の選定にあたっては，必要に応じ地域住民や自治体等の意見を聴くなどし，地域住民が日常生活上慣れ親しんでいる場所等についても選定の対象として検討すること。」との記述があり，あえて日常的な場所を「眺望点」とする試みも有益であろう。

　他方で，「景観」への評価は人それぞれであり，時代に応じて変遷するものでもある。例として，当初，パラボナアンテナに抱いた違和感も，多くの人は克服したし，建設当時はグロテスクと称されたエッフェル塔や東京都庁舎も，もはやランドマークである。とするならば，景観の変化を，景観劣化という潜在的被害状態が継続するとみるべきではなく，再エネと自然景観の共存という「新しい美」の創出として受け入れる捉え方があるとも考える。

第15章

原子力への法対応

I　原発再稼働の可否の議論

　学校で，「原発再稼働を認めるべきか」というテーマで議論されることがある[1]。発電量の多さや料金の安さ，国内エネルギー自給率の向上，そして環境にやさしいといったメリットがある反面，その安全性の問題がデメリットとして挙げられる。双方の立場を理解した上で，原子力の有益性と危険性のバランスをどのようにとるのかを考えた経験がある人もいるのではないだろうか。しかし，この議論には，「事故が起きない原発」という暗黙の前提があったように思える。この前提は2011年の福島原発事故により崩れ，転機を迎えている。

　そもそも，安全性を担保するために，様々な法律や事故対応の責任原理が存在しているが，事故によって今までの安全規制や責任のあり方で十分であったのか，検証が必要となっている[2]。

（1）戸井和彦編『「原子力発電」を授業する』（明治図書，2003）は，小学校での実践事例集である。
（2）「原発は安い」という説に対する検証としては，大島堅一『原発のコスト―エネルギー転換への視点』（岩波書店，2011）を参照。

Ⅱ　原子力発電の法規制

1　原子力発電の歴史と法規制

　1953年に，アメリカのアイゼンハワー大統領は，国連総会で「原子力の平和利用」を宣言し，原子力技術を平和的に利用する旨の発信をした。資源の乏しい日本では，原子力発電を「夢のエネルギー」として推進し，1955年に原子力基本法が成立し，1957年に茨城県東海村で原子力の臨界実験に成功し，1965年に東海発電所で送電に成功した。日本各所で原子力発電所が建設され，2023年4月現在，泊・東通・女川・東海第二・浜岡・柏崎刈羽・志賀・敦賀・美浜・大飯・高浜・島根・伊方・玄海・川内の15か所存在する[3]。

　原子力基本法は，原子力発電について，「原子力の研究，開発及び利用を推進することによって，将来におけるエネルギー資源を確保し，学術の進歩と産業の振興とを図り，もって人類社会の福祉と国民生活の水準向上とに寄与すること」を目的としている。そして，平和目的への限定，安全の確保，民主的な運営，自主性などの基本理念を掲げる。なお，2023年5月，GX推進法が成立し，原発の積極活用を国の責務とする原子力基本法の改正も行われている。

　また，原子力発電は電気事業に用いられるため，電気使用者の利益保護と電気事業の健全な発展を図るための法律である電気事業法が関係する。この法律では，工事計画について経済産業大臣の許可を受けなければならないほか，たとえば，経済産業省令で定める技術基準に適合しなければならないとする規制，原子炉運転開始後の定期検査義務などが含まれる。

　そして，原子炉等規制法は，核物質を取り扱うに際し，様々な場面での規制を明記した法律である。核燃料サイクルを構成する製錬，加工，原子炉の

（3）福島第一原発・第二原発は廃炉が決定している。また，福井県敦賀市の高速増殖炉もんじゅは度重なる事故で安全管理体制構築まで無期限運転停止になり，2016年最終的に廃炉が決定した。一方，大間・上関では建設計画が進んでいる。

設置・運転，貯蔵，再処理および廃棄という事業ごとに段階的な規制の仕組みが導入されている。

2　原子炉施設の安全性と公衆被ばく

原子炉施設は，平常運転時，微量の放射性物質を外部に放出している。そこで，どんな微量の放射線でもそれなりの影響をもたらすという前提で放射線防護が考えられている。そして，原子炉等規制法に基づく線量限度等を定める告示において，一般公衆の原子力施設からの影響による被ばく限度は，1年間で1ミリシーベルトと定められている。この基準は，それを超えなければよいのではなく，「合理的に達成可能な限り低く」（as low as reasonably achievable：ALARA の原則）という考え方がとられている[4]。

原発事故によって，放射性物質の放出量が多くなることが当然予想されていたことから，ICRP（国際放射線防護委員会）の見解を容れた原子力安全委員会の指針により，福島県は緊急被ばく状況として20ミリシーベルトを避難指示の基準として採用し，2023年4月現在も続いている。しかし，逆に言えば，福島県は，他県と異なり，20ミリシーベルトまで許容されているともいえ，この扱いにつき疑問視されている。

3　事故による対応

1999年9月，JCO（株式会社ジェー・シー・オー）のウラン加工施設において，臨界事故が発生し，核分裂反応により中性子が環境中に放出される事故が起こった[5]。この事件を契機に，規制が強化され，原子力対策特別措置法が成立した。この法律では，一定の事象が生じた場合における原子力防災管理者の通報義務，原子力緊急事態宣言が出された場合の原子力災害対策本部

（4）放射線防護の考え方については，環境省の Web サイト「放射線による健康影響等に関する統一的な基礎資料 平成28年度版 ver.2017001」を参照。
（5）JCO 事故をきっかけに原発問題を考えさせるものとして，高木仁三郎『原発事故はなぜくりかえすのか』（岩波書店，2000）参照。高木氏は，核化学を専門とする物理学者で，反原発・脱原発の立場から原子力政策について調査・研究・批判的提言をする原子力資料情報室の設立者でもある。

の設置，緊急事態における応急対策の実施などが規定されている[6]。

2011年3月に東日本大震災が発生し，津波によって福島原発の電源が喪失し，爆発事故が発生した。安全の審査に当たっては，もともと，経済産業大臣による安全性の審査，さらに原子力安全委員会（内閣府）のチェックというしくみをとっていた。一方，原子力発電を推進する資源エネルギー庁と規制する原子力安全・保安院が同じ経済産業省の中にあったことから，福島原発事故に際し，原子力安全・保安院は原子力利用を推進する前提での規制しかできていなかったのではないかとの批判を受け，これらをまとめて移管して，環境省に原子力規制委員会という外局を設け，同委員会の事務局として原子力規制庁が置かれている[7]。

Ⅲ　原発の差止めをめぐる訴訟

1　裁判における政策と科学

原発反対運動の中で，原発の建設・稼働に対し，将来の危険を訴えて差止を求める裁判が数多くある。しかし，事故がどの程度起こりうるのかは可能性でしかなく，裁判では，司法判断による原発政策への影響力，原発という専門的事項への判断の困難さから[8]，踏み込んだ判断がしづらいという問題もあった。しかし，2011年3月11日の東日本大震災によって，「可能性」が現実のものとなり，裁判の状況も変化している[9]。

（6）この事件では，茨城県内全域で農水産物・加工品の返品や値崩れなども発生し，風評被害をめぐる裁判も数多く提起されている。

（7）原子力は，もともと経済産業省所管であり，環境中の放射性物質の扱いも環境基本法の対象外であった。しかし，2011年の原発事故後に法改正により除外規定が削除され，環境基本法の対象になっている。

（8）裁判で専門的な知見をどのように扱うべきかについては，シーラ・ジャサノフ（渡辺千原＝吉良貴之監訳）『法廷に立つ科学』（勁草書房，2015）参照。

（9）多くの原発差止訴訟の弁護を手掛けている弁護士のものとして，海渡雄一『原発訴訟』（岩波新書，2011），河合弘之『原発訴訟が社会を変える』（集英社新書，2015）など参照。

2　福島原発事故前の差止裁判の状況

　原発事故前の原発の設置許可を争った行政訴訟のリーディングケースは，「伊方原発訴訟最高裁判決」[10]である。この判決は，原発訴訟の判断の枠組みをつくったといえ，「原子炉施設許可処分の取消訴訟における裁判所の審理，判断は，原子力委員会若しくは原子炉安全専門審査会の専門技術的な調査審議及び判断に不合理な点があるか否かという観点から行われるべきであって，現在の科学技術水準に照らし，右調査審議において用いられた具体的審査基準に不合理な点があり，あるいは当該原子炉施設が右の具体的審査基準に適合するとした原子力委員会若しくは原子炉安全専門審査会の調査審議及び判断の過程に看過し難い過誤，欠落があり，被告行政庁の判断がこれに依拠してされたと認められる場合には，被告行政庁の右判断に不合理な点があるものとして，右判断に基づく原子炉設置許可処分は違法と解すべきである」と判断した。原発の安全性を判断するのではなく，設置をするにあたっての審査が専門家の間で適切に行われたかという手続を重視し，裁判所がそこに立ち入ることにつき慎重論をとったといえる。

　そして，「福島第2原発訴訟最高裁判決」[11]は，裁判の審査の対象につき，「専ら当該原子炉の基本設計のみが規制の対象となるのであって，後続の設計及び工事方法の認可の段階で規制の対象とされる当該原子炉の具体的な詳細設計及び工事の方法は規制の対象とはならない」と限定した。その後，1995年にナトリウム（2次冷却材）漏えい事故が発生した高速増殖炉の「もんじゅ事件最高裁判決」[12]においても，安全審査に対する司法審査を限定し，原子力安全委員会（当時）の裁量判断の合理性を肯定している[13]。

　一方，「志賀原発訴訟地裁判決」[14]では，行政訴訟が行政庁の処分に違法

(10)最判平成4年10月29日民集46巻7号1174頁。
(11)最判平成4年10月29日判時1441号50頁。
(12)最判平成17年5月30日民集59巻4号671頁。
(13)もんじゅ事件の原審である高裁判決（名古屋高裁金沢支部判決平成15年1月27日判時1818号3頁）は，原発訴訟で初めての原告勝訴の判決であり，許可処分が重大な瑕疵があるものとし，原子炉設置許可処分を無効とした。

性がないかどうかが証明主題なのに対し，民事訴訟として行われたことで，原発の安全性が証明主題となり，許容限度を超える放射線被ばくの具体的危険が争点となった。そして，電力会社の想定を超えた地震動によって原発事故が起こり，住民が被ばくをする具体的可能性（外部電源の喪失，非常用電源の喪失）があるとして，差止めを認めた[15]。

このように，行政訴訟は，行政が判断することに著しく不合理はないかどうかによる判断，民事訴訟は，安全性の審査による判断と，その審査の方法の違いが判断にも影響を与えている。

3　事故後の差止訴訟の傾向

原発事故後，全原発が一時的に稼働停止したこともあり，原発の再稼働の差止めを求める裁判は，係争中に生じている損害から債権者を保護するためになされる仮処分（民事保全法23条2項）として提起される傾向にある。

大飯原発3・4号機の運転差止めを認容した裁判[16]は，原発に求められるべき安全性について，「その安全性，信頼性は極めて高度なものでなければならず，万一の場合にも放射性物質の危険から国民を守るべく万全の措置がとられなければならない」とした上で，人格権が侵害される具体的な危険があるとしている。また，高浜原発三号機の運転差止めを認めた裁判[17]では，「人格権が侵害されるおそれが高いにもかかわらず，その安全性が確保されていることについて，債務者（電力会社）が主張及び疎明を尽くしていない」としている。一方，川内原発の運転差止めを棄却した裁判[18]は，「高度な科学技術的，専門技術的知見に基づく判断の当否」につき，原子力規制委員会における規制基準適合性と「同程度の水準に立って行うことは本来予

---

(14)金沢地判平成18年3月24日判時1930号25頁。
(15)高裁判決は，具体的な危険性を認めるに至らないとして逆転したが（名古屋高金沢支判平成21年3月18日判時2045号3頁），東日本大震災ではこの危惧通りになってしまった。
(16)福井地判平成26年5月21日判時2228号72頁。
(17)大津地決平成28年3月9日判時2290号75頁。
(18)福岡高宮崎支決平成28年4月6日判時2290号90頁。

定されていない」としたうえで，原子力規制委員会の判断に不合理な点がないことないしその調査審議及び判断の過程に「看過し難い過誤，欠落」がないか否かという観点から判断し，不合理な点はないとした。

　判断が分かれる中で，その争点は火山へと移っていく。伊方原発の運転差止めを認容した裁判[19]は，原子力規制委員会の内規である「火山影響評価ガイド」を厳格適用し，半径160km内の火山で今後起こる噴火の規模が推定できない場合，過去最大の噴火を想定すべきと規定してあることから，原発からの距離130kmにある阿蘇山について，9万年前の最大噴火と同規模の噴火が起きた場合に火砕流が到達する可能性があるため，その危険性を加味したというものである[20]。

　この後も，伊方原発につき，原発の近くに活断層がある可能性を否定できないにもかかわらず四国電力は十分な調査をせず，原子力規制委員会も稼働は問題ないと判断したと指摘し，阿蘇山についても一定程度の噴火を想定すべきとし，想定は過小として差止めを認めた判決[21]，大飯原発3・4号機につき，関電の算出内容を容認した原子力規制委員会の判断について「地震規模の数値を上乗せする必要があるかどうか検討していない」とし，「看過し難い過誤，欠落」があるとして審査不十分で発電用原子炉の設置変更許可を取り消した判決（行政訴訟）[22]，東海第二原発につき，避難計画については「原発から30キロ圏内に住む住民が避難できる避難計画と体制が整っていなければ，重大事故に対して安全を確保できる防護レベルが達成されているとはいえない」と人格権に基づく妨害予防請求としての運転差止請求を認めた判決[23]，泊原発1～3号機につき，電力会社側が安全性の証明をできずに差止めを認めた判決[24]など，様々な理由で差止めを認める判決が出ている。

---

(19)広島高決平成29年12月13日判時2357 = 2358号300頁。
(20)この異議審（広島高決平成30年9月25日 LEX/DB25449752）では，社会通念を根拠に仮処分決定を取消した。
(21)広島高決令和2年1月17日 LEX/DB25565335。
(22)大阪地判令和2年12月4日判時2504号5頁。
(23)水戸地判令和3年3月18日判時2524 = 2525号40頁。
(24)札幌地判令和4年5月31日 LEX/DB25592518。

　こうした背景には，福島原発事故の明確な総括がないまま再稼働を進めること[25]への不安や各原発の様々な不備や不祥事が明らかになることが影響していると思われる[26]。ロシアによるウクライナへの侵攻などの国際的な情勢もあり，エネルギー需要がひっ迫しているとしても，原発を動かすのは人間である。その原発を稼働するにあたっての不安をどのように解消するのか，法による安全の担保が必要といえる。

Ⅳ　原発事故の責任と救済

1　原発事故の被害救済

　1961年に制定された原賠法（原子力損害の賠償に関する法律）は，原子力損害が生じた場合の損害賠償の基本制度である[27]。この法律は，無過失責任が規定されている。しかし，「その損害が異常に巨大な天災地変又は社会的動乱によって生じたものであるときは，この限りでない」と規定していることから，事故当初は福島原発事故がその条項に該当するか検討されたが，該当しないという考え方が一般的である[28]。

　責任は無限責任であり，当初の補償契約は1200億円であるものの，原子力事業者が支払えなければ国が援助することになっているため，政府補償契約法（原子力損害賠償補償契約に関する法律）により，原子力損害賠償・廃炉等支援機構からの資金交付は既に10兆円を超えている。

　原発事故による被害は，数万人もの避難者が一度に発生したことから，その被害回復をどのように行うのかも問題になった。各自が訴訟をすると膨大

---

(25) たとえば，避難計画は，新規制基準において，安全性審査項目の審査の対象外となっている。

(26) たとえば，関西電力の元役員ら83人が，原発がある福井県高浜町の元助役から30年以上にわたり，計約3億7千万円相当の金品を受け取ったなどの不祥事が発覚している。

(27) 詳細な解説として，野村豊弘＝道垣内正人＝豊永晋輔編『原子力損害賠償法コンメンタール』（第一法規，2022）がある。

(28) 高橋滋＝大塚直編『震災・原発事故と環境法』（民事法研究会，2013）68頁［大塚直］。

な時間とコストがかかってしまう。そこで，交通事故損害賠償を参考に中間指針が作られ，適宜改正されている（第四次追補が2013年12月26日に出ている）。この基準に基づく賠償は，客観性・画一性・普遍性があるが，事故当時の被害しか対応していないため，その後の被害が個別損害項目に含まれないというデメリットも生じていることから，さらなる改定が必要との声が高まり，裁判の蓄積を反映させた第五次追補が2022年12月20日に出されている。

　こうした指針に基づく直接賠償がなされている一方，項目にない損害もあるため，紛争に発展することも多い。そこで，原子力損害賠償解決センターという ADR 機関が設立され，当事者の合意形成にあたっての和解の仲介が行われ，活用されている[29]。

2　原発事故の責任

　原発事故の場合，被害者への原子力事業者による無過失責任による救済が図られるが，事故を二度と起こさないためには，事故の原因者の責任の所在を明らかにしたうえで，対策をしていくことが必要である。そこで，誰がどのような責任を本件事故に対して負うのか，裁判による追及がされ続けている。

　責任があるかどうかの判断は，一般に，過失の有無が論点になり，過失は注意義務の有無で判断され，予見可能性（津波の予測ができたはず）と結果回避可能性（対策がとれたはず）で判断される。

　東電の責任は，原賠法の適用によって民法の不法行為の適用は排除されるとされる判断が多いが，東電株主代表訴訟[30]では，取締役の個人責任として，約13兆円の賠償が認められた。判決では，「原子力発電所を設置，運転する原子力事業者には，最新の科学的，専門技術的知見に基づいて，過酷事故を万が一にも防止すべき社会的ないし公益的義務がある」とし，「原子力事業を営む会社の取締役は，…想定される津波による過酷事故を防止するた

<hr>

(29) 当初，東電は，センターの和解案を基本的には呑むとの方針であったが，各地で裁判が進む中で，拒否する事例も増加した（浪江町の集団 ADR の事例など）。
(30) 東京地判令和4年7月13日 LEX/DB25593168。

めに必要な措置を講ずるよう指示等をすべき会社に対する善管注意義務を負
う」とされている。

　国の責任は，原発政策を推進し，その安全性確保についての大きな権限と
責任があることから，国が規制権限を行使していれば，事故は回避できたの
かが争われている。最高裁は，規制権限を行使してもしなくても，地震・津
波が予想よりも大きかったために防げなかったとして，規制権限と被害の間
の因果関係がないとし，国の責任を否定した[31]。この判決は，規制をしな
かった国の怠慢が問われていることに対し，原発という危険な施設であると
いうことを考慮せずに一般的な賠償責任の問題として判断されている。原発
事故は無過失責任を要する重大な被害をもたらすものである以上，その危険
への対策をより慎重に行うべきとも考えられる。最高裁の考え方では，予想
をして回避のための対策をとればとるほど責任をとることになってしまい，
これからの原子力安全を考えるにあたって問題が大きい。どのみち防げな
かったとして誰も責任をとらないという結論は，原発事故の教訓を残さない
ことになり，今後の原発をより不安なものにするのではないだろうか。

V　原発事故の損害論

1　原発事故の被害——原発事故の損害論

　原発事故による被害は，金銭で計り知れない莫大なものであり，いまだ全
体像がつかめていない状況にある[32]。被害全体の特徴としては，①類例の
ない被害規模の大きさ，②被害の継続性・長期化，③暮らしの根底からの全
面的破壊といったものが挙げられる。

　そして，その被害の内容は，①放射線被ばくそのものの被害，②被ばくを

---

(31)　最判令和 4 年 6 月17日判時2546号29頁。
(32)　原発事故の被害を網羅的に検討しているものとして，淡路剛久＝吉村良一＝除本理史
　　編『福島原発事故賠償の研究』（日本評論社，2015），淡路剛久監修『原発事故被害回
　　復の法と政策』（日本評論社，2018）など参照。

避けるための避難による被害（避難生活の身体的負荷・精神的苦痛，仮設住宅等での生活など），③地域社会を破壊され生活の地を奪われたことによる被害（ふるさと喪失，事業と生計の断絶，生活の潤いの喪失など）を含む。

避難指示区域（帰宅困難区域，居住制限区域，避難指示解除準備区域）に該当する場合には一定の賠償があるものの，区域指定による分断の課題も生じている。賠償は，放射線量の高い地域に滞在する者への賠償が中心であり，自主避難者（区域外避難者）[33]への賠償はほとんどなく，被ばくによる将来の健康影響や不安への対策もない。この区域の指定は，行政区画に基づくため，道を挟んだ隣同士で対応が異なるなど，不公平感が生じてしまい，その場所にとどまった者と避難者との間で軋轢が生じるだけでなく，避難先の者による差別やいじめが発生している例もある。避難をするか否か，避難しないことによる「自己・家族への生命・身体への放射線リスクの直面」と避難することによる「社会的・経済的生活基盤の喪失」の二者択一を迫られるという状況が生まれている[34]。

2 事故関連被害の多様さ

事故による被害は，山林や農地被害，休業や廃業，取引先喪失，原発による自殺，震災関連死，生態系変化の損害など多様である。これらは当初被害として表に出ていなかったが，当事者が裁判などで争うことで顕在化するに至った。

その中でも，定住圏の中に一体となって存在していた諸機能（自然環境，

---

(33) 区域外避難者の多くは，母子避難者であり，放射能に対して感受性の高い乳幼児を福島で育てるのは危険との考えのもとで，避難したケースが多くみられる。たとえば，当事者の心情をつづったものとして，森松明希子『母子避難，心の軌跡—家族で訴訟を決意するまで』（かもがわ出版，2013）。

(34) 裁判では，「避難の合理性」という論点として検討されているが，リスクの大きさに関する人々の直観的・主観的評価を重視するリスク認知の考えでは，同じリスクでも個人によって評価が異なり，科学的な評価よりも過大あるいは過少にリスクの程度を評価することがあり，個人間の違いは価値観の多様性を反映しているものとする。平川秀幸「避難と不安の正当性：科学技術社会論からの考察」法報89巻8号（2017）71頁参照。

218

経済，文化）がバラバラに解体され，ふるさと喪失（ふるさと剥奪）という重大な損害が発生していることが明らかになってきた[35]。地方のふるさとでは，生活費代替，相互扶助・共助・福祉，行政代替・補完，人格発展，環境保全・維持など，コミュニティにより享受してきた利益は計り知れない。こうした利益は，都心の生活基準では想像がつきにくく，裁判の審理の中で，実際の現場で発生している被害を立証する努力が必要であった。生業訴訟控訴審判決[36]では，「生存と人格形成の基盤」の破壊・毀損（生存と人格形成の基盤の法益が破壊ないし損傷を受けたこと）による損害を「ふるさと喪失」損害として，賠償を認めている。

3　放射性物質の除染と復興

　原発事故により放射性物質が拡散し，国は一定の基準のもとで除染を行っている。しかし，それは一部の場所のみであり，帰還困難区域の除染は限定的である。一方，避難指示区域外でも，放射性物質が飛散していることによる風評被害が生じている。こうした除染がされていない地域において，東電に対して除染を求める原状回復請求訴訟が提起されている。裁判所は，放射性物質だけを除去できないことから特定不可能で却下（津島訴訟）[37]，妨害排除請求を根拠とする原状回復は棄却（農地原状回復訴訟）[38]など，消極的な判断をしている。本来的には政策により実現すべきところであるが，その政策がなく被害が置き去りになってしまっている場合，法による救済はできないのか，検討が必要である。

　その一方，復興も進んでいる。しかし，帰還にむけた政策を推しはかる中で，避難指示解除が賠償・支援打ち切りと連動しており，金銭的な問題から帰還促進というよりも帰還強制になっている現状もある（住宅支援の打ち切り

---

(35)たとえば，除本理史「『ふるさとの喪失』被害とその救済」法報86巻2号（2014）68頁，関礼子「土地に根ざして生きる権利：津島原発訴訟と『ふるさと喪失／剥奪』被害」環境と公害48巻3号（2019）45頁など参照。
(36)仙台高判令和2年9月30日判時2484号185頁。
(37)福島地郡山支判令和3年7月30日判時2499号13頁。
(38)仙台高判令和2年9月15日 LEX/DB25566812。

など）。また，帰還先のインフラも十分ではない。生活や仕事との関係から，現に帰還するのは高齢者が中心で，若者は帰還できる状況とは言い難い。

このように，福島原発の被害は現在も続き，復興の道はまだ長い。今後，どのように被害回復・復興すべきなのかを考えるにあたって，被害者は裁判を行っている者だけではないこともふまえて，裁判当事者以外の者も含めた救済を考えていく必要がある。

Ⅵ　放射性廃棄物と世代間公平

多くの法規制によって原発の安全が担保されているが，それでも起こってしまった原発事故により，いまだに多くに被害者が悩まされ続けている。被害回復と共に，この教訓を後世に残していかなくてはならない。前述の農地除染訴訟を提起した農家は「ちゃんとした土を先祖からもらって，俺の代では汚したけど，元に戻して次代の人に渡す。それが最大のわれわれの世代の仕事，私の仕事だと思っている」とこの訴訟を提起した理由を語る[39]。将来世代にこのような被害を二度と起こさせないために，法規制と被害回復のための裁判による問題提起がその大きな役割を担っている。

そして，原発事故によって飛散した大量の放射性物質の処理にあたっても，その放射性廃棄物をどこに捨てるのかという問題がある。現在は，福島県内に中間貯蔵施設を作り貯蔵を続けているが（中間貯蔵・環境安全事業株式会社法），政府は保管を始めた2015年から30年後の2045年には汚染土を福島県外の最終処分場に搬出することを約束している。しかし，その後のことは決まっていない。これは，将来世代に責任を押し付けていることにもなり，世代間公平の観点からすると問題が残る[40]。

---

(39) NHK『目撃！にっぽん』「"希望の大地"を再び～原発事故　ある農家の闘い～」（2019年12月22日放送）における福島県大玉村の鈴木博之氏へのインタビュー参照。
(40) 日本の脱原発論は，原発事故の経験に起因するものであるが，ドイツでの脱原発は，放射性廃棄物を次世代の負担にすることの問題，つまり世代間公平の観点から提起されたものである。

　さて，初めの問題提起に戻ろう。再稼働にあたって，こうした法規制等の検証を後回しにすることは，「（安全性や避難の担保されていない原発の）再稼働を認めるべきか」，「（事故が起こってもだれも責任をとらない原発の）再稼働を認めるべきか」ということにならないか。改めてこれまでの法規制や裁判の意義を確認することが必要である。

COLUMN

原発の被害とは何か
――福島県浪江町の津島の人たちの生活から考える自然と共生

　原発事故の被害の回復を求める訴訟の中には，地域ごとに裁判が提起されているケースがある。こうした裁判の中で，地域における環境との共存が明らかになっている。たとえば，福島県浪江町津島地区の住民が訴えた訴訟（津島訴訟）では，地裁判決（前述）において，津島というふるさとの生活について，詳細に事実認定されている。それによると，津島では，豊かな自然を生かし，農業や，畜産業，林業などといった仕事を生業にする者も多く，生業に至らないまでも，津島の人々は，その自然の中で，マイナー・サブシステンス活動（経済的にはさほど重要ではないが，自然と密着して動植物を捕獲採捕する活動）を行い，自然の恵みを享受し，楽しんでいたと認定されている。そして，津島の人々は，こうした津島の豊かな自然を守り，次世代に引き継ぐために，その自然を維持する活動も積極的に行っていた。原発事故はこうした生活を奪ったのである。

　被害といえば，生命・身体・財産の侵害とされるが，そもそも，なにが被害なのだろうか。失ったものは，「目に見えるもの」だけではない。「目に見えないもの」を可視化するためには，現地を見て，現地の人に話を聞いて，そこでの自然や生活を理解しなければならない。そして，それには，現地の人の無意識を意識化し，言葉で表現しなければならない。津島訴訟では，津島の人々，社会学者，弁護士などが協力してそれを明らかにしようと試み，こうした事実認定につながっている。

　さて，被害を明らかにして言葉にすることで，裁判の土俵に乗ることができるが，裁判だけで，原発事故により奪われた津島の人々の自然との共生を取り戻せるわけではない。その実現のためには，復興に向けた長期にわたる

多くの人々の色々な取り組みが今後も必要となるだろう。原発事故の被害とはそういうことである。

第**16**章

生態系保全・生物多様性保全の法

I　はじめに

　わが国における生物多様性保全に関連する法にはどのようなものがあるか。

　そもそも生物多様性とは何を意味するのか。生物多様性条約における定義によれば，生物多様性とは，①生物の多様性，②種内の多様性，③種間・生態系の多様性があるとされる。これらはそれぞれ，①は生物種・個体群，生息地の多様性，②は遺伝子の多様性，③は生態系（生物と，非生物である水や土，から成る一定の地理的空間で，全体として一つの機能を持つ複合体）の多様性，を意味している。生物多様性の定義において生態系も含まれており，生物多様性保全という語と並んで生態系保全という語も用いられる。

　つぎに，保全とは何か。これは，人の恒常的な管理を前提とし，自然環境を公共的な利益に基づき管理することを意味するとされる[1]。生物多様性条約は生物多様性の保全を目的としている。生物多様性保全は，人間が自然資源を消費することを受け入れた上で成り立っている。

　以下では，生態系・生物多様性保全に関連する法を中心に，こうした法に

（1）なお，保護は，生態群集の多様性を維持して，その減少を防止することを意味し，保存は，人の管理を排除するものであり，保全に対立する理念とされる。畠山武道「総論」畠山武道＝柿澤宏昭編著『生物多様性保全と環境政策』（北海道大学出版会，2006）2～4頁，畠山武道『自然保護法講義（第2版）』（北海道大学出版会，2004）50～52頁参照。

224

はどのようなものがあるかを見ていこう。

Ⅱ　現行法制度の大まかな分類

　自然の保護，生態系・生物多様性の保全に関する現行法は，時代とともに発展してきた。それぞれの時代に制定された法律の特徴は，何を対象として取り上げ，具体的に何をするか，といった点に現れる。ここでは，生物多様性保全に関する法を3つの世代に分け，それぞれの世代に分類される法律にはどのような特徴があるのかをみていくこととしよう。

1　第1世代——貴重な・希少な自然の保護

　従来，わが国における自然保護の法制度には，主要な2つの法的手法が用いられている[2]。1つ目には，一定の区域を指定し，その区域内での一定の行為に制限を加えるという方法，すなわちゾーニングがある。2つ目には，特定の生物種を保全対象として指定し，その種に関わる人々の様々な行為に制限を加える方法がある。

　(1)　ゾーニング

　①　自然公園法

　ゾーニングを用いた法律には，1931年制定の国立公園法に代わって，1957年に制定された自然公園法がある。本法は，保護と利用の両立を目的としながら，優れた自然のみを優先するという考え方が根底にある。また，自然公園を一括して管理規制するのではなく，ゾーニングとして，特別地域と普通地域とに区分けし，規制の中身・程度に差異を設けていることに特徴がある。

　②　自然環境保全法

　1972年に制定された自然環境保全法は，自然公園法と比較するとき，利用には注目せず，原生の状態を保持するなど，自然性の高い地域を保全することを目的としていることに特徴がある。原生自然環境保全地域，自然環境保

（2）及川敬貴『生物多様性というロジック』（勁草書房，2010）45～46頁参照。

全地域，沖合海底自然環境保全地域（2019年改正で追加），都道府県自然環境保全地域といった種類ごとに，異なる程度の行為規制がなされる。

(2)　種の指定と保護

①　鳥獣保護管理法

種の指定と保護を行う法律として，鳥獣保護管理法がある。1895年に狩猟法が制定され，その後「鳥獣保護及狩猟ニ関スル法律」と改称された。その後，2002年改正により「鳥獣の保護及び狩猟の適正化に関する法律」（鳥獣保護法）となり，2014年改正によって現在の法律名である「鳥獣の保護及び管理並びに狩猟の適正化に関する法律」（鳥獣保護管理法）となった。

従来の鳥獣保護法は，対象とする鳥獣を鳥類または哺乳類に属する野生動物と定義し，その「保護」と狩猟の適正化を定めた。鳥獣の捕獲等の原則禁止と許可制，鳥獣保護区の指定とそこでの行為規制（ゾーニング）が中心的な枠組みとなっていた。

その後，シカ，イノシシ，サルのような野生鳥獣の急増によって農作物被害や生態系への被害が生じてきたことから，鳥獣の「保護と管理」の両方が必要とされ，鳥獣保護管理法に改正された。ここでの「保護」とは，鳥獣の生息数を適正な水準に増加させ，またはその生息地を適正な範囲に拡大・維持することをいい，また「管理」とは，鳥獣の生息数を適正な水準に減少させ，またはその生息地を適正な範囲に縮小させることをいう。「保護」が必要である場合には，当該鳥獣を第一種特定鳥獣として第一種特定鳥獣保護計画を，「管理」が必要である場合には，当該鳥獣を第二種特定鳥獣として第二種特定鳥獣管理計画を，都道府県知事が策定する。また，集中的かつ広域的な「管理」が必要であるとして環境大臣が定めた鳥獣（指定管理鳥獣）については，都道府県または国が捕獲等をする指定管理鳥獣捕獲等事業を実施することができることになった。

②　種の保存法

1992年に制定されたのが，「絶滅のおそれのある野生動植物の種の保存に関する法律」（種の保存法）である。種の保護に着目した法律としては，すでに鳥獣保護法が存在していたが，これは鳥獣のみを対象とするものである。

これに対して，種の保存法はすべての動植物種のなかから，絶滅のおそれがあると判断された生物種を指定し，その保存を図ることを目的としている。

　種の保存法が対象とする種は，希少野生動植物種と呼ばれる（4条2項）。これは，①主に国内に生息する国内希少野生動植物種と，②主に国外に生息する国際希少野生動植物種に区分される。本法は1992年に採択されたワシントン条約の国内担保法の面もあり，後者の区分が対応している。本法は主に，個体の捕獲や取引等に対して規制を行う。また，個体（種そのもの）だけでなく，その主要な生息地・生育地（生息地等保護区）を対象にゾーニングを行う点にも特徴がある。

　なお，同法の2017年改正では，国内希少野生動植物種のなかに，特定第二種国内希少野生動植物種というカテゴリーが新設された。調査研究や繁殖の目的であっても，国内希少野生動植物種の捕獲や譲渡しの規制がかかり，研究等の阻害となることが従来問題とされてきた。そこで，特定第二種国内希少野生動植物種に指定された動植物は，販売・頒布の目的でなければ捕獲や譲渡しが禁止されないこととされた。

2　第2世代——生物多様性の保全

　国際的に，1970年代頃から野生生物の種の絶滅やその原因となっている生物の生息環境の悪化および生態系の破壊に対する懸念が深刻なものとなりつつあった。このため，個別の野生生物種や特定地域の生態系を保護する複数の条約が採択された。しかし，それだけでは不十分であると考えられるようになり，生物多様性を包括的に保全し，生物資源の持続可能な利用を行うための国際的な枠組みを設ける必要性が国連等において議論されるようになった。その成果として，1992年に生物多様性条約が採択された。

　わが国は1993年に同条約を締結した。また，同年に制定された環境基本法は，「生態系の多様性の確保，野生生物の種の保存その他の生物の多様性の確保」を基本的施策の一つに位置づけた。当時，政府は，既存の複数の法律を組み合わせることで生物多様性が確保され，生物多様性条約を批准する要件を十分に満たしているとして，新法の制定を検討しなかった。これに対

し，野生生物の保護は鳥獣保護法や種の保存法などでなされているが，これらの法律の保護対象から漏れている野生生物が多いという指摘も多く存在した。こうした指摘も踏まえて，生物多様性の確保に特化した法律として，2008年に生物多様性基本法が議員立法として制定された。

　生物多様性基本法は，生物多様性の保全および持続可能な利用に関する施策を総合的かつ計画的に推進することにより（生物多様性国家戦略による。11条参照），豊かな生物多様性を保全し，その恵沢を将来にわたって享受できる自然と共生する社会の実現を図り，地球環境の保全に寄与することを目的としている。また，基本原則として，予防的・順応的取組を挙げていることが本法の特徴といえる。

　このように，生物多様性条約によって転換期を迎えた国際的な流れには少し遅れたが，わが国においても，自然保護から生態系保全へ，そして生物多様性保全へと，その対象範囲が変化していったといえよう[3]。第 1 世代では，貴重な・希少な種の保護やゾーニングによる地域の保護がなされていた。これに対し第 2 世代では，保護の対象が，貴重な・希少な種や地域に限定しない方向へと拡大されていったのである。またここでは，いずれも第 1 世代の法律に位置づけられる，鳥獣保護法が2002年に，自然公園法と自然環境保全法が2009年に，また種の保存法が2017年に改正され，それぞれの法目的に「生物多様性の確保」が加えられた。

3　第 3 世代——「人間が作りだした・破壊した自然」の保護と，「人間が作りだした自然への脅威」への対策

　第 3 世代に分類される法律の特徴は，それまでの「人間と自然とを分離して[4]人間の手が加わっていない原生の自然を保護する」といった視点とは異なり，人間と自然とを分離しないといった視点から定められている点に見出

（3）加藤峰夫「自然環境保全関連法の課題と展望」新美育文＝松村弓彦＝大塚直編『環境法大系』（商事法務，2012）697頁参照。
（4）主体と客体（人間と自然）の分離という二分論について，畠山武道「環境の定義と価値基準」新美ら・前掲注（3）48頁参照。

される。たとえば，里地里山は，人間が作り出した自然の形である。また，遺伝子組換え生物（GMO）や外来生物は，原生の自然に対する人間が作りだした脅威である。2000年代初頭から，これらに関する法律が制定されてきた。

(1) 自然再生推進法

2002年に改定された「新・生物多様性国家戦略」において，新たな基本方針として示されたものの一つが，自然再生である。従来の人間は自然を利用ないし破壊するのみであった。こうした自然に対する関わり方を転換し，人間が自然に対して貢献する，具体的には，自然の再生プロセスを人間が手助けする形で自然の再生・修復を進めることとされた。

これを受けて，同年に議員立法として自然再生推進法が制定された。同法は，過去に損なわれた生態系その他の自然環境を取り戻す「自然再生」に関する施策を総合的に推進し，生物多様性の確保を通じて自然と共生する社会の実現を図ることと地球環境の保全に寄与することを目的としている。ここでの自然再生とは，地域の多様な主体（行政機関や地方公共団体，住民，NGO，専門家）の参加により，河川，湿原，干潟，藻場，里山，里地，森林，サンゴ礁などの自然環境を保全，再生，創出，または維持管理することをいうものとされている。

(2) 里地里山法

2010年に，「地域における多様な主体の連携による生物の多様性の保全のための活動の促進等に関する法律」（里地里山法／生物多様性地域連携促進法）が制定された。地域における多様な主体が連携して行う生物多様性保全活動を促進することによって，里地里山だけでなく，豊かな生物多様性を保全することを目的としている。

(3) カルタヘナ法

遺伝子組換え技術により作られた動植物は，遺伝子組換え生物（GMO）と呼ばれる。GMOに関するリスクは，人体（人の健康）へのリスクと，環境へのリスクに大きく二分される。わが国では，GMOの栽培・流通は，これら両者のリスクがないことが確認された上で，実施することが認められる。人体へのリスクとしては，GM作物について，主に食品としての安全性

が問題となる。一方，環境へのリスクとしては，特に生態系への悪影響が問題となる。

　環境へのリスクのうち，生態系への悪影響を管理するための法律として，「遺伝子組換え生物等の使用等の規制による生物の多様性の確保に関する法律」（カルタヘナ法）が2003年に制定された。同法は，GMOによる生態系への様々な悪影響を防止し，生じた損害を回復することを目的とする規制を定めるものである。同法は，規制の対象に，GMOだけでなく，分類学上の科を超えた細胞融合により作出した生物も含んでおり，これらはあわせて遺伝子組換え生物等（LMO）と呼ばれる（2条2項）。なお，カルタヘナ法という通称は，2000年に採択された「生物の多様性に関する条約のバイオセーフティに関するカルタヘナ議定書」（カルタヘナ議定書）の国内担保法として同法が制定されたことに関係している。

　カルタヘナ法は，生物多様性の確保を図ることを目的とし，遺伝子組換え生物等（LMO）の使用等をその形態に応じて規制している。ここでの「使用等」とは，食用，飼料用その他の用に供するための使用，栽培その他の育成，加工，保管，運搬および廃棄並びにこれらに付随する行為をいう。また，その形態の違いによって，第1種使用等と第2種使用等とに区別される。このうち，第1種使用等とは，環境中への拡散を防止しないで行う使用等，すなわち，一般ほ場など周囲の環境と隔離されていない条件での栽培を指す（いわゆる開放系利用）。第1種使用等をしようとする者は，生物多様性影響評価を行い，使用規程を作成した上で，主務大臣の承認を受けなければならない。一方で，第2種使用等とは，環境中への拡散防止をしつつ行う使用等，すなわち，実験室等外界から遮断された施設内での利用をいう（いわゆる閉鎖系利用・封じ込め利用）。第2種使用等をしようとする者は，拡散防止措置をとらなければならない。

⑷　外来生物法

　生物多様性条約は，締約国が，生態系・生息地・種を脅かす外来種を持ち込むことを防止すること，それを制御し撲滅することを，可能な限りかつ適当な場合に行わなければならないと定めている。2002年の同条約第6回締約

国会議においては，外来種問題への対策として，「生態系，生息地及び種を脅かす外来種の影響の予防，導入，影響緩和のための指針原則」が示された。わが国でもかねてから外来種問題の重要性が指摘されており，法律に基づかない取り組みが行われてきた。このような国内外の経緯を経て，2004年に「特定外来生物による生態系等に係る被害の防止に関する法律」（外来生物法）が制定された。

　外来生物法は，特定外来生物による生態系，人の生命・身体，農林水産業に被害が生じるのを防ぐことに主眼を置いている。なお，外来生物法が対象とするのは，すべての外来種ではない。(a) 海外からわが国に人為的（意図的）に持ち込んだ生物（国境を越えた生物）と，(b)(a) の生物が交雑することによって生じた生物，が外来生物とされている。その上で，特定外来生物，未判定外来生物，種類名証明書の添付が必要な生物（特定外来生物または未判定外来生物と容易に区別がつく生物以外の生物），に指定された生物に規制対象が限られている。

　本法は，①特定外来生物の飼養等（飼養，栽培，保管，運搬），輸入，譲渡し等，放出等の規制，②特定外来生物の防除，③未判定外来生物の輸入の規制，④特定外来生物または未判定外来生物が付着または混入しているおそれがある輸入品等の検査・消毒・廃棄，について定めている。

　本法は2022年に改正された[5]。①ヒアリ類のように，特定外来生物のうち，蔓延した場合には著しく重大な生態系等に係る被害が生じ，国民生活の安定に著しい支障を及ぼすおそれがある生物について，発見し次第，緊急の対処が必要である「要緊急対処特定外来生物」として政令で指定し，通関後の物品等の検査や移動禁止命令等，より強い規制が講じられる仕組みが創設された。また，②外来生物のうち，アメリカザリガニやアカミミガメは，生態系等に係る被害が明らかになっているが，既に広く飼育されているため，現行法における特定外来生物の規制（飼養等の禁止など）を適用すると，既に飼われている個体が大量に野外に放出され，かえって生態系等への被害が

（5）環境省 Web サイト「日本の外来種対策」参照。

拡大するおそれがあることから，当分の間，政令で，特定外来生物の種類ごとに一部の規制を適用除外とすることができることとされた（同改正附則 5 条）。

⑸　遺伝資源の取得の機会およびその利用から生ずる利益の公正かつ衡平な配分に関する指針

　人間が作り出した脅威の一つと言える GMO については，それによる悪影響への対策（カルタヘナ法）だけではなく，それを利用することへの対策が，あわせて検討されている。遺伝資源の取得の機会およびその利用から生ずる利益の公正かつ衡平な利益の配分（ABS）と呼ばれるものである。

　生物多様性条約の目的の一つには，遺伝資源の利用から生ずる利益の公正で衡平な配分が明記されている。2010年には，同条約第10回締約国会議において「生物の多様性に関する条約の遺伝資源の取得の機会およびその利用から生ずる利益の公正かつ衡平な配分に関する名古屋議定書」（名古屋議定書）が採択された。ここでは，締約国が，自国内で利用する遺伝資源に関し，ABS に関する提供国の法令に従い情報に基づく事前の同意（PIC）を取得し，相互に合意する条件（MAT）を設定すること，遺伝資源に関連する伝統的知識についても同様とすることが定められている。また，提供国の法令の遵守を支援するため，締約国は，適当な場合には，遺伝資源の利用について監視し，透明性を高める措置をとることとしている。

　わが国においては，2017年に，名古屋議定書の国内担保措置として，「遺伝資源の取得の機会及びその利用から生ずる利益の公正かつ衡平な配分に関する指針」が公布された[6]。本指針は，①遺伝資源の利用国としては，提供国法令の遵守の促進に関する措置として，国際クリアリングハウスに対して遺伝資源の適法取得に関する報告を行うこととした。特に遺伝資源の利用のためにこれに関する伝統的知識を持ち込んだ場合には，これについても併せて報告することとされている。その一方で，②遺伝資源の提供国としては，

（6）環境省 Web サイト「遺伝資源の取得の機会及びその利用から生ずる利益の公正かつ衡平な配分に関する指針の公布について」参照。

わが国に存する遺伝資源の利用のための取得の機会の提供にあたり，わが国のPICは不要とした。また，ABSの奨励のために，遺伝資源の利用から生ずる利益の配分が公正かつ衡平となる契約を締結し，その利益を生物多様性の保全および持続可能な利用に充て，契約において設定する相互に合意する条件（MAT）に情報共有規定を含めるよう努めることとした。

Ⅲ　国際法との比較
──カルタヘナ議定書とカルタヘナ法を例に

　生態系・生物多様性の保全に関係する法律の多くは，国際条約の担保法として制定された。本章にいう第1世代（貴重な・希少な自然の保護）から第2世代（生物多様性の保全）への転換は，生物多様性条約の締結が契機となっている。

　しかし，生物多様性の保全に関係するわが国の法律の全てが，国際条約の規定内容と完全に合致しているわけではない。ここでは特に，上述したカルタヘナ議定書およびカルタヘナ法に注目してみよう。カルタヘナ議定書は，生物多様性の保全および持続可能な利用への悪影響（人の健康に対する危険も考慮したもの）を及ぼす可能性のある移送等の分野において，十分な水準の保護を確保することを目的としている。これに対し，カルタヘナ法では，カルタヘナ議定書の親条約である生物多様性条約が人の健康の保護を目的としていないことを受けて，カルタヘナ議定書においても人の健康の保護は生物多様性の確保を図る際に付随的に考慮されるべき事項と解されており，同法の目的には人の健康の保護は含められていない。

　このことから，カルタヘナ法は，わが国において画期的な意義をもたらしたものと評されている[7]。すなわち，環境に関するリスクとしては，人の健康に対するリスクと，環境自体（生態系）に対するリスクがあるところ，従

（7）大塚直「遺伝子組換え生物のバイオセーフティと予防的アプローチ」岩間徹＝柳憲一郎編集『環境リスク管理と法－浅野直人教授還暦記念論文集』（慈学社出版，2007）128頁参照。

来わが国の環境法では主に人の健康リスクが扱われてきたのに対し，カルタ
ヘナ法においては，カルタヘナ議定書が主として生態系リスクを取り上げ，
人の健康リスクは付随的に取り上げるにすぎない点をさらに押し進めて，生
態系リスクのみが取り上げられているのである。同法においては，人の健康
リスクは，間接的に対象とされるにすぎないこととなる。

Ⅳ　今後の課題

　本章では，自然の保護，生態系・生物多様性保全に関する現行法を，それ
らに共通するいくつかの特徴に注目し，3つの世代に分類した上で，各世代
に分類される法律に共通する特徴と，各法律の概要について述べた。

　今後の課題として考えられるのは，これまでの第1世代から第3世代までに
続く，自然の保護，生態系・生物多様性保全に関する法の第4世代を構築す
ることの要否の検討が挙げられるだろう。第1世代から第3世代までの法が，
結局のところ，いずれも人間にとっての自然の価値を問題としていたのに対し
て，第4世代の法は，人間にとっての価値から離れた生物多様性に内在する
価値に着目する点に特徴があるものとして観念することができるだろう。

　このような第4世代の法の萌芽として，2010年に，カルタヘナ議定書第5
回締約国会議において，「バイオセーフティに関するカルタヘナ議定書の責
任と救済に関する名古屋・クアラルンプール補足議定書」（補足議定書）が採
択されたことが挙げられる。この補足議定書は，越境移動する遺伝子組換え
生物等により損害（生物多様性への著しい悪影響）が生ずる場合に，対応措置
をとること等を定めたものである。

　わが国では，補足議定書の国内実施のため，カルタヘナ法が2017年に一部
改正された。この改正によって，越境移動した遺伝子組換え生物等によって
生じた，生物多様性への損害に対する責任制度が確立されることとなっ
た[8]。これは，わが国における，環境損害に対する初めての責任制度という
ことができる。環境損害とは，環境影響に起因する全ての損害のうち，人格
的利益や財産的利益に関する以外のものであって，公益として扱われる環

境，すなわち自然資源への損害のみを指す。環境損害は，個人に帰属しない環境の回復や賠償を問題とするものであるため，わが国の法的責任に関する伝統的な考え方の下では，責任を発生させるものとして認められてこなかった。カルタヘナ法改正によって，環境損害概念としての「生物の多様性に係る損害」が法律上定義され，その回復に係る措置が設けられたことは，わが国における環境損害概念およびその責任の法制化の端緒と評しうるものといえよう。

こうした動きをさらに推し進めて，人間にとって価値あるものとしての，あるいは持続可能な利用（生物多様性基本法1条）の対象としての生態系や生物多様性といった捉え方を越えた，生態系や生物多様性それら自身の価値を保護・保全することを目的とした法のあり方を，今後検討していくことが必要となろう。また，2022年12月には，生物多様性条約第15回締約国会議において，新たな生物多様性に関する世界目標として「昆明・モントリオール生物多様性枠組」が採択された。わが国ではこれを踏まえて，2023年3月に，「生物多様性国家戦略2023-2030」が策定された。こららの動向にも注目する必要がある。

COLUMN

順応的管理（アダプティブマネジメント）[9]

順応的管理とは，環境法学においては，現在の科学的知見の不確実さ・不完全さを前提に，抑制的で後戻りが可能な事業の実施，事業効果の慎重なモニタリングと継続的な評価，最新・最善の科学的データの集積に応じた管理目標・事業の見直しなどからなる自然管理方法をいうものと考えられている。

生物多様性基本法は，基本原則の一つとして，順応的管理を挙げている

（8）二見絵里子「環境損害とその回復責任の研究―生物多様性保全の見地から」（博士学位論文（早稲田大学），2020）参照。
（9）畠山武道「生物多様性保護と法理論―課題と展望」環境法政策学会編『生物多様性の保護』（商事法務，2009）1頁以下参照，二見絵里子「順応的管理の規範的性格に関する予備的考察」大久保規子＝高村ゆかり＝赤渕芳宏＝久保田泉編『環境規制の現代的展開―大塚直先生還暦記念論文集』（法律文化社，2019）318頁以下参照。

（3条3項）。そこでは，生物多様性の保全および自然資源の持続可能な利用にあたっては，「事業等の着手後においても生物の多様性の状況を監視し，その監視の結果に科学的な評価を加え，これを当該事業等に反映させる」といった順応的な取組方法により対応しなければならない，としている。

　この規定が導入された背景には，2000年および2004年の生物多様性条約締約国会議における成果の一つとして，エコシステムアプローチの実施が決議されたことが挙げられる。エコシステムアプローチとは，個別の種ではなく生態系に注目し，その利用と保全を促進する方法である。この会議では，その実施が決議されたが，エコシステムアプローチの内容は各国によって異なり，統一は図られていない。しかし，その中でほぼ共通して重視されている要素の一つが，順応的管理である。

　わが国では，2002年に策定された「新・生物多様性国家戦略」では，2001年の「21世紀『環の国』づくり会議」の提言や，生物多様性条約締約国会議で決議されたエコシステムアプローチを踏まえ，理念の一つとして予防的順応的態度という考えが導入された。これは，わが国の生物多様性保全において初めて「順応的」という語を用いるものである。生物多様性国家戦略はその後数度改正されているが，生物多様性の保全および持続可能な利用を目的とした施策を展開するうえで不可欠な共通の基本的視点として，「科学的認識と予防的順応的態度」が挙げられている。

　順応的管理をめぐる課題としては，そもそも，それが何かについての統一的な理解がいまだ形成されているとは言えないことが挙げられる。今後，環境法学においても議論の深化が求められる。

第17章

自然保護・保全の法

I 自然保護・保全とは

　「保護（Protection）」，「保全（Conservation）」，「保存（Preservation）」の意味は，使う人によって少しずつ異なる意味として用いられていると思われる。しかしながら，「自然保護」，「環境保全」という言葉が定着しているものの，実体としては「自然保全」であり，そのため「保全」または「自然環境保全」という用語が多く用いられている。概して，「利用しながら守っていくこと」という意味である。

　「保全」が定着した契機の一つは，1980年の世界保全戦略である。1948年に設立された IUCN（国際自然保護連合））が中心となり，WWF（世界自然保護基金）および UNEP（国連環境計画）の3団体の協力によって策定された「自然保護の戦略計画書（How to Save the World）」をさす。

　この世界保全戦略策定の取組は，ピーター＝スコット[1]によれば，1980年の世界自然保護戦略の開始は，自然保護において世界中の政府，非政府組織，専門家が地球規模の保護文書の作成に関与した初めてのことであった。保全が政府，産業，商業，組織化された労働者，職業の開発目標にどのように貢献できるかが明確に示されたのも，これが初めてであった。また，開発

（1）WWF の共同創設者であり初代議長でもある。WWF の有名なパンダのロゴと WWT（Wildfowl & Wetlands Trust）の白鳥のロゴの作成を担当した。

が障害と見なされるのではなく，保全を達成するための主要な手段として提案されたのもこれが初めてであった。

　他方で，「法律の中の用語は統一されているのか？」という疑問が存在する。しかし，残念ながら，これらの用語の定義を明確にして，法律のなかで使い分けているとはいえない。今後の法整備のなかで，少しずつ修正されていくことを望む。

Ⅱ　自然環境保全法

1　制定当時の自然環境保全法

　環境領域の二本柱は，公害（汚染）系と自然系といわれることもある。歴史的には，前者の基本法としては公害対策基本法があり，後者の基本法としては，自然環境保全法がある。

　1960年代の高度経済成長期に生じた公害被害の甚大さは，これまで個別法で対処療法的に行ってきた対応に変化をもたらした。これが，公害対策基本法の制定である。これに加えて，自然環境保全のための基本理念を明確にし，自然環境保全のための施策を講じるために自然環境保全法が制定された。当時において「保全」という文言を前面に出している点が興味深く，同法の基本法部分は，1993年の環境基本法の制定にも影響を与えていることからも，その歴史的重要さがうかがえる。

　この自然環境保全法は，基本法部分と，その他の実施法という部分を備えている。制定当時の目的には，「自然環境の保全の基本理念その他自然環境の保全に関し基本となる事項を定めるとともに」，「自然環境の適正な保全を総合的に推進」という文言が見られる。また，基本理念として，「自然環境の保全は，自然環境が人間の健康で文化的な生活に欠くことのできないものであることにかんがみ，広く国民がその恵沢を享受するとともに，将来の国民に自然環境を継承することができるよう適正に行われなければならない」ことが掲げられている。

2　現在の自然環境保全法

　現在の自然環境保全法は，基本法部分は削除され，その目的を「他の自然環境の保全を目的とする法律と相まって，自然環境を保全することが特に必要な区域等の生物の多様性の確保その他の自然環境の適切な保全を総合的に推進すること」により，国民に自然環境の恵沢の享受や健康で文化的な生活の確保をすることを目的としている。より具体的には，自然環境保全基礎調査の実施および自然環境基本方針の策定に基づき，必要な保全地域を指定して保全しているのである。保全地域は，以下の4つである。現生自然環境保全地域，自然環境保全地域，沖合海底自然環境保全地域および都道府県自然環境保全地域である。

　自然公園法で指定される国立公園，国定公園および都道府県立自然公園と同様に，行為規制を伴うことから，「自然公園法とは何が異なるのか？」という疑問も出てくることであろう。自然公園法は，「公園」であることから，ヒトによる利用を前提として保全，整備されるのに対し，自然環境保全法では極力人為を加えずに後世に伝えることを目的としている。ここで出てくるもう一つの疑問は，「なぜ『保全』という用語を使ったのか？」ということであろうが，それに関しては当時の「保全」の意味から考える必要がありそうである。

Ⅲ　自然公園法

1　自然公園の歴史と日本の自然公園

　国立公園は，世界の多くの国で設けられており，世界で初めての国立公園として，アメリカのイエローストーン国立公園が1872年に指定された[2]。イ

---

(2) National Park Service, Yellow Stone: The World's First National Park. の Web サイト参照。

240

エローストーン国立公園は，220万エーカー（1エーカーは約4,046.9 m²：およそ東京ドーム19万個分）のユニークな熱水と地質学的特徴をすべての人が楽しめるようにするための公園である。訪問者は，手付かずの生態系で野生生物を観察し，世界の活動的な間欠泉（一定周期で水蒸気や熱湯を噴出する温泉のこと）の約半分を含む地熱地域を探索し，イエローストーン川のグランドキャニオンのような地質学的驚異を見ることができる。

　日本では，規模は異なるものの，1911年に「日光を帝國公園となす請願」が議会に提出され，その後多くの人々の要望が高まって1931年に国立公園法が制定され，それに基づいて1934年3月16日に瀬戸内海，雲仙，霧島の3箇所が日本初の国立公園に指定された。

　このように，日本や，ドイツ，フランス等のヨーロッパ諸国は地域指定制（ゾーニング制，土地の所有に関わらず地域指定する）であるのに対して，米国のそれは営造物制（公園地の権原は国が所有する）である。日本がこうした地域指定制を採用した理由は，文化財保護法の前身である史蹟名勝天然紀念物保存法による，対象物の権原を取得しないまま公用制限を課すという発想に基づくものである。

2　自然公園法の目的

　自然公園法の目的は，優れた自然の風景地を保護するとともに，その利用の増進を図ることにより，国民の保健，休養および教化に資するとともに，生物の多様性の確保に寄与することである。「優れた自然の風景地」がその対象となることが明確にされており，日常的な生活の中の自然というものに注目しているわけではなく，あえてそうした優れた自然を公園として「利用」してもらうという意図が明確に記述されている。「利用」するということは，同法の中では保護以上に重視されており，利用者のための便所・休憩所・橋等の施設を造ることも定められている[3]。

　さらに，「生物の多様性の確保」は，2009年改正により加えられている。そ

（3）大塚直『環境法BASIC（第4版）』（有斐閣，2023）380頁。

れに先んじて2002年改正において，国等の責務に「自然公園における生態系
の多様性の確保その他の生物の多様性の確保を旨として」が加えられている。

3　自然公園法の仕組み

(1)　自然公園の種類

　自然公園とは，国立公園，国定公園，都道府県立自然公園の３種類を指
す。国立公園は，我が国の風景を代表するに足りる傑出した自然の風景地
（海域の景観地を含む。）であって，環境大臣が指定するものをいう。国定公
園は，国立公園に準ずる優れた自然の風景地であって，環境大臣が指定する
ものをいう。都道府県立自然公園は，優れた自然の風景地であって，都道府
県が指定するものをいう。

　以上のように，国立公園と国定公園はそれぞれ要件が異なる。国立公園
は，環境大臣が，関係都道府県および中央環境審議会の意見を聴き，区域を
定めて指定する。また，国定公園は，環境大臣が，関係都道府県の申出によ
り，中央環境審議会の意見を聴き，区域を定めて指定する。

　この指定方法からは，申出者の違いしかないように思えるが，具体的に
は，自然公園は「自然公園選定要領（1952年９月策定，1971年12月改正）」[4]に
基づいて指定されている。同要領によれば，「第１要件　景観」，「第２要件
土地」，「第３要件　産業」，「第４要件　利用」，「第５要件　配置」，「第６要
件　自然公園候補地区域の決定」である。国立公園と国定公園の顕著な違い
は，「第１要件」において，国立公園には，①景観の規模，②自然性および
③変化度の要件があるのに対し，国定公園には，①②しかなく，それらも国
立公園の規定よりも規模が小さい。これが，「国立公園に準ずる」の意味す
るところの一つの要素である。

　さらに，「第２要件　土地」には，「自然公園候補地域内の特別地域予定地
の大部分が国有又は公有であか（原文ママ），保安林その他で景観の保護に
適していること。社寺有地，私有地を包含する場合にあっては，土地の所有

---

(4) 環境省 Web サイト「自然公園制定要領」参照。

242

その他の関係者が特別地域の設定に協力的であること。」がある。「第4要件
利用」には，「自然公園候補地への到達の利便又はその収容力，利用の多様
性若しくは特殊性よりみて多人数の利用に適していること。」との要件もあ
る。公園として利用を推進していくことを重視する観点からも，これらが重
要な要素であることがうかがえる。なお，自然公園法の構成は，これら3種
類の公園ごとになっている。

⑵　自然公園の面積

　2022年3月31日時点での自然公園面積は，以下の図表1の通りである。

図表1：自然公園の面積総括表

種別	公園数	公園面積	国土面積に対する比率	内　訳						
				特別地域					普通地域	
				特別保護地域						
				面積	比率	面積	比率		面積	比率
		（千ha）	（%）	（千ha）	（%）	（千ha）	（%）		（千ha）	（%）
国立公園	34	2,196.0	5.8	292.2	13.3	1,619.90	73.8		575.8	26.2
国定公園	58	1,494.0	4.9	66.2	4.4	1,360.0	91.0		134.9	9.0
都道府県立自然公園	310	1,913.0	5.1	—	0.0	678.2	35.5		1,234.7	64.5
合計	402	5,603.0	14.8	358.4	6.4	3,657.60	65.3		1,945.3	34.7

＊国土面積は，37,797,464ha（令和3年全国都道府県市区町村別面積調査（国土地理院）による
※端数処理により内訳と合計は一致しない。
（出典）環境省2022

⑶　国立公園・国定公園内の地域・地種区分等（陸域）

　環境大臣は国立公園について，都道府県知事は国定公園について，当該公
園の風致を維持するため，公園計画に基づいて，その区域（海域を除く。）内
に，特別地域を指定することができると規定されている。加えて，環境大臣
は国立公園について，都道府県知事は国定公園について，特に必要があると
きは，公園計画に基づいて，特別地域内に特別保護地区を指定することがで
きるとも規定されている。

　また，特別地域内の規制，つまり，国立公園にあっては環境大臣の，国定

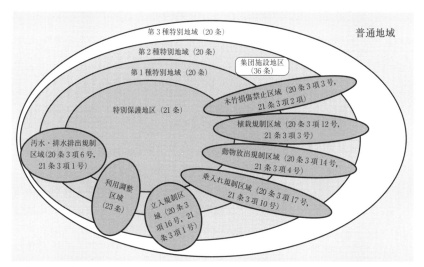

図表 2　国立公園・国定公園内の地域・地種区分等イメージ（陸域）
（出典）筆者作図[5]

公園にあっては都道府県知事の許可を要する行為，および特別保護区域内の規制，つまり，国立公園にあっては環境大臣の，国定公園にあっては都道府県知事の許可を要する行為は，上記の図表 2 の通りである。

(4)　**公園計画と公園事業**

　公園計画は，国立公園または国定公園ごとに，当該公園内の自然の風景地の保護とその適正な利用を図るための規制に関する事項，公園事業に関する事項その他必要な事項について定めるものとされている。国立公園に関する公園計画は，環境大臣が，関係都道府県および審議会の意見を聴いて決定し，国定公園に関する公園計画は，環境大臣が，関係都道府県の申出により，中央環境審議会の意見を聴いて決定する。

　公園計画の内容は，事業に関する計画（事業内容）と規制に関する計画に

（5）大塚・前掲注（3）383頁の図および北村喜宣『環境法（第 5 版）』（弘文堂，2020）560頁の図を参考に，筆者作成。

244

分けられる。事業内容には，施設計画（保護のための施設（自然再生施設や植生復元施設等）と利用のための施設（園地，野営場等，宿舎，スキー場等））と生態系維持回復計画があり，規制に関する計画には，保護規制（各種行為の規制），利用規制（マイカー規制等）および利用調整地区がある[6]。

(5) 判　例

自然公園に係る，興味深い判例を複数紹介する。

まず，「損失補償額増額請求事件」[7]は，自然公園法17条および35条による規制が内在的制約の範囲を超える特別な犠牲にあたるかどうかについて，一定の判断基準を示した事件である。本件原告は，国立公園の第1種特別地域内に存する土地についてされた工作物の新築不許可処分により受けた建築制限が，財産権の内在的制約の範囲を超えて自然公園法35条1項（当時）による損失を補償すべき「特別の犠牲」に当たると主張した。

裁判所は，「特別の犠牲」に当たるか否かは，本件土地を含む周辺一帯の地域の風致・景観の保護すべき程度，建物が建築された場合に風致・景観に与える影響，当該処分により本件土地を従前の用途あるいは従前の状況から客観的に予想され得る用途に従って利用することが不可能ないし著しく困難となるか否か等の事情を総合考慮して判断すべきであるとした。なぜならば，同法35条1項は，要許可行為について許可を得ることができないために損失を受けた者に対して通常生ずべき損失を補償する旨を規定している。その趣旨は，同法に定める利用行為の制限が，その態様いかんによっては，財産権の内在的制約を超え，特定の者に対して特別な犠牲を強いることとなる場合があることから，憲法29条3項の趣旨に基づく損失補償を法律上具体化したものであると解すべきである。したがって，原告は，本件不許可決定により受けた本件土地の利用行為の制限（本件建物の建築の制限）が財産権の内在的制約の範囲を超えて特別の犠牲に当たる場合でなければ，損失の補償

（6）環境省Webサイト「日本の国立公園」参照。
（7）東京地判平成2年9月18日行集41巻9号1471頁。判例解説として，神山智美「荒れた育成林問題解消のための法的検討―所有者の義務の明確化の観点から」環境法政策学会誌15号（2012）278〜291頁がある。

を求めることができないからである。そのうえで，本件では，原告が主張する工作物の新築が許可されれば，建物の建築およびその関連行為により，当該地域の自然の原始性や眺望が害されること，本件土地は客観的にみて別荘用地として利用されることが全く予想されていなかった土地であること等の事情を総合考慮すると，本件制限は財産権の内在的制約の範囲内にあり，これによって生ずる損失は補償することを要しないとして，棄却した。

　次に，「奥入瀬落枝損害賠償事件」[8]は，国立公園内の遊歩道付近で観光中であった A が，落下したブナの木の枝の直撃を受け傷害を負った事故につき，A およびその夫である原告らが県および国に対して，国家賠償法 2 条 1 項，民法717条 2 項に基づき損害賠償請求した事件である。裁判所は，本件事故現場付近は被告県によって通行の安全性が確保されていなかったものといわざるを得ず，その管理について通常有すべき安全性を欠いていたとして，被告県は国賠法上の賠償責任を負うとし，また，天然木であっても占有者等が一定の管理を及ぼしその効用を享受しているような場合には，これに対する「支持」があることにほかならないとして，被告国は民法717条 2 項に基づき賠償責任を負うとした。

　本件は，天然木の落枝であったとして，被害者原告の提訴にも批判があり，加えて原告勝訴としてセンセーショナルに取り上げられた。しかし，こうした国家賠償は，利用者に対して，諸個人でレクリエーション保険に入り，事故のたびに保険料が高くなっていくという事態に甘んじるよりも，税金でリスクを負担する仕組みとして機能している。被害者も「裁判を受ける権利」を行使して感情の整理ができ，社会的問題提起にも資するという効果がある。他方，管理者がいっそう管理を精緻に行うのみならず，「立入禁止」「危ない」「危険」という立て札等を増やして，観光客を締め出すことにつながることが懸念される。だが，管理者による安全性確保は必須であり，それ以上の規制（安全性を十分確保できるのにそれを怠っている。）か，それとも必要な規制かということが問われるべきなのである[9]。

（8）東京地判平成18年 4 月 7 日判時1931号83頁。

4 法改正の内容をたどる

(1) 2002年改正

　自然公園において，原生的自然環境を持つ地域における利用者の増加，特定の野生動物に対する捕獲圧の増加，および廃棄物の集積等による自然生態系への悪影響が確認されていた。また，自然公園内の里地里山や二次草原といった良好な自然の風景地であるにもかかわらず，社会・経済状況の変化により手入れが行き届かなくなる地域が増加し，これらの二次的自然の荒廃が進んでいた。そこで，生物多様性保全の観点から，現に問題が進行しつつあり，特に緊急の措置を必要とする事項について具体的措置を行うべきこととされた[10]。具体的には，国等の責務に，「自然公園における生態系の多様性の確保その他の生物の多様性の確保を旨として」が加わった（3条2項）。

(2) 2006年施行令改正[11]

　2002年3月の新・生物多様性国家戦略の策定以降，国立・国定公園に対して生物多様性の保全の役割を担うことが求められるようになってきた。このようななか，国立・国定公園内において，人為的な植物の植栽や動物の放出により国立公園等の優れた景観や自然環境に影響を及ぼしている事例が問題として認識されるようになってきた。このように人為的に生物の分布を変えてしまうことは，長い年月をかけて生物が獲得してきた進化と分布の歴史を否定することにもつながりかねないことから多くの懸念が指摘された。

　たとえば，支笏洞爺国立公園の羊蹄山や樽前山には，もともとコマクサは自生していなかったが，愛好家と思われる人物が種を撒いたことによりコマクサが分布するようになった。そこで，羊蹄山や樽前山では，本来自生しないはずの植物としてコマクサの除去作業が実施されている。こうした事態を受けて，国会における附帯決議等において，自然公園への外来生物の持ち込

（9）神山智美『行政争訟入門（第2版）』（文眞堂，2021）100頁。
（10）環境省Webサイト「自然公園法の改正について」（2004年1月21日）参照。
（11）環境省Webサイト「自然公園法施行令及び自然環境保全法施行令の一部を改正する政令について」（2005年11月10日）参照。

みや，在来種の国内移動による生態系等への被害防止について規制強化が求められた。そのため，自然公園法施行令を改正し，2006年1月から，国立・国定公園の特別保護地区において，①木竹以外の植物を植栽すること，②植物の種子をまくこと，③動物を放つこと（家畜の放牧を除く。）が禁止された。それ以後，これらの行為を実施するためには，事前に国立公園においては環境大臣，国定公園においては都道府県知事の許可を得ることが必要になった。

(3)　2009年改正[12]

2008年6月には，豊かな生物の多様性を保全し，その恵沢を将来にわたって享受できる「自然と共生する社会」の実現を図る生物多様性基本法が制定されるなど，生物の多様性に対する国民的な関心が高まってきている。このような状況を踏まえ，自然公園制度の果たすべき役割にかんがみ，国立公園等における保全対策の強化等を図り，より積極的に生物の多様性の確保に寄与するため法改正が行われ，2010年4月1日より施行された。

法改正の概要は，①法の目的に「生物の多様性の確保に寄与すること」を追加，②海中の景観を維持するための海中公園地区を海域公園地区に改め，規制を強化した。また，国立公園等の海域内においても，利用調整地区を指定できることとし，③生態系維持回復事業の創設，④特別地域等における行為規制の追加（国立公園等の特別地域において環境大臣等の許可を要する行為として，一定の区域内での木竹の損傷，本来の生息地以外への動植物の放出等を追加した）である。

(4)　2021年改正[13]

国立公園・国定公園は，生物多様性の保全のための重要な役割を担っているとともに，観光利用などにより国内外の多くの人々を引き付ける重要な地域資源となっている。また，日本の国立公園等では人々が公園内で日常の暮らしを営んでいることから，多様な自然を背景とした地域独自の歴史や文化

---

(12) 環境省 Web サイト「自然公園法の改正について（2010年4月1日施行）」参照。
(13) 一般財団法人環境イノベーション情報機構 Web サイト「第280回　自然公園法の改正について（環境省自然環境局国立公園課）」参照。

も魅力の一つとなっている。一方で，少子高齢化・人口減少により地域の過疎化が進んでおり，地方に位置する国立公園等の管理の担い手不足が今後ますます懸念される。あわせて，旅行形態が団体旅行から個人旅行にシフトしてきており，国立公園等の利用者数も減少傾向が続いていることから，各個人の興味や関心に基づいて，より深い自然体験や文化体験を求めるなど，多様な旅行ニーズが増加している。そこで，特に利用面の強化を図るため，地域の自治体や事業者が積極的・主体的に取り組む仕組みを新たに設け，「保護と利用の好循環」を実現し，地域の活性化にも貢献していくための改正がなされた。

　なぜならば，観光は地方創生への切り札であり，成長戦略の柱となっているからである。環境省でも，国立公園を世界水準の「ナショナルパーク」としてブランド化していくため，インバウンド利用者の増加を目的とした「国立公園満喫プロジェクト」に取り組んでいる。これまでに，グランピングなどの新しい宿泊体験の提供，ビジターセンターへのカフェ導入など公共施設の民間開放等を行っている。さらに，新型コロナウイルス感染症の流行以降，一時的にインバウンド利用者は激減したが，一方で，自然や健康への関心の高まりにより国立公園等の価値が改めて見直されている。国立公園等でテレワークにより働きながら休暇も楽しむ「ワーケーション」の受け入れが進められているのは好例である。法改正の概要は，①自然体験活動促進計画制度の新設，②利用拠点整備改善計画制度の新設，および③餌付け等の行為への規制や違反行為への罰則の強化である。

　なお，新型コロナウイルス感染症の位置づけは，「新型インフルエンザ等感染症（いわゆる2類相当）」であったが，2023年5月8日から「5類感染症」になった。感染リスクが低下し，また水際対策の緩和によって外国人観光客が急増し，国内の旅行・観光消費額がかなり回復し，いよいよ「国立公園満喫プロジェクト」の本格的な成果が期待される。

COLUMN

ワーケーションの目指す道

　「ワーケーション」を分解すると、要するに①デジタル化（パパのお仕事）、②自然公園内にリゾートホテルまたは物産展の誘致（ママの癒し）および③環境教育の充実（子どもたちの空間）になるとの分析も成り立つ。それぞれに方向性が異なることかもしれないが、これらを順次そろえていくことが総体としての「ワーケーション」の確立に重要な役割を果たすと思われる。

　こうしたワーケーションの大枠のイメージとは別に、各省庁や自治体が、それぞれのおもわくで「ワーケーション」推進を行っている。まず、総務省は「交流人口、関係人口の増大」、「地域住民との交流促進」、国土交通省は「多拠点居住→移住への導線」、「空き家・空きオフィス対策」、そして国土交通省と環境省が進める「地域環境事業者の活性化」等もある。

　自治体も、観光以外の部署が推進しているところに特色が見出せる。たとえば、和歌山県は、情報政策課が推進している。田辺市や白浜市は、2014年から総務省のふるさとテレワーク事業を実施している。しかし、和歌山県ではワーケーションのためだけに県が単独で Wi-Fi などリモートワークに必要な通信環境（ハード面）の整備をしたことはない。他方で、同県は、2017年度より、全国の自治体に先駆けて「ワーケーション」の取組を開始し、都会と地域との交流促進を行ってきた。自治体が受け入れ施設を整備したり、都市部の企業がサテライトオフィスを設置したりという試みもなされており、Ｉターン者の増加や地域雇用の増加にも奏功している。

　このように成功している自治体に共通しているのは、政策の推進を通じて、ハード整備より「自走」を心がけて地域課題の解決に取り組み、関係人口や交流人口を増やし、競争ではなく連携を旨としてきていることである。

　家族連れ（子ども連れ）の場合には「ファミリーワーケーション」という言葉が用いられており、特に子どものケアが重要になっている。デュアルスクール（地方と都市を結ぶ新しい学校の形）はできつつあるものの、それは個人や家族を対象とはできてない。一方、仕事をする間に子どもが過ごす「良質な時間と場所」が確保されれば、その地域は積極的にファミリーワーケーション最適地として選定されるため、ますます自治体の手腕が問われるところである。

第18章

二次的自然と法制度

I 二次的自然とは何か

　二次的自然とは，人間の手が入ることによって維持されてきた自然環境の
ことを意味する。たとえば，二次的自然のひとつとされる里地里山は，原生
的な自然と都市との中間に位置し，集落とそれを取り巻く二次林，それらと
混在する農地，ため池，草原等で構成される地域であり[1]，我々にとって最
も身近で親しみ深い自然ともいえよう。農林漁業等を通じて培われた人々の
暮らしと文化は，地域の自然資源を長きにわたり維持管理し続けてきたので
ある。

　里地里山および里海といった二次的自然は，地域における生物多様性を保
全する機能も担っており，2010年には生物多様性地域連携促進法が制定され
た。本法は，生物の多様性が地域の自然的社会的条件に応じて保全されるこ
との重要性にかんがみ，地域における多様な主体が有機的に連携して行う生
物の多様性の保全のための活動を促進するための措置等を講じ，もって豊か
な生物の多様性を保全し，現在および将来の国民の健康で文化的な生活の確
保に寄与することを目的とする。二次的自然を主な生息環境としている生き
物は少なくないことを考えれば，その維持管理主体の支援を目的とする本法
の果たす役割には期待が寄せられるところである。たとえば，日本列島に

（1）環境省 Web サイト「自然環境局 里地里山の保全・活用」参照。

は，約400種の汽水・淡水魚が生息しているが，2020年に公表された環境省
の第5次レッドリストによれば，そのうちの169種が絶滅危惧種に該当して
いる(2)。これらの淡水魚は，河川の他，水田，水路，ため池等の二次的自然
を主な生息環境としているため，その危機的状況は戦後以降の日本における
環境変化の影響を，とりわけ大きく受けてきたことの結果ともいえよう。

　二次的自然をめぐる近代以降の日本の法政策的対応をふり返ってみたとき，
地域で脈々と受け継がれてきたその維持管理手法や，そこで担い手が生み出
してきた価値は，政策立案者側に常に正しく評価されてきたとは言い難い。

Ⅱ　二次的自然としての入会林野

1　里山と入会林野

　里山という語が文献の中に現れるよりも遥か以前から，人々は生活圏と密接
な関係にある自然と共に暮らしを営んできた。現代のように，ガスや電気と
いったインフラが社会に広く普及する前の時代において，集落と隣接する山林
原野から得られる自然資源が人々のライフラインを支えていたのである。ま
た，里山という語と似て非なるものに入会林野がある。入会林野とは，地域の
人々が入り会い，共同で利用する林野のことを意味している。そこから得られ
る自然資源には，田畑の草肥（くさごえ），家畜の秣草（まぐさ），燃料としての薪炭，住居用の材
木や茅葺きそして食料としてのきのこや山菜等の実りがあった。

　これらの資源の持続可能な利用と管理は当時の暮らしにおいて死活問題で
あったが故に，そこには厳格なメンバーシップと慣習的な内部規範が存在し
ていた。制度としての入会の展開は，1582年の太閤検地による村の再編成に
端を発しており，水系を中心に住居，農地，山林原野で一つのユニットを構
成するというものであった。山林原野や溜池，井泉等は村請制によって村の
管理支配に置かれており，個人の所持権能とは切り離されて，共同での利

（2）環境省Webサイト「環境省レッドリスト2020掲載種数表」参照。

用・管理がなされてきた[3]。

2　入会林野の歴史

　明治に入り近代化政策が推し進められていく中で，近代法の原則において
は個人こそがあるべき権利主体であり，村という共同体が利用・管理主体で
ある入会という制度は，非生産的で立ち遅れたものとして解消されるべき課
題とみなされるようになっていった。そして1874年の地所名称区別改正に
よって，全ての土地が官有地と民有地に分けられ，民有地とされた入会林野
に対しては，個人有，村持，村々共有（複数の村が入り会う）等として地券
の公布がなされることとなった。1890年に公布された旧民法（ボアソナード
民法）には，入会権に関する規定がなかったが，その点について旧民法施行
延期派の江木衷や穂積八束らが批判を表明し[4]，民法典論争の末に，1898年
の民法制定に際して入会に関しては次の2ヶ条が規定された[5]。

　すなわち，民法263条「共有の性質を有する入会権については，各地方の
慣習に従うほか，この節の規定を適用する」（共有の性質を有する入会権）と
民法294条「共有の性質を有しない入会権については，各地方の慣習に従う
ほか，この章の規定を準用する」（共有の性質を有しない入会権）である。民
法263条の共有の性質を有する入会権の性質は，講学上の総有権である。入
会権は世帯に対して付与され，権利者の全員一致に基づいて，入会林野の利
用・収益・処分がなされる。また一般的な共有とは異なり，分割請求権を備
えた持分はない。

　また，民法294条の共有の性質を有しない入会権は，地役の性質を有する
入会権とも呼ばれており，民法280条の地役権の規定が準用される。民法280
条には「地役権者は，設定行為で定めた目的に従い，他人の土地を自己の土

（3）中尾英俊『入会権』（勁草書房，2009）2～6頁。
（4）江木衷＝穂積八束他「法典実施延期意見　法学新報第十四号社説」星野通『民法典論
　　争史』（日本評論社，昭和19）145頁以下。
（5）民法典論争における入会権をめぐる展開については，久米一世「入会林野」小賀野晶
　　一＝奥田進一『森林と法』（成文堂，2021）25頁以下を参照。

地の便益に供する権利を有する」と規定されており，地的地役権のみを認め，対人地役権を認めていない。しかし，民法294条が「適用」ではなく「準用」を用いているのは，「その立法趣旨からも明らかに人的地役を認めることを意味する」とし，「地役権の権能として重要なのは土地保全権能である。（中略）入会地の収益行為の如何を問わず，入会地を放任すれば崖くずれやその他災害を生ずるおそれがある。入会地は一般に水源涵養，保水，土砂崩壊（崖くずれ）防止，防風等の保安的な機能をもっていることが多いが，その機能こそ入会権の機能であり，それによって入会集落（の人々）の便益に供している」のであり，民法294条に基づく入会権を「自己の所有に属さない土地を積極的に使用収益するばかりでなく，集落の保全のために土地を管理する権利である」と考えられている[6]。個人主義的価値観を基底とする民法の中に，地域的かつ共同体的な価値を具体化しうる規定が設けられたことの意義は大きいと言えよう。

3　近年の動向

このように，入会権は慣習上の物権として民法上の権利性を明確に有するものの，近年では，その権利主体による入会林野の利用・管理活動を従前のように行うことが難しくなっている。生物多様性地域連携促進法は，入会林野に限らず，二次的自然全般における維持管理主体の支援を目的として制定された法律である。同法が制定された2010年には生物多様性条約第10回締約国会議（COP10）が開催されており，2050年までに「自然と共生する世界」の実現を目指すための20の具体的な行動目標として愛知目標が採択された。生物多様性に関する社会的関心が高まる中で，地域が担ってきた二次的自然の利用・管理が，国土保全や希少な野生動植物の保護にとって欠かせない営為であると，広く知られるようになったのである。

同法は，生物多様性の保全のための活動（地域連携保全活動）[7]を促進する役割を担っており，国による地域連携保全活動の促進に関する基本方針の作

（6）中尾・前掲注（3）13〜14頁。

成や，市町村等による地域連携保全活動の促進に関する計画の作成，計画に
基づく活動に適用される特例措置の他，協議会や支援センターの設置等に関
する規定が設けられている。しかし，同法の活用状況について2017年から3
年間をかけて環境省による実態調査がなされた際，すでにこの制度を活用し
ている場合を除き，ほとんど周知されていないことが明らかとなった[8]。今
後の普及が望まれるところである。

Ⅲ　農業環境政策

1　諸外国の動向

　里山を山林原野における二次的自然とするならば，里地とは，山林原野と
都市の中間に位置する，集落および農地等を指す言葉とも言えるだろう。し
かし，いずれもその具体的な定義は困難である。もし集落および農地等にお
ける二次的自然を広義の里地として解釈するならば，その範囲には鎮守の森
や都市における農地等も含まれることになろう。しかし，限られた紙幅でそ
れら全てに言及することは困難であるため，本章では，農地に関する環境政
策の概略を述べるに留めざるを得ない。

　諸外国では，農業，環境および地域問題に関する担当省庁が一本化されて
いることが少なくない[9]が，その背景には，この3つの問題領域が互いに深
く関連しているため，総合的な施策を講じる必要があるという理由が存在す
る。まず，農業と環境の関係が注目されるようになったのは，集約的農業経
営による自然への負の影響が顕著なものとなった1970年代後半のことであ

（7）環境省自然環境局「生物多様性地域連携促進法のあらまし」（2019）3頁によれば，
　　地域連携活動とは，地域の自然的・社会的な条件に応じて，地方公共団体，NPO等
　　の団体，地域住民，農林漁業者，企業，大学，博物館および専門家等，地域の様々な
　　関係者が連携して行う生物多様性の保全のための活動とされている。
（8）環境省自然環境局自然環境計画課生物多様性主流化室「地域が連携した活動を持続的
　　に行うためのティップス集」（2020）1頁。
（9）たとえば，イギリスの該当省庁であるDEFRAはDepartment for Environment
　　Food & Rural Affairsとして，環境，食料および地域問題を統一的に担当している。

る。そのため，これまでの両者の関係は，農業による環境への負荷をいかに
して低減するのかという視点から語られることが多かった。しかし，現在で
はそれと並行して，農業が環境にどのような貢献ができるのかという視点も
重視されるようになってきている。たとえば，欧州共通農業政策では，環境
に関する次の３つの目標，①気候変動への取り組み，②自然資源の保護，③
生物多様性の向上を掲げており，これらの目標を達成する手法は，農業者，
地域のコミュニティおよび EU にとって，社会的，経済的および持続可能な
ものであることが求められる[10]。

2 気候変動適応法

　近年の動向では，2018年に制定された気候変動適応法を取り上げなくては
ならない。同法では，自然生態系をはじめ，農業や防災等の各分野の気候変
動適応に関する施策を総合的かつ計画的に推進するために，国に気候変動適
応計画の作成を義務付けている。なおこの計画は，概ね５年ごとに行われる
気候変動影響評価の結果を勘案して改定される。2020年に公表された環境省
「気候変動影響評価報告書」は，気候変動が日本にどのような影響を与えう
るのかについて，全７分野71項目を対象として，影響の重大性，緊急性およ
び確信度（情報の確からしさ）の３つの観点から評価した。報告書における
自然生態系分野の評価として，まず影響に関しては多くの項目で「特に重大
な影響が認められる」とされ，確信度は「野生鳥獣による影響」および「亜
熱帯（沿岸生態系）」の２つの小項目については上方修正，緊急性評価につい
ては「自然林・二次林」，「里地・里山生態系」，「人工林」の３つの小項目に
ついて上方修正されている。

3 日本型直接支払

　日本における現在の農業環境政策は，2015年に施行された農業の有する多
面的機能の発揮の促進に関する法律に基づく日本型直接支払を柱として実施

---

(10) European Commission, 'An environmentally sustainable CAP' の Web サイト参照。

されている。同法は，2013年に内閣に設置された農林水産業・地域の活力創造本部[11]により決定された農林水産業・地域の活力創造プランを踏まえて制定された。同法は，農業の有する多面的機能の発揮の促進を図るため，その基本理念，農林水産大臣が策定する基本指針等について定めるとともに，多面的機能発揮促進事業について，その事業計画の認定制度を設け，これを推進するための措置等について定めることで国民生活および国民経済の安定に寄与することを目的としている。この法律において「農業の有する多面的機能」とは，国土の保全，水源の涵養，自然環境の保全，良好な景観の形成，文化の伝承等農村で農業生産活動が行われることにより生ずる食料その他の農産物の供給の機能以外の多面にわたる機能を指す。

　日本型直接支払は，多面的機能支払，中山間地域等直接支払および環境保全型農業直接支払によって構成されている。多面的機能支払は，農業・農村が有する多面的機能が適切に維持・発揮されるよう，農業者等により組織された団体が行う地域の共同活動を支援するものであり，中山間地域等直接支払は，高齢化や人口減少が著しい中山間地域等において，農業生産活動の継続に向けた前向きな取組への支援を行うことで，農業生産活動等の維持を図ることを目的とする。そして環境保全型農業直接支払は，農業者の組織する団体等が化学肥料および化学合成農薬を原則 5 割以上低減する取組みと合わせて行う地球温暖化防止や生物多様性保全等に効果の高い営農活動を支援するものである[12]。日本型直接支払制度が本法の下で安定的に実施されることで，農業，環境および地域問題への総合的なアプローチが目指されるところである。

---

(11) 2013年に，農林水産業・地域が将来にわたって国の活力の源となり，持続的に発展するための方策を幅広く検討を進めるために設置された農林水産業・地域の活力創造本部は，農林水産業の成長産業化および食料安全保障の強化を推進するための方策を総合的に検討するためとして，2022年 6 月28日に食料安定供給・農林水産業基盤強化本部に改組された。
(12) 農水省 Web サイト「令和 3 年度日本型直接支払の実施状況について」参照。

Ⅳ　里海と里地里山の繋がり

1　里　海

　里海とは，「人手が加わることにより生物生産性と生物多様性が高くなった沿岸海域」[13]のことを意味し，地域の漁業者や住民によって藻場の造成や人工干潟の取り組みがなされている沿岸海域等がこれに該当する。かつて，里海と里地里山は健全な物質循環[14]によって結ばれていたが，日本では，特に高度経済成長期を境に一度大きくそのバランスが崩れた。川を伝い海に流れ込んだ大量の生活・工場排水には窒素やリンといった栄養塩が多く含まれており，それを栄養とするプランクトンが大量に発生する赤潮現象が各地で頻繁に生じるようになった。赤潮は，海中酸素量の著しい減少等を生じさせ，海洋環境を悪化させる。また，開発行為によって多くの干潟が埋め立てられたが，干潟は巨大な浄化槽[15]と言われるほど，栄養塩や有機物の浄化機能が高く，その喪失は海洋環境の悪化に直結する。こうした事態を受け，海洋環境を改善するために，地域では様々な取り組みがなされている。例えば，全国のカキ生産量の約70%を占めるという広島湾では，カキ筏による「天然の濾過装置」が富栄養化や赤潮の発生を未然に防いでいるという[16]。

2　維持管理主体

　里海の維持管理主体として，近年では民間の法人・団体が海岸において多様な活動を実施しており，これらの活動を促進する必要から，2014年の海岸

---

(13)環境省 Web サイト「里海ネット」参照。
(14)健全な物質循環とは，川から海へと流れ込んだ栄養分が植物プランクトンや海藻等に利用され，食物連鎖によって動物プランクトン，魚類等へと繋がり，その魚類が，漁業や潮上および鳥等の陸上動物による捕食等によって再び陸地へ戻るという流れを意味する。
(15)せとうちネット Web サイト「干潟とは」参照。
(16)井上恭介 NHK「里海」取材班『里海資本論』（KADOKAWA，2015）36～37頁。

法の改正に際して海岸協力団体制度が創設された。同法に規定される海岸協力団体の業務とは，海岸保全施設等の維持，海岸保全区域の管理に関する情報または資料収集および提供，調査研究，知識の普及および啓発等であり，海岸管理者は，これらの業務を適正かつ確実に行うことができると認められる法人その他これに準ずるものとして主務省令で定める団体を，その申請により，海岸協力団体として指定することができる。2022年8月の時点で21海岸25団体が指定を受けており，海岸の清掃活動，各種イベントでの環境啓発活動，海浜植物の植栽およびアマモ場造成等，様々な活動が行われている[17]。

　二次的自然をめぐる今後の法政策を展望する際に，2010年のCOP10において承認されたSATOYAMAイニシアティブは，その先行きの一端を示していると思われる。本イニシアティブは日本の環境省と国連大学サステイナビリティ高等研究所が共同で提唱したものであり，COP10の会期中に，SATOYAMAイニシアティブ国際パートナーシップが創設され，51団体が創設メンバーとして加入することとなった。SATOYAMAイニシアティブは，生物多様性の保全と人間の福利向上のために，里山のような，人間が周囲の自然と寄り添いながら農林漁業などを通じて形成されてきた二次的自然地域の持続可能な維持・再構築を通じて「自然共生社会の実現」を目指す国際的な取組であるとされている。本イニシアティブの行動指針としては，①多様な生態系のサービスと価値の確保のための知恵の結集，②革新を促進するための伝統的知識と近代科学の融合，③伝統的な地域の土地所有・管理形態を尊重した上での，新たな共同管理のあり方の探求の3つが掲げられている。この指針からは，地域社会の中で受け継がれてきた二次的自然の持続可能な維持管理に関する文化や技術を正しく評価し，それを担う主体に対して政策的支援を行うことが，今後より一層重要となるであろうことが読み取れるのである。

---

(17)国土交通省Webサイト「海岸協力団体制度」参照。

COLUMN

スコットランドのコミュニティ・オーナーシップ

　スコットランドの土地面積は約780万 ha，人口は約550万人であり，いずれも北海道と同規模である。スコットランドは世界的に見ても私有地の面積割合が高く，その土地の所有権は少数の地主に集中している。この状況は，少数者による土地独占であるとして以前から社会的な批判を集めていたが，そこに逆都市化現象と呼ばれる，都市部の富裕層による移住や別荘目的での土地等の購入による地価の高騰，国内外の不在地主による不適切な土地管理等も加わり，スコットランドにおける土地問題は，地域コミュニティの持続性等に悪影響を与えるとして対策の必要性が指摘されていた。

　そのため，連合王国からの権限移譲に伴い1999年に新たにスコットランド議会が創設されて以降，スコットランド政府は土地問題に関する独自の法改革を加速化させてきた。特に2000年の封建借地権廃止法以降，スコットランドでは多様な主体による土地所有を後押しする立法が続き，2015年に制定されたコミュニティ権限付与（スコットランド）法は，その土地が放棄され周囲に有害な状態であるならば，コミュニティが所轄大臣に土地先買権の実行について許可を申請し，大臣が当該許可を与えた場合，たとえ土地所有者が売却の意思を示さなかったとしても，コミュニティに対して強制的に土地を買い上げることを認めた。

　訴訟の末に，地域住民が地主側からコミュニティ・オーナーシップを勝ち取った事例としては，ルイス島の南東に位置する Pairc Estate に関するもの等がある。現状では，スコットランドの農村地域における私的所有地のうち，コミュニティによって所有されているのは全体のわずか４％程度であるものの，政府はその拡大を目指しており，地域が主体となった土地という自然資源の持続可能な維持管理手法として，注目される取組みである。

第 **19** 章

水資源と法

Ⅰ　日本における水管理法制の展開

1　環境法の根本的課題としての水資源管理

　歴史的にみて，環境法の源には水の管理をめぐる紛争があった。水資源は人間の生命維持ばかりでなく農業，工業にも不可欠であり，その配分問題は，水利権に関する議論の蓄積を経て，環境の利用と保全のバランスを目指す理論へと展開してきた[1]。水資源と一体をなす水産資源の管理でも同様であり（漁業権論），広い視野に立てば，清浄で豊富な水資源の存在は，人間を含む多種多様な生物種の生存と発展の「基盤となる環境」として認識されるだろう。

　もちろん，大気や土壌，森林資源も生存と発展にとって欠かせない環境ではあるが，水は，「水循環」を通じて大気・土壌質の健全性や森林資源の涵養と相互に大きな影響を与え合う関係にある。海水温の上昇と気候変動の相互関係性も指摘されているところであり，水循環を踏まえた水の管理ないしガバナンスは[2]，環境法の最も根本的な課題となっている。

（1）河川水利権論の展開経緯は，奥田進一「河川法と水利権をめぐる法的課題」『共有資源管理利用の法制度』（成文堂，2019）106頁以下を参照。

2 水汚染対策

　元来，地理的に水資源に恵まれてきた日本では，「水に流す」（＝なかったことにする）という慣用句もあるように，不都合な事情も水で洗い流すことで問題自体解消できる，という感覚があったかもしれない。現実には，問題要素は川に流れ海に注ぎ，容易には自然解消することなく蓄積されていく。

　川の水を田畑に引く農業者や水産物で生計を立てる漁業者がそうした汚染問題に敏感に反応したことは，偶然ではない。水資源の管理者たる役割を果たしてきたわけで，むしろあまり利用されていない河川・湖沼や公海では，深刻な環境破壊が生じ，しかも長期間にわたって気づかれない（あるいは対処すべき問題として取り上げられない）ということが起こりうる。また，海や地下水に異変が生じても，水循環を解明してその原因を突き止めることはそもそも容易ではない。

　産業振興の過程では，汚染水を排出する工場に漁業者が抗議し乱入した「本州製紙事件」（1958年）も発生し，汚染規制の法制度が導入されたものの（水質保全法および工場排水規制法：いわゆる「水質二法」），経済発展を阻害しない限りでの規制は実効的とは言い難かった。その点，公害国会（1970年）において水質汚濁防止法が制定されたことは画期的であった。ただ，同法も，排出口において微小な汚染が，水循環を通じて拡散し，あるいは生態系濃縮を経るなどして深刻な環境破壊や生命侵害をもたらしうることを十分に意識したものかというと，疑問の余地もあろう。地下水汚染対策が同法に盛り込まれていくのは，1990年代以降の話である[3]。

（2）「水管理」から「水のガバナンス」への転換の要請が説かれている。蔵治光一郎「水のガバナンスとは何か―日本の水管理の歴史と現状，将来展望」同編『水をめぐるガバナンス―日本，アジア，中東，ヨーロッパの現場から』（東信堂，2008）5頁以下を参照。

（3）1989年改正で有害物質の地下の浸透が規制された。さらに1996年改正で地下水浄化命令が制度化され，2011年改正では規制対象施設が拡大した。また，2002年制定の土壌汚染対策法は地下水汚染対策としても機能しうる。

3　治水・地盤沈下対策

　水管理の歴史においては，資源としての利用（利水）を念頭に置いた分配ルールや汚染規制と並んで，治水事業が重視されてきた。急峻な山林から延びた河川の畔に農村集落や工業都市を拡大させてきた日本では，河川の氾濫対策は，汚染対策よりもずっと古くから統治者の重要任務であった。近代法制に限ってみても，明治期には河川法，砂防法，森林法といった治水法制度が整備され，水防法（1949年），気象業務法（1952年。ただし気象台・測候所の設置は明治期に遡る）等と共に，今日においても水害防止の役割を担っている[4]。

　水量の増大だけでなく，減少によっても環境破壊は進行し，たとえば河川における流量減少は水質の悪化を招く。これへの法的対応は前述の汚染対策とも重なるところがあるので，ここでは水質の悪化とは切り離された環境破壊として，地下水量の減少に起因する地盤沈下を取り上げておきたい。

　地殻変動や地下の掘削でも地盤沈下は生じうるが，日本では，工業用水等で過剰に揚水することによって沿岸都市部で深刻化した経緯があり，工業用水法（1956年）およびビル用水法（1962年）による対策が行われた[5]。公害対策基本法（1967年）が地盤沈下をいわゆる「典型7公害」のひとつに挙げたことは，そうした歴史的背景において理解され，産業構造が変化し技術革新を経た今日においても同様の問題状況というわけではない。

　ただし，環境基本法が地盤沈下をなお公害の一種として警戒し，地下水採取の規制を求めているように，地下水の揚水量が涵養量を上回れば，沿岸都市部に限らず地盤沈下は発生しうる。各自治体が環境基本条例等の下で地域の状況を踏まえて適切に対応すべき時代になった，ということでもある[6]。

（4）河川治水制度は災害法（防災法）論の中で機能分析されるようになってきている。参照，田代滉貴「豪雨災害と法」大橋洋一編『災害法』（有斐閣，2022）101頁以下。
（5）ビル用水法4条1項の要約（工業用水法も類似の仕組み）：政令で指定された地域内の揚水設備により建築物用地下水［冷房やトイレ用］を採取しようとする者は，揚水設備ごとに，そのストレーナーの位置及び揚水機の吐出口の断面積を定めて，都道府県知事［政令市長］の許可を受けなければならない。

4 水管理法の隘路

ここまで説明してきたように，日本における水管理法制には，資源として
の水を適正かつ合理的に利用するための法技術という側面と，自然災害源と
しての水を量的に制御し人命と財産を保全するための法技術という側面とが
ある。前者は民事法的な権利論を基礎としながら公正な資源配分管理を志向
し，受益者間の取引範疇に収まらない汚染行為に対しては国家が警察的に対
処する。後者は防災公共事業を計画的に推進する制度設計を志向し，そこで
は受益者間の交渉と取引に委ねてはおけない国家の役割が前面に出てくる。

そのように整理すると，日本の水管理法の特徴が浮かび上がる。すなわ
ち，①人間中心主義（利水にせよ治水にせよ人間の利益に向けられている），②
管理設計主義（利水にせよ治水にせよ水の動態を管理し制御できるという前提に
立つ），③水利用権に残存する私権性（慣行水利権や地下水に対する権利が物権
同様に扱われている），である。

①の問題性はかねて環境倫理学が指摘してきたところであるが，環境基本
法の下，日本の法体系は，将来世代も含めるとはいえ「国民の健康で文化的
な生活」と「人類の福祉」を目的としており，人間中心主義は水管理法分野
に限ったことではない[7]。②の問題性は，複雑な水循環を「管理」しそこ
なってきた歴史に照らし，「ガバナンス」という新しいアプローチへの転換

（6）国においては，地盤沈下が社会問題化しても，工業用水等の揚水規制に限定しない包
括的な対策立法が実現しなかった経緯がある（省庁間調整で頓挫）。1985年に至り関
係閣僚会議で「地盤沈下防止等対策要綱」が決定され，これが改正を経ながら現在で
も施策根拠として機能している（濃尾平野，筑後・佐賀平野，関東平野北部の3地域
で対策を実施）。環境基本法の下で諸原則に方向づけられた公害防止政策が推進さ
れ，各種法律が体系的に整備されてきている現状からすると，このような要綱行政の
残存には違和感がある。また，国と自治体の適切な役割分担（地方自治法1条の2）
が求められ，国から自治体への「関与」が統制される（同法245条以下）地方分権の
観点からも，関係府省連絡会議を置いて要綱を運用する方式は，検証を要する。
（7）加藤尚武『環境倫理学のすすめ〔増補新版〕』（丸善出版，2020）第1章および第4章
を参照。法体系を紡ぐ民主政治が将来世代への配慮を欠くであろうことは，同書
3-5頁，さらに佐伯啓思『さらば，民主主義——憲法と日本社会を問いなおす』（朝
日新聞出版，2017年）第3章を併せ参照されたい。

が提唱されている。③の問題性は，必ずしも私権性そのものにあるのではない。権利設定により適正な利用管理が図られる面もある。しかし流動し循環する自然の水が私権の対象にふさわしくないことも否定できず，法的な混乱が生じている。

Ⅱ　水循環基本法

1　健全な水循環

　環境基本法が制定されて最初の環境基本計画（1994年）は，「環境保全上健全な水循環の確保」という形で「水循環」に言及した。これを受けて環境庁（当時）で検討が進められ，1999年には，中央環境審議会（水質部会・地盤沈下部会）が「環境保全上健全な水循環に関する基本認識及び施策の展開について～豊かな水の恵みの永続を目指して～」と題する報告書をまとめ，環境庁長官（当時）に提出（意見具申）した。そこでは水循環の概念と機能について次のように説明されている。

【水循環と水環境・地盤環境の関係】（引用）
　自然の水循環という概念は，雨が地表に降り地中に浸み込んで地表や地下を流れて海に至りその過程で大気中に蒸発して再び雨となるその動きの全体をいわば「流れ」としての面から着目したものである。このような水の循環は，人間の生命活動や自然の営みに必要な水量の確保のみならず，熱や物質の運搬，更には植生や水面からの蒸発散と水の持つ大きな比熱効果による気候緩和，土壌や流水による水質の浄化，多様な生態系の維持といった環境保全上重要な機能をもっている。また，この水循環の中で地下水のバランスのとれた流動は取水量の安定化や地盤の支持という重要な機能も併せ持っている。
　一方，水環境や地盤環境という概念は，その場，その場における水や地盤に関わる環境面での状況を捉えたものであり，水や地盤についていわば「場」の面から着目したものである。水環境とは，水質，水量，水生生物，

水辺地といった水に関わる重要な環境要素によって構成されるものであり，その良好な保全が求められている。また，地盤環境についても地盤沈下のない安定したものであることが求められている。

　このように自然の水循環と水環境・地盤環境との関係は，いわば「流れ」と「場」という互いに密接不可分の関係にある。（引用終わり）

　日本の環境法政策は，水循環を水環境・地盤環境と影響し合う状態として捉え，環境という「場」だけでなく「流れ」への政策アプローチを模索し始めた，ということである。その後，環境基本計画が第二次（2000年），第三次（2006年）と改訂を経る中，「健全な水循環の確保」は重点政策分野として取り上げられ，2002年には土壌汚染対策法が制定されたが，共通理念を打ち出して諸政策を体系的に推進する立法には，なお時間を要した。

2　水循環基本法の制定（議員立法）

　第四次環境基本計画（2012年）を受けて環境省が全自治体に行ったアンケートでは，「流域での環境保全上健全な水循環の構築に関する計画の策定」を実施済みの自治体は，7.3%にとどまった[8]。2013年，2014年のアンケートでも変化は乏しく[9]，自治体を巻き込み体系的施策を推進することの困難が窺われる。

　このような状況下，2014年に「水循環に関する施策を総合的かつ一体的に推進」するための法律として，水循環基本法が議員立法により制定された。同法には，制定趣旨を説く前文が付されると共に，「水循環の過程」への政策アプローチを束ねる「基本理念」が明記された。

　水循環基本法は，「基本法」という名称からも推察されるように，政策を体系的に実施するための作業枠組みを提示するものである。すなわち，「水

（8）環境省 Web サイト「第四次環境基本計画に係る地方公共団体アンケート（平成24年度調査）」参照。

（9）中央環境審議会「第四次環境基本計画の進捗状況・今後の課題について（平成27年12月）」91頁で言及されている。

循環基本計画」の策定を柱に，国と自治体が「流域連携」を図りながら，水利用の適正化と共に「流域における水の貯留，涵養機能」に注目した施策等を計画的に推進する。このように，「流域マネジメント」という水循環の視点が基本的施策に色濃く反映されている点は，まさしく同法の存在意義を語るものである。

　加えて，そうした作業枠組みの運用体制にも，水循環基本法の特徴を指摘できる。環境基本法は，環境基本計画の策定（閣議決定）を柱としつつ，そこに環境大臣と中央環境審議会を関わらせており，端的に言えば環境省の主導性を明確に規定している。それは，たとえば，循環型社会形成推進基本法や生物多様性基本法でも同様である[10]。ところが水循環基本法は，水循環政策本部を内閣に設置し，内閣総理大臣を本部長として内閣官房で運営する形をとる。

3　水循環基本法の運用と進化

　水循環政策本部の組織構成は，かつて地盤沈下（地下水）問題の包括的対策立法が頓挫し，その後，多くの関係省庁が「調整」しながら施策を打ち出してきた経緯を想い起させる[11]。つまり，水循環に絡む政策は幅広い社会経済部門に波及し府省間合意調達コストが高くつく。それゆえに議員立法となり，条文上で特定府省の主導権を設定できなかったのだとすれば[12]，法律の実効性は低下するだろうか。反対にむしろ内閣官房での（国務大臣を本部に全員揃える）運用体制が奏功する，という見方もあろう。

――――――――――――

(10) これらの法律では，第 1 条で環境基本法への係属が明記されている（制定時には内閣総理大臣を含め 9 ～10 大臣が署名した）。環境基本法41条 2 項 3 号（中央環境審議会の所管法令）も参照。

(11) 前掲注（ 6 ）で触れた。「調整」は行政学で論じられている。牧原出『行政改革と調整のシステム』（東京大学出版会，2009）Ⅳ章では，水資源管理をめぐる実例が分析されている。

(12) たとえば，地球温暖化対策の推進に関する法律（1998年制定）は，やはり政策の波及性が広範であるところ，附則で環境庁設置法を改正し，環境庁の所管法律であることを明確にした。なお，当初は現行法に比べて簡潔な仕組みであり，立法時には内閣総理大臣のみが署名している。その後の改正で，内閣総理大臣を本部長とする対策推進本部を置き，内閣官房長官，環境大臣と経済産業大臣を副本部長とした（14条 1 項）。

　ただし，水循環基本法の制定時には，内閣総理大臣と共に国土交通大臣が主任大臣として署名（憲法74条）している。また，同法26条は水循環政策本部の副本部長に内閣官房長官と水循環政策担当大臣を据えるが，後者の初代には国土交通大臣が充てられている。実際上，同法は国交省の所管法律として扱われていくのか，その場合に環境法政策としての（環境基本計画と歩調を合わせた）進化が見込めるのか，興味を引くところである。

　2021年に，水循環基本法の一部が改正され，地下水の保全と利用に関する情報収集体制の構築とその情報を踏まえた協議組織の設置等，さらに「地下水の採取の制限その他の必要な措置を講ずる」ことが，国・自治体の努力義務として規定された[13]。同改正の審議過程では次のようなやり取りがあった[14]。

【衆議院国土交通委員会（2021年6月2日）】
　（高橋千鶴子委員の質問より抜粋）「本法案は，国の責務に地下水の適正な保全及び利用に関する施策を加え，そのために必要な措置として，地方公共団体の条例制定を念頭に置いて書かれているかと思います。……既に，全国656の地方公共団体で834の条例，実に35％が，何らかの地下水に関係する条例を制定しています。議員連盟としても，地下水保全法の制定を準備したこともあったと思いますが，改めて検討すべきではないかと思いますが，いかがでしょうか。」

　（津島淳委員の回答より抜粋）「地下水については，これまで，全国的に共通する事項については，たとえば工業用水法など，国法レベルでの規律がなされているところではございますが，基本的に，地下水が存在するその地下構

---

(13) 2014年の立法も含め超党派の「水制度改革議員連盟」が先導しており，その下には市井の専門家を構成員とする「水循環基本法フォローアップ委員会」が設置され，諮問機関的役割を果たしている。旧来型の官僚主導立法が行き詰まる場面でそれに代替する法過程として，歓迎すべきであろうか。水循環政策本部（とその下にある有識者会議）との関係性をどう捉えるべきか。責任ある安定的な法運用の点では継続的な観察が必要である（府省外では情報公開や記録管理の統制が及びにくい点に注意）。
(14)「第204回国会 衆議院 国土交通委員会議録第20号（令和3年6月2日）」3頁。

造や地下水の利用形態が地域ごとに大きく異なるという特徴があることから，これまで，持続可能な地下水の保全と利用を図るため，地域の実情に応じて，地方公共団体が主体的に条例等による取組を行っているところでございます。……国が統一的な規制を行うよりも，まずは，引き続き，地域の実情に応じて，地方公共団体が行う地下水マネジメントの取組に対して支援をするということが有効であると考えております。この法案は，それを後押しするものとなっていると考えております。」

　環境という「場」の管理ではローカルな自治体政策の存在意義が際立つところであったが，社会生活上の境界を超えて自然の「流れ」を管理しようとする水循環政策は，地方自治の仕組みとどのように折り合いがつくのだろうか。

Ⅲ　地下水の採取規制

1　自治体による取組みとその実効性

　水循環の理念が浸透していくべきものであるとして，それは国が基本計画を策定することで当然に実現するわけではない。通常，何らかの行政措置こそが人々を誘導するのであり，そのための組織と財源が必要になる。環境政策分野では，まさに保全すべき環境の最前線において抽象的理念を具体的作用に変換して力を与える（enforce）のは，自治体である。日本の統治機構は，国会が制定した法律を自治体が執行する形に仕組まれており，国自身の地方執行体制は（税関係等の例外はあるが）脆弱である。

　自治体には，法律がない状態においても地域限りのローカルな法政策を創出し執行する機能が備わっている（憲法94条）。包括的な地下水管理法制が存在しないのであれば，地盤沈下が懸念される地域では独自の政策を打ち出すことになり，前節の引用にも指摘があるように，実際の動きも目立っていた。

　自治体の独自取組みは必ずしも強権的な形態をとらず，むしろ依頼（行政指導）や協定（行政契約）による，案件ごとのアプローチが成果を挙げてき

270

た。ただし，政治権力を握る自治体からの依頼には事実上の強制力が生じうるため，法治主義の形骸化が懸念される[15]。他方で，単に依頼するだけではルールが遵守されず，政策実施への信頼も失われ，ますます遵守されなくなるだろう。協定には，義務内容の具体性等に応じて法的拘束力が生じうるが，法令のように行政が一方的に執行できるわけではなく，裁判になる。つまり，協定締結自体は低コストかもしれないが，義務履行確保にかなりのコストを割くことになる。

【JR東海による地下水採取をめぐる紛争】

摂津市とJR東海はかねて「環境保全協定」を締結しており，そこには「事業者は，地下水の保全及び地域環境の変化を防止するため，地下水の汲み上げを行わないものとする。」（8条）と定められていた。しかし，2016年にJR東海が摂津市に隣接する茨木市で井戸2本の掘削工事を行ったため，摂津市（以下「原告」または「控訴人」）はその井戸による地下水汲上げの差止等を求めて出訴した。

第一審判決は[16]，「地下水汲上げの性質等を考えると，原告に接する茨木市域部分における地下水汲上げは，内容によっては，原告の環境に影響を及ぼし得る場合がないとはいえない。」としつつも，JR東海の義務範囲を明確にしながら隣市の井戸にまで8条を適用できると協定を解釈する手掛かりがない，という理由で原告の請求を棄却した。

控訴審判決は[17]，「確かに，地盤沈下は，一旦被害が発生すると回復が不可能な公害である一方，個別の地下水の汲上げと広範囲に及ぶ地盤沈下との間の因果関係を立証することが困難であるという特性を有することは，控訴人が指摘するとおりである。そして，地盤沈下の被害を予防するために事前

(15)北村喜宣『自治体環境行政法（第9版）』（第一法規，2021）第3章および第4章に詳しい。さらに同書第12章では，自治体は法律上の強制権限がある場合にも行政指導志向であったことが解説されている。
(16)大阪地判平成28年9月2日判自429号76頁。
(17)大阪高判平成29年7月12日判自429号57頁。

の規制が重要であることも，控訴人が指摘するとおりである。」と述べた
が，結論としては控訴を棄却した。

棄却理由は第一審判決とは全く異なり，むしろ隣市域での適用可能性を肯
定した。控訴審判決によれば，8条の義務は，協定の締結経緯をみると本来
は厳格なものとして意図されてはおらず，また同条の「地下水の保全及び地
域環境の変化を防止するため」との文言が手掛かりとなって，それを損なう
「具体的な危険性があると認められる場合に限り」汲み上げを禁止するも
の，と解釈される。そして本件では具体的危険が認められなかった。

控訴審の協定解釈には，摂津市自身がJR東海の近傍で水道用に大量の地
下水を汲み上げている（JR東海の揚水量を遥かに上回る）ことが影響してい
るようにも読め，その論理性は不透明である。また，予防的規制の重要性を
認めながら「具体的危険」の証明を前提とする協定解釈を述べるところに
は，不整合が感じられる。

上告審では，民事訴訟法所定の上告事由に該当せず棄却，不受理とされ
た。実効的な協定を締結しその履行を確保していくことの困難を表す事例と
して，紹介しておく。

2　市区町村による規制の可能性

摂津市と茨木市を包摂する大阪府では，公害防止条例（1971年制定）によ
り，地盤沈下を防ぐため指定地域内での地下水採取を規制してきた（許可
制）[18]。ただ，摂津市域も茨木市域も指定地域に含まれておらず，上述の事
例には影響しない。

そのように都道府県が未規制であるとしても，市区町村条例で規制するこ
とは考えられる[19]。現に，摂津市環境の保全及び創造に関する条例（1999年
制定）55条が地下水採取の許可制を導入している。ただし茨木市は事件時点

---

(18) 1994年制定の大阪府生活環境の保全等に関する条例77条に引き継がれている。
(19) 都道府県条例で指定外地域であることが規制の排除を意味していると解釈されるな
　　ら，単純ではないが，地方分権論の話題なのでここでは解説しない（地方自治法2条
　　16項を参照）。

で同様の規制を設けていなかった。もちろん，摂津市条例が市域を超えて適用されることはない。

公害全般に共通する話であるが，国の規制（たとえば，地盤沈下防止等対策要綱）で対象地域とされておらず，県の規制でも指定地域から外れているとしても，当該県下の市町村で公害対策を行うべき状況（立法事実）がないとは限らない。また，公害に対し地域の安全性をどの水準まで要求するか，また地域の公害を防止する上で基本的人権をどのように衡量するか，つまり法のあり方が都道府県と市区町村で異なることは，むしろ当然であろう。地方分権型の統治機構が自治体ごとの立法（law making）を可能にしている[20]。

それでは，地下水採取を原則として一律に禁止する法政策は，導入可能だろうか。それは，基本的人権を保障した上で公共の福祉の観点から例外的に規制を加える，という「原則／例外」を逆転させ，地下水を採取できるのは公共的理由が立つ場合（たとえば，許可申請地点に水道が敷設されておらず，敷設しないままでいることが公益に適う場合）に限る，という規制である。

3　地下水「公水」論の法的把握

「原則／例外」の逆転とは，要するに，土地を使用する財産権は地下水利用権を含まないし，財産権以外の基本的人権（幸福追求権や営業の自由）も同様で，地下水採取規制には自治体が広範な行政裁量を行使できることを意味する。秦野市地下水保全条例（2000年制定）は，そのような地下水「公水」論を思わせる規定振りである。

地盤沈下対策に長年にわたり腐心してきた秦野市は，「地下水が市民共有の貴重な資源であり，かつ，公水であるとの認識に立ち」（1条），「土地を所有し，又は占有する者は，その土地に井戸を設置することができない。」と明記した上で許可制を導入した（39条1項）。その許可要件は条例に明記されておらず，1条の公水論のみを手掛かりとするなら，たとえば先着順の

---

(20)条例制定は，単に国の法律を実施するための委任立法に限られない。原島良成「条例制定の根拠・対象・程度」原島良成編著『自治立法権の再発見−北村喜宣先生還暦記念』（第一法規，2020）3頁以下を参照。

ような形もありうるところで，現に，条例施行以前に設置した井戸には規制が及ばない（既得権保護）。ただし，この条例は井戸の設置行為と取水行為を区別しており，既設井戸にも「地下水への著しい影響又は地盤沈下が生じるおそれがあると認めるとき」には取水規制がかかる。

　条例39条1項の委任を受けた規則では，「水道水その他の水を用いることが困難なこと」と「市長が特に必要と認めるとき」が許可要件として挙げられている。後者はいかにも広範な裁量を示唆するが，前者はどの程度の「困難」を意味すると解すべきであろうか。この点は裁判になっており，水道を新規敷設するのに1462万円を要した（第一審判決の認定）原告についても，井戸設置を禁止する条例運用は適法とする控訴審判決が確定した[21]。

【秦野市地下水保全条例事件】

　第一審判決は[22]，秦野市条例が井戸の設置自体を原則禁止しているとすれば「そのような規制は財産権を必要以上に制限するものとして憲法29条2項に反する疑いが強い」とした上で，合憲的な適用のあり方を探り，同条例が井戸設置を全面的に禁止しているわけではなく「水量保全の目的を達成できる限り取水量を制限した上で井戸設置を許可することも前提としている」と解釈して，条例自体は合憲と判断した。

　他方で，「原告が個人で井戸を利用しようとしていたことに照らせば，少なくとも取水量を制限すれば井戸の設置が認められる可能性は高かった」という認識を示し，秦野市職員は原告の取水量を検討せず「井戸設置が許可される可能性は非常に低い旨の誤った説明をした」と断じ，1,300万円余りの賠償を秦野市に命じた。

　控訴審判決は[23]，秦野市条例の制定経緯（昭和40年代の井戸水枯渇等）をも

---

(21) 実際には不許可処分を行わず，水道敷設を指導した案件であり，その費用にかかる賠償請求訴訟として提起された。秦野市条例と関連裁判については，原島・前掲注(20)書籍の第3部「条文・判例資料編」で詳しく紹介されているので，参照されたい。

(22) 横浜地小田原支判平成25年9月13日判時2207号50頁。

(23) 東京高判平成26年1月30日判自387号11頁。

参照しつつ，財産権保障に対する同条例による規制の許容度合いをより緩やかに認めた。すなわち，「そもそも地下水は有限であることはもとより広い地域にわたって流動するものであるから，井戸掘削による取水は，自らの土地の地下のみならず幅広い範囲の地下水に影響を及ぼすものであって，……特に必要がある場合を除いて新たな井戸掘削を禁止したことは，必要かつ合理的なもの」で合憲であると述べた。

つまり，「地下水の利用が少量であれば新たな井戸の掘削が許される」という，財産権保障に強く配慮した条例解釈を採っておらず，秦野市職員が行った説明についても，条例と規則に沿ったものとして違法性はないと判断し，賠償請求を斥けた。上告審は内容を審理せず棄却（上告事由不該当），上告受理申立ても不受理。

こうした控訴審判決の態度は，地下水「公水」論に立つものであろうか。結論だけをみればそのような見方もありえよう。しかし同判決は，地下水の流動性に鑑みれば「一般的な私有財産に比べて，公共的公益的見地からの規制を受ける蓋然性が大きい性質を有する」と説示し，基本的人権を保障する法言説との接続は保っている。一般的ではない私有財産に対し，国法ではない，地域の事情に根差した地域の法（local law）の規制力を強く働かせた判決であり，「公水」論というより「自治立法」擁護論として注目される。

ここまで，地下水資源の採取規制をめぐる法的論点にやや深入りしたが，大所高所から眺めるなら，地下水量の回復力を見込んだ合理的利用を前提に，法政策のあり方を考えることになる。たとえば，水源林の整備や水田湛水事業などの地下水涵養策も視野に入る[24]。また，上水道の使用量減少と配水インフラ老朽化が市民生活コストを押し上げつつあるという現代的課題への対処も，地下水利用の方向性に少なからず影響を与えうる。

---

(24)公益財団法人くまもと地下水財団の取組みを参照されたい（同財団の公式 Web サイトに詳しい）。

Ⅳ　地下水汚染リスクへの対応

　最後に，地下水汚染問題に改めて注目しておきたい。前述の水質汚濁防止法による対策は，カドミウム等の有害物質（政令指定）を使用する施設のある「有害物質使用特定事業場」に絞って規制をかけるもので，地下水質維持に全面的に取組むものではない（土壌汚染対策法の機能も同様に限定的である）。その外側では，たとえば農業由来の硝酸性窒素による汚染が問題視され，環境省も対策マニュアルを策定し自治体の対応を後押ししてきた。

　有害性の知見が確立しておらず水道水質基準が存在しなかった，有機フッ素化合物（PFAS）による地下水汚染が，大きく報道されている[25]。科学の進歩と共にリスクが新たに発覚することは当然ありうるため，継続的な調査・研究が欠かせない。地下水の流動メカニズムの把握が容易ではないことも相俟って，対応が後手に回ることも考えられるところではある。

　自治体とりわけ市町村は，地域の水資源状況を把握し，企業や住民を巻き込んで最適な水管理を実現すべき立場にある。情報技術が発達した現代において，最新の科学的知見にアクセスできないなどという「言い訳」は通らず，治水，利水，そして汚染防止に関する信頼性の高い知見を，組織内に蓄積し地域で共有していかなければならない。

　ただ，自治体においてこそ，たとえば企業誘致や農業への配慮から汚染規制に緩みが生じるという懸念もあろう。水資源の利用は伝統的にローカルな政治的調整の対象ではあったが，汚染対策においてはより広域を視野に入れなければならず，科学的知見が十分でない段階での予防的対応が求められるため，旧来型の水資源管理の枠組みが却って足枷になる可能性もある。健全な水循環の確保に汚染対策が含まれることを意識し，とりわけ土壌汚染への感度を高めることが重要になろう[26]。

---

(25)たとえば，朝日新聞2023年1月31日朝刊1面。海外に視野を拡げれば，決して新規の問題ではない。ロバート・ビロット（旦祐介訳）『毒の水―PFAS汚染に立ち向かったある弁護士の20年』（花伝社，2023）の伝えるところである。

---

(26) 東京都「都民の健康と安全を確保する環境に関する条例」の情報収集手法が参考にな
   る（115条1項等）。

第20章

国際社会と環境法

Ⅰ　国際法と環境法の接点としての国際環境法

　国際環境法は，1970年代以降，急速に発展を遂げた。とりわけ，1972年の
国連人間環境会議（ストックホルム会議）は，環境問題を議論する初の国際
会議として画期をなす。現代社会において環境問題の多くは，一国内のみの
対処ではすでに限界に達し，地球規模あるいは多国間の協力や規制を必要と
する。こうした時代の要請に合わせて，国際環境法が生成し，発展を遂げて
きた。

　国際条約において「環境」に関する統一的な定義は存在しない。国際司法
裁判所（International Court of Justice：ICJ）によれば，「環境」は，将来世代
を含む人間の生活空間，生活の質および健康そのものをいうと解される[1]。
また，環境の構成要素には，大気，土地，水，動植物，自然の生態系と場
所，人間の健康と安全，気候が含まれるとした国際判例もある[2]。こうした
環境の保全を目指す国際法規範の集合体によって国際環境法は構成され，そ
れは主に国家間の法的拘束力のある合意（条約など）と慣習国際法からなる。

　ところで，国際環境法の存在意義はどこにあるのだろうか。環境法の教科
書でしばしば言及される，「コモンズの悲劇」をもとにして考えてみたい。

（1）核兵器使用の合法性事件勧告的意見（1996年）参照。
（2）「鉄のライン」鉄道事件仲裁判決（2005年）参照。

コモンズの悲劇とは，多数者が利用できる共有資源が過剰利用されることによって資源の枯渇を招いてしまうという法則である。アメリカの生態学者であるギャレット・ハーディンによって提唱された[3]。コモンズの悲劇は，国際レベルの環境問題にも妥当する。たとえば，もし国境を越えて，汚水，化学物質，放射性物質，窒素酸化物などの汚染物質の無秩序な排出が行われると，海洋汚染，国際河川の汚染，長距離越境大気汚染，有害廃棄物の越境移動，有害な化学物質の国際取引，原子力事故などを引き起こしうる。また，人類にとって有益な自然資源が，人間活動によって棄損および枯渇させられる場合もある。森林破壊，自然生息地の破壊，砂漠化，絶滅のおそれのある野生動植物の取引，生物多様性の喪失，高度回遊性魚類資源の乱獲，オゾン層の破壊，地球温暖化，宇宙物体により引き起こされる事故や損害などがそれである。さらには，世界遺産の破壊や景観の破壊のようなコモンズの悲劇もありうる。

　コモンズの悲劇による人類の滅亡を回避するためには，いかなる方策が適切であろうか。その方策の1つとしてしばしば指摘されるのは，共有地を分割して，利用者ひとりひとりに私有地として割り当てる方法である。そうすることで，利用者は自分の土地を自らの責任の下で適切に管理しようとし，コモンズの悲劇を回避できるというのである。しかし，環境問題は，大気や水などの自然資源，海を泳ぎ回るまぐろなどの漁業資源，良好な景観や伝統的な街並みなど，分割できない性質のものも多いことから，この方法には限界がある。第2に，利用者（国）のモラルに委ねるという方法はどうであろうか。それぞれの利用者（国）に対して，良心の名において身勝手な行動をしないように求める方法である。しかし，これも誠実な利用者（国）は求めに応じるが，守らない利用者（国）が出てくるという問題がある。他にもさまざまな方法が考えられるが，ハーディンが提案するように，利用者同士でルールをつくることがひとつの有効な対応となる。国際レベルでは，条約に

---

(3) Garrett Hardin, "The Tragedy of the Commons," *Science*, Vol. 162, No. 3859 (1968), pp. 1243-1248.

おいて具体的な規則を明記し，それに強制力を持たせる（違反者にはペナルティを課す）という形が想定される。コモンズの悲劇を引き起こさないためには，国際環境法の果たす役割が決して小さくない。

こうしたコモンズの悲劇論は，共有地の利用に関するルールがなく，いわば無秩序状態でのオープンアクセスを前提としていることに留意する必要がある。つまり，この悲劇論は，共同体や地域社会による秩序ある利用形態を維持してきた伝統的な共有地（ローカル・コモンズ）の利用形態には当てはまらないとされる[4]。このような場合にはむしろ，世界各地に点在する秩序あるローカル・コモンズを国際的に尊重し保護する仕組みを条約等によって構築することが，国際環境法の役割として認識されよう。

Ⅱ　国際環境法の歴史的発展

国際環境法はどのようにして発展を遂げてきたのであろうか。以下では，国際環境法の権威であるサンズ教授が行う4つの時代区分を参考にし[5]，国際環境法の展開を追う。

1　前史──19世紀後半から第2次世界大戦終了まで（〜1945年）

この時期において，国家は国際的な環境問題に関する認識を共有していなかった。これは，国際環境法が国際法のなかに明確に位置づけられる以前のことである。この時期は，人間にとって有益な天然資源（とりわけ動植物）の保護を目的とする二国間条約を中心とする。その典型例として，1902年の農業に有益な鳥類の保護に関する条約があげられる。ただし，完全に二国間

（4）黒川哲志＝奥田進一編『環境法へのアプローチ（第2版）』（成文堂，2012）84〜85頁［奥田進一］。

（5）Philippe Sands, *Principles of International Environmental Law*, 2 nd ed.（Cambridge University Press, 2003）, pp. 25-69. この時代区分は日本語のテキストでも紹介されている。たとえば，松井芳郎『国際環境法の基本原則』（東信堂，2010）11〜25頁，柳原正治＝森川幸一＝兼原敦子編『プラクティス国際法講義（第4版）』（信山社，2022）350〜354頁［児矢野マリ］を参照。

条約だけではなかった。資源の過度な利用を制限し，資源の継続的な利用を確保するための制度を設ける多数国間条約もみられる。ライン川におけるサケ漁業の規制に関するスイス＝ドイツ＝オランダ間の条約（1885年）がその代表例である。この時期に締結された条約は，大半が人間中心主義に立つが，なかには自然中心主義の観点から，動植物相そのものを保護しようとする条約もみられる[6]。

　この時期には，環境問題が国家間の紛争要因となる事例もある。それは，主として，越境大気汚染や，国際水路の非航行的利用の問題（水力発電やダム建設，大規模な灌漑などに伴う転流や水量の変化）に関して生じた。越境大気汚染に関する二国間紛争としては，1941年のトレイル溶鉱所事件仲裁判決が有名である。本件は，カナダで操業する民間所有の溶鉱所から排出された大量の亜硫酸ガスによって隣接するアメリカの農林産業が大きな損害を受け，その賠償などをめぐる両国間の紛争が仲裁裁判所に付託された事件である。裁判所は，「国際法の諸原則ならびに米国法に従えば，事態が重大な結果を伴い，かつ，（ばい煙による）侵害が明白かつ納得のいく証拠によって立証されるときには，いかなる国家も，他国の領域またはそこに所在する人の財産と身体にばい煙による侵害をもたらすような方法で自国領域を使用したり，その使用を許可したりする権利を持たない」と述べて，カナダの国家責任を認めた。この判示は，実害発生後の賠償責任を判断するための法理，すなわち，「危害禁止規則」（no-harm rule）の定式化とみられる。我が国では，この考え方のことを「領域使用の管理責任」と呼ぶことがある。こうした事後救済の法は，1949年のコルフ海峡事件 ICJ 判決でも確認された。本判決は，かかる法理を，①領域国が自国領域内の危険を事前に了知しえたかどうか，②了知しえたときは損害防止に必要な措置（危険の警告・通知）を講じる義務を負うものとして認識した。本件は環境損害を対象とした事件では

（6）Convention on the Preservation and Conservation of Flora in Their Natural State, London, 8 November 1933, in force 14 January 1936, 172 *LNTS* 241; Convention on Nature Protection and Wild-Life Preservation in the Western Hemisphere, Washington, DC, 12 October 1940, in force 1 May 1942, 161 *UNTS* 193.

ないが，領域国に課される注意義務の具体化・客観化に寄与する先例として，国際環境法の発展に影響を及ぼした。

2　萌芽期——国連の設立からストックホルム会議まで（1945年〜1972年）

　20世紀半ばから科学技術の急速な進歩と人間活動の飛躍的な発展を背景に国際的な環境問題が複雑化し，二国間関係を超える国際的な環境問題が生じるようになった。その例として，大型タンカーの激増などを背景とする海洋汚染[7]，欧州広域における酸性雨問題，原子力の本格利用に伴う広範囲に及ぶ深刻な放射能汚染のおそれがあげられる。この時期の顕著な特徴の1つとして，多数国間条約が飛躍的に増加したことが指摘される。この時期に作成された多数国間条約は，事前の防止を目的とするものと，事後救済を目的とするものに分けられる。前者は，原因活動などを管轄する国に，問題発生の防止またはその危険の削減を求める複数の条約である[8]。後者は，高度に危険な活動から生じた越境損害の救済（事業者または管轄国の無過失責任）を規定する一連の条約である[9]。

　この時期のもう1つの特徴として，条約作成過程に国際組織やNGOなど国家以外の主体が関与する傾向がみられることである。たとえば，海洋汚染の条約の作成には国際海事機関（IMO）の前身である政府間海事協議機関（IMCO）が中心的な役割を果たした。また，ラムサール条約の作成は国際NGOである国際自然保護連合（IUCN）が主導した。

（7）この時代を代表するタンカー事故として，トリー・キャニオン号事件がある。本件は，1967年にリベリア船籍の大型タンカー，トリー・キャニオン号が英国沖合の公海上で座礁し，流出した大量の油によって英国とフランスに甚大な被害をもたらした事件である。本件では，船舶の旗国が公海において違法な汚染行為を行った場合，当該船舶を処罰できるのは旗国に限られ，沿岸国は何らの管轄権も行使できないことが問題となった。本件事故を契機に船舶起因汚染に関する国際条約の整備が進んだ。
（8）海洋油濁防止条約（1954年），油濁公海措置条約（1969年），湿地保護に関するラムサール条約（1971年）など。
（9）油濁民事責任条約（1969年），原子力民事責任条約（1969年），宇宙条約（1967年）など。

3　形成期——ストックホルム会議からリオ会議まで（1972年～1992年）

　1960年代は，先進国を中心に，広範囲に及ぶ環境問題（大型タンカー事故に伴う海洋汚染，原子力の本格利用の開始に伴う放射能汚染のおそれ，酸性雨など）への懸念が高まった。こうした変化に国際社会が協力して対処すべく，1972年にストックホルム会議が開催され，国連人間環境宣言（ストックホルム宣言）が採択された。これを契機として，多様な環境問題への法的対応が国際レベルで本格化した。この時期の特徴として次の2点を指摘できる。第1は，多様な環境問題について，主に損害発生の防止を目指す多数国間条約が増加したことである。かかる条約は，さらに次の2つの環境問題群で現れる。1つは，二国間を超える，より広範囲の地域の環境問題に対処する条約である[10]。もう1つは，地球規模の環境問題（被害が地球全体に及ぶ環境問題や，公海・南極・宇宙・深海底などの国家管轄権外区域の環境破壊など）に対処する条約である[11]。

　第2は，国際的な環境問題を扱う国際組織やNGOの増大である。こうした国家以外の主体が多数国間条約の作成と実施に多面的に関与する傾向がうかがわれる。1972年に国連総会の補助機関として設立された国連環境計画（UNEP）は，多数国間条約の作成の場を提供したり，多数国間条約の事務局としての役割を果たしたりするようになった。また，世界自然保護基金（WWF）やグリーンピースなどの国際NGOが国境を越えたネットワークを構築し，国際組織や多数国間条約の締約国会議などにオブザーバーとして参加するようになる。

---

(10)北東大西洋海洋投棄汚染防止オスロ条約（1972年），地中海環境保全バルセロナ条約（1976年），長距離越境大気汚染防止条約（1979年），越境環境影響評価エスポ条約（1991年）など。

(11)海洋投棄規制ロンドン条約（1972年），海洋汚染防止（MARPOL）条約（1973年），野生動植物国際取引規制ワシントン条約（1973年），国連海洋法条約（1982年），オゾン層保護ウィーン条約（1985年），オゾン層保護モントリオール議定書（1987年），原子力事故早期通報条約（1986年），有害廃棄物越境移動規制バーゼル条約（1989年），南極条約環境保護議定書（1991年）など。

4　確立期──リオ会議以降（1992年〜現在）

　冷戦終結後の1992年6月，ブラジルのリオ・デ・ジャネイロにて環境保全と経済開発との両立を重要な課題とする国連環境開発会議（リオ会議）が開催された。会議の成果物として，リオ宣言とその行動計画であるアジェンダ21，さらに，森林保全の行動原則を定める森林原則声明が採択された。とりわけリオ宣言は，その後の国際環境法の基礎となる重要原則を確認した。国際環境法が確立されていくこの時期の特徴は次の3点にまとめられる。第1は，多数国間条約による損害発生防止のための規律の一層の拡充である。多数国間条約が地球規模の様々な環境問題に対処すべく増加し続けている[12]。また，既存の多数国間条約について，より厳格な方向への改正，具体的な規則を定める追加議定書や協定の採択，条約の遵守確保のための仕組みの導入などにより，具体的な実施が本格化していく[13]。

　第2は，非国家主体の関与の拡大である。この現象はさらに次の3つに分けられる。①国際組織の役割が，条約作成および実施監督のフォーラム，条約事務局，科学技術の専門的知見・助言，財政支援などの提供を含め多様化していること，②条約の作成および実施の過程への国際商業会議所などの業界団体のオブザーバー参加を認める傾向が看取されること，③市民や利害関係者の手続参加を目的とする条約[14]が現れたこと，である。

　第3は，時代に即した新たな概念や原則の発達である。以下では，予防原則と「持続可能な発展」の概念に言及しておく。まず予防原則は，損害発生の可能性につき合理的な根拠はあるが，その蓋然性を科学的に証明できない，または発生しうる損害の程度が科学的に明らかでない場合，そうした不確実なリスクに対処し適切な措置を講じることを国に要求することをその内

---

(12)気候変動枠組条約（1992），生物多様性条約（1992年），砂漠化対処条約（1994年），残留性有機汚染物質規制ストックホルム条約（2001年），水銀条約（2013年）など。
(13)ロンドン条約改正議定書（1996年），北東大西洋OSPAR条約（1992年），パリ協定（2015年），カルタヘナ議定書（2000年），名古屋・クアラルンプール議定書（2010年）など。
(14)オーフス条約（1998年），エスカス協定（2018年）。

容とする(15)。持続可能な発展は，環境保全と経済発展の統合を追求する考え方である。持続可能な発展は予防原則とも関連する。すなわち，持続可能な漁業や海底鉱物資源の探査・開発の場面において，生態系に配慮しかつ予防原則を組み込んだ解釈が展開される傾向がみられる(16)。

持続可能な発展の概念は，天然資源の開発と利用において将来世代のニーズを充たす人々の能力を害することなく現在の世代が自らのニーズを充たすべきとする「世代間衡平」の考え方や，今日の環境悪化への先進国の歴史的寄与や対策をとる能力の違いに鑑み特に先進国が率先して対処すべきであるとする「共通だが差異のある責任」の原則とも関係が深い。ただし，持続可能な発展の概念は，その内容や適用基準が曖昧で，要請される措置の判断は国家の裁量に委ねられているという限界を有する。しかし，特に海洋生物資源の管理の分野では，持続可能な資源の利用の規律の場面において，関係国間の協議を含む協力義務や，許容漁獲量の決定基準(17)の設定と適用を通じて，具体化・明確化が進展している。

Ⅲ　慣習国際法としての国際環境法諸原則

国際法は，国家間の合意である条約や諸国の慣行の積み重ねである慣習国際法によって構成され，国際環境法も同じである。慣習国際法として認められるためには，一般的慣行（一定の行為について国際的な慣行が認められること）と法的信念（その慣行が多数の国によって法的に義務的または正当なものと

---

(15)リオ宣言（1992年），気候変動枠組条約（1992年），国連公海漁業実施協定（1995年），ロンドン条約改正議定書（1996年）など。なお，リオ宣言の原則15は，予防原則について，「深刻なまたは回復不可能な損害が存在する場合には，完全な科学的確実性の欠如を，環境悪化を防止するための費用対効果の大きい対策を延期する理由として援用してはならない」と規定する。
(16)国際海洋法裁判所の判断事例として，みなみまぐろ事件（1999年），MOX工場事件（2001年），ジョホール海峡埋立事件（2003年）の各暫定措置命令，深海底活動責任事件勧告的意見（2011年）。
(17)例えば，国連公海漁業実施協定における最大持続生産量（Maximum Sustainable Yield：MSY）など。

して認められていること）という 2 つの要件が充足されなければならない。慣習国際法として認められた原則は，自らが当事国となっている条約に規定されていなくても，すべての国を法的に拘束する。慣習国際法として成立している国際環境法の原則にはどのようなものがあるだろうか。実体的義務（損害の発生防止・削減を含む環境保全それ自体を命じる義務）と手続的義務（損害の原因や危険の解明，事業計画等の意思決定過程で一定の手続の実施を求める義務）とに区別したうえで，慣習国際法規則を概観してみる。

1　実体的義務——越境環境損害防止義務

　ストックホルム宣言原則21は，天然資源に対する国家の恒久主権を確認する一方，「自国の管轄または管理下の活動が他の国の環境または国の管轄権の範囲外の区域の環境に損害を及ぼさないように確保する責任を有する」と謳う。これは，「越境環境損害防止義務」の定式化である。今日，慣習国際法としての性質が異論なく認められているのは，ストックホルム宣言原則21に定める「損害」のなかでも，「重大な」という水準に達する損害に限られる。かかる水準に到達しているか否かについて，一般的な判断基準はなく，原因国に大幅な裁量がある。国際裁判で争いになった場合には，これを裁判所が判断することになる。慣習国際法としての防止義務は，国家に対し，重大な損害の回避のために適切な措置を講じる義務（＝相当の注意義務）を課す（ストックホルム宣言の「確保する責任」に該当する）。要するに，慣習国際法たる防止義務は，重大な損害と相当の注意の欠如が認められるときにのみ，その違反が成立する。

　防止義務は，前述の危害禁止規則と比較した場合に，次のような特徴を有する。第 1 に，危害禁止規則は「重大な」という水準の実害の発生を前提とするのに対し，防止義務は，重大な害の危険を未然に回避するという事前防止の視点に立っていること。第 2 に，国家の相当の注意義務の範囲を，自国領域内の活動だけでなく，自国の管轄または管理下の活動（自国の船舶，航空機，宇宙物体などが自国領域外で与える損害），さらには，国家の管轄外の地域（公海，深海底，南極大陸，宇宙空間など）へと拡大していること。第 3

に，危害禁止規則は人間に対する影響の軽減を主たる目的とするのに対し，防止義務は，それに加え天然資源や環境それ自体の保護にも目を向けていくこと[18]。「相当の注意」の内容は，予見される損害の規模や性質，原因国の能力など，個別の事案の状況に左右される可変的なものである。ただし，後述の手続的義務の違反が，「相当の注意」義務の違反認定の判断の基準とされることがある。その意味で，実体的義務と手続的義務は相互に連関している。また最近では，「相当の注意」義務の適用に際して予防原則を導入する実践が国際海洋法裁判所（ITLOS）等でみられるようになっている[19]。しかし，こうした傾向は，いまだ慣習国際法としては確立していない。

2　手続的義務

(1)　事前通報・協議義務

　事前通報・協議義務とは，国家は，他国の環境を含めて自国の管轄を越える地域または場所に重大な悪影響を与えるおそれのある，自国の領域または管轄もしくは管理下の活動について，その活動の許可または実施に先立ち，影響を受けるおそれのある国（潜在的被影響国）に通知し，その要請を受けて同国と協議しなければならないというものである[20]。通報・協議の具体的な内容，態様，実施方法は管轄国の裁量に委ねられるが，信義誠実の原則に基づき実質化しなければならない[21]。国家は，自国の領域内または管轄・管理下において，重大なかつ急迫した危険を及ぼす活動または事象を認識した場合には，潜在的被影響国に通報する義務（緊急事態通報義務）を負う[22]。

---

(18) *See* Leslie-Anne Duvic-Paoli, *The Prevention Principle in International Environmental Law* (Cambridge University Press, 2018), pp. 8-9, 19.
(19) 深海底活動責任事件勧告的意見（2011年）。
(20) リオ宣言（1992年），国連海洋法条約（1982年），生物多様性条約（1992年），原子力安全条約（1994年），越境損害防止条文草案（2001年）など。
(21) ラヌー湖事件仲裁判決（1957年）。
(22) リオ宣言（1992年），原子力事故早期通報条約（1986年），国連海洋法条約（1982年），生物多様性条約（1992年）など。

(2)　環境影響評価（EIA）の実施義務

　この義務は，国家に次のことを要求する。すなわち，他国または国家管轄外地域の環境に重大な悪影響を与えるおそれのある，自国の領域または管轄もしくは管理下の活動について，前述の事前通報・協議義務の前提として環境影響評価（Environmental Impact Assessment：EIA）を実施することである。EIA は，実施段階に達した事業活動を対象に行われる「狭義の EIA」と，計画，プログラム，政策または立法を対象とする戦略的環境評価（Strategic Environmental Assessment：SEA）に分類される。後者は，その大半が欧州地域の条約であるため，慣習国際法化していない。ICJ は，複数の事件において，「狭義の EIA」を実施する義務が慣習国際法であることを認めている[23]。もっとも，実施すべき EIA の内容は，計画国の国内措置に委ねられる[24]。つまり，自国の国内法に従っている限り，慣習国際法としての EIA 実施義務の違反は生じない。

　最近の判例の傾向として注目に値するのは，かかる EIA 実施義務が，事前通報・協議義務など他の手続的義務との時間的連続性を意識して定式化されていることである。2015年の国境地帯ニカラグア活動事件および道路建設事件 ICJ 判決は，EIA の実施義務を，時間的に連続した 3 つの義務に分化した。すなわち，第 1 に，計画国は，当該計画活動が他国に重大な越境損害の危険を生じさせるか否かを判断する義務を負う（予備的評価），第 2 に，かかる危険が肯定される場合に，当該計画国は EIA を準備し完成させる義務を負う（本来的な EIA），第 3 に，その結果，当該計画国が他国に重大な越境損害の危険を生じさせると判断した場合には，関係国に通報を行い，必要に応じて協議する義務を負う（通報・協議），というものである。なお，事業活動が開始された後も，計画国は，重大な越境損害の危険を生じさせる場合には，EIA を実施する義務（モニタリング義務）を負うと解されている。

---

(23) ウルグアイ川パルプ工場事件（2010年），国境地帯ニカラグア活動事件および道路建設事件（2015年）など。
(24) ウルグアイ川パルプ工場事件（2010年），インダス川キシェンガンガ事件仲裁判決（2013年）。

Ⅳ　国際環境法における履行確保と環境損害の救済

1　環境条約の履行確保手段

　これまで多数の環境条約が作成されてきたが，単に条約を作成するだけではあまり意味がない。条約は当事国に守られてこそ，実質的な効果を持つ。条約違反に対しては国際裁判が有益な場合もある。実際，1990年代以降，国際裁判への付託事例が増加している。ただし，国際裁判は当事国が同意しなければ開始しないという限界がある。たとえ同意があったとしても，国際裁判は，原告国による被告国の義務違反の立証の困難さや，当事国関係の悪化の懸念など，いくつかの困難に直面する。そもそも，条約違反国のなかには履行能力の不足ゆえに条約義務を守れない国も存在する。このような国は，判決を履行することさえ難しい。

　このような国際裁判の限界を補うべく，国際環境法に固有の履行確保制度が構築されている。多数国間条約において，締約国が積極的に条約義務を履行するよう促す手続がそれである[25]。これは遵守促進手続あるいは不遵守手続と呼ばれる。この手続は，条約機関において条約上の義務の不遵守を審査し，不遵守が認定されたときは，不遵守国に対し適切な措置を勧告することを内容とし，非強制的な性質を持つ。不遵守の審査は，通常，①不遵守国の自己申告，②他の締約国の申立て，③条約機関の判断，のいずれかによって開始される。審査機関は，締約国会議（COP）などが選出する締約国政府の代表や，個人資格の専門家などで構成される。審査機関によって不遵守があると判断されれば，その認定とともにとるべき措置が決定される。当該措置の内容は，大きく次の2つに分けられる。1つは，不遵守国の遵守能力の欠如を補うために技術的・財政的援助を行う支援志向の改善措置であり，も

---

(25)モントリオール議定書（1987年），バーゼル条約（1989年），エスポ条約（1991年），京都議定書（1997年），オーフス条約（1998年），名古屋議定書（2010年）など。

う1つは，条約上の権利や特権の停止などの制裁措置（不遵守の宣言を含む）である。

2 環境損害の救済

条約上の義務や慣習国際法上の義務が諸国によって守られなかった場合，義務違反に対する国家の責任が問われる。このような責任は，国際裁判で追求されることもあれば，外交交渉を通して裁判外で妥結される場合もある。国際環境法では，責任に関して一般的に適用可能な文書は存在しない。そのため，国際法一般の責任規則である国家責任法が適用されることになる。国家責任法の法典化は，2001年の国際違法行為に対する国家の責任に関する条文（国家責任条文）として結実している。国家責任条文は，義務違反に対する責任追及として，原状回復，金銭賠償，違反の認定，違法行為の停止，再発防止の保証などを規定する。

しかし，あらゆる違法行為が国家責任法の適用によって解決できるわけではない。環境分野では，特に次のような場合に国家責任法による救済が困難となる。第1に，社会的に有用な適法活動（たとえば，タンカーによる油の輸送）から生じた損害の救済の場合，第2に，原因行為に対する管理能力や金銭賠償の支払能力に欠ける場合（特に開発途上国が加害者となる場合に顕在化），第3に，賠償の対象とされる違法行為と損害の間の相当因果関係の確定が困難な場合である。

そこで，こうした限界を補うべく1970年代以降，環境分野では個別条約において厳格責任に基づく賠償責任制度が導入されるようになった。厳格責任とは，原因と損害発生の間に相当因果関係があれば，国家に過失がある（相当の注意を怠った）か否かにかかわらず，損害について原因国や事業者に賠償責任を負わせる救済手法である。厳格責任を導入する多数国間条約は，次の3つのタイプに分けられる。第1は，事業者の民事責任を定める条約である。かかる条約の展開は，航空機損害[26]や廃棄物処理[27]にみられる。第2は，国家の専属責任を定める条約である。こうした条約は，宇宙活動損害について採用されている[28]。第3は，事業者の負担能力を超える損害賠償の

負担分につき管轄国の責任を認める混合責任型の条約である。こうした条約は，原子力損害で採られている[29]。

　これらのうち，民事賠償責任に関する条約では，事業者に求められる補償の対象範囲が，従来の人身・財産損害を超えて，環境損害に関連する合理的（防止・回復・対応）措置費用にまで拡張されてきている。もっとも，生物多様性やアメニティのような「環境それ自体の損害」（純粋環境損害）は，民事責任条約でもカバーされていない。

　ところで，最近の国際裁判例には，純粋環境損害について国の賠償責任を認めるものがある。2018年の国境地帯ニカラグア活動事件（賠償額の査定）ICJ判決である。本判決は，環境損害及びその結果として生じる財・サービスを提供する環境能力の毀損または損失が国際法上，金銭的に評価可能であるとし，純粋環境損害に対する国の賠償責任を認めた。それと同時に本判決は，純粋環境損害に関連する合理的（防止・回復・対応）措置費用の賠償責任をも国に認めた点で注目に値する。合理的措置費用に対する国の賠償責任の肯定は，事業者を賠償責任主体とする民事賠償責任条約を補完する役割を果たしうる。

COLUMN

人権条約機関における環境権の判断〜ナイジェリアのオゴニランド事件

　オゴニランド事件は，ナイジェリアの国営石油とシェル石油が，アフリカのナイジェリア共和国南部，ニジェール川の河口部に位置するニジェール・デルタのオゴニランドで行った石油開発事業に端を発する。深刻な汚染の被害をこうむった先住民族たるオゴニの人たちに代わり2つのNGOは，ナイ

---

(26) 外国航空機第三者損害条約（1952年）。海洋汚染につき，油汚染損害民事責任条約（1992年），有害物質海上輸送損害条約（1996年），燃料油汚染損害民事責任条約（2001年）など。

(27) バーゼル損害賠償責任議定書（1999年）。南極の環境保護につき，南極鉱物資源活動規制条約（1988年），南極条約環境保護責任議定書附属書Ⅵ（2005年）。

(28) 宇宙条約（1966年），宇宙損害責任条約（1971年）。

(29) 原子力分野第三者責任条約（1960年），原子力損害民事責任条約（1963年）とその改正議定書（1997年），原子力損害補完的補償条約（1997年）など。

ジェリア政府が適切な被害防止措置をとることを怠ったとして，「人及び人民の権利に関するアフリカ憲章」（1981年，以下，「バンジュール憲章」）24条に規定する「環境に対する権利」の侵害を，バンジュール憲章の履行を監視する「アフリカ人権委員会」に通報した。なお，バンジュール憲章24条は，「全ての人民は，その発展に有利な，一般的で満足できる環境に対する権利を有する」と規定し，法的拘束力を持つ他のいかなる人権条約よりも明確な形で環境権を定めている。

　本件では，国際人権条約（本件では，バンジュール憲章）に定められた人権が当事国によって侵害されたと主張する被害者が，国内救済手続を尽くしても救済されないときに，人権条約機関（本件では，アフリカ人権委員会）に通報して侵害を審査してもらうという「個人通報制度」という制度が利用された。2001年10月，委員会は，最終的に，ナイジェリア政府がバンジュール憲章24条に違反しているとする決定を出した。本決定は，国際的な裁定機関が行った初の環境権の違反認定事例として先例的価値を持つ。

　当委員会の決定の特色として，以下の３点が挙げられる。第１に，バンジュール憲章に規定されるすべての人権は，国家に対し，尊重（人権の享受に対する介入の禁止），保護（人権の実現を目的とした立法や効果的な救済の提供），促進（個人が権利を行使できるように社会基盤を整備すること），充足（人権の実現に向けてより積極的な措置をとること）という４つのレベルの義務を課しているとしたこと，第２に，これら４つの義務のうち，委員会はナイジェリア政府の治安部隊がオゴニの人たちの村落を襲撃・破壊したことが尊重義務の違反となるとしたこと，第３に，24条の環境権の遵守にあたり，政府は少なくとも次のような手続を踏まえなければならないとしたこと，である。すなわち，①脅威となる環境の独立した科学的モニタリングを行うこと，②大規模な産業活動の実施前に，環境上及び社会的な影響調査を行うこと，③適切なモニタリングを行い，危険な物質や活動にさらされるコミュニティに対し情報を提供すること，④個人に聴聞の機会を付与し，また，そのコミュニティに影響を与える開発の意思決定に参加する有意義な機会を設けること，である。

第**21**章

海洋環境をめぐる法

I はじめに

1 海洋環境を守る意義

　地球の表面の約7割を占める海は，ときに「七つの海」や「領海・公海」などと人間の視点からは区分されるが，実質的にはただ一つの存在であり，「海洋大循環」と呼ばれる通り，海水はおよそ2000年かけて世界を巡っている[1]。

　その営みの中で海は，陸上からは岩石の風化物質，大気からは酸素・二酸化炭素などを溶け込ませて，深海底物質などとともに物質を貯留する機能がある。貯留された物質は，食料としては水産資源，生活・産業を支えるエネルギーとしては石油・天然ガスに加え，レアメタルなどの鉱物資源として人間社会に供給される。加えて，海には，全世界で約23万種の生物が確認されており（日本の排他的経済水域にはそのうちの約15％が存在する。），生物多様性の宝庫である。

　また，海は，海水面よりも温度の高い大気から熱を吸収し，暖流・寒流と称される海流によって熱を運搬する機能もある。海水は，太陽の熱を受ける

（1）海洋大循環について，北海道大学大学院環境科学院地球圏科学専攻大気海洋物理学・気候力学コース Web サイト『塩のさじ加減で決まる海洋大循環』参照。

と蒸発して大気中の水分となり，凝結して雲となり，雨や雪として地上に降ることで，水の供給も担っている。そして地上に降った水は，時間をかけて川となって海に流れ込み，いずれまた蒸発していくという「水循環」が繰り返され，水循環によって大気中の水分は年間30回以上入れ替わると言われている。水循環は，蒸発の際には周辺大気を冷やし，反対に凝結の際には周辺大気を暖めるため，地球上の温度を一定に保つことにも貢献している。

　海がこのような機能を果たしていることから，海洋環境は，「地球の生命支持システムに不可欠な構成部分であり，持続可能な開発の機会を提供する積極的資産」[2]と捉えることができ，その保全をすることの意義は人間・動植物にとっても地球全体にとっても計り知れないほど大きい。

2　海洋環境の汚染原因

　海洋環境の汚染原因として，国連海洋法条約は，陸の発生源，海底および深海底における活動，海洋投棄，船舶，大気を挙げている。実際の海洋環境の汚染は，8割が陸からのものとされ，その原因は，我々の家庭生活や産業活動などによる排水が川や海に放出されること，農薬や適切に処理されていない廃棄物に含まれる有害物質などが土壌を経由するなどして地下水や川から最終的に海に流れ込むこと，そして大気汚染物質が海上の大気中に流れ，雨とともに落下することなどが主たるものである。また，最近では，海岸に漂着するごみや，海に流れ込むプラスチックごみが注目を集めている[3]。これら陸の汚染源に対処する法律としては，大気汚染防止法や水質汚濁防止法，廃棄物処理法，海岸漂着物処理法などがある。

　船舶を原因とする汚染としては，船舶の運航に伴って生じる廃油や有害液

（2）1992年に開催された「国連環境開発会議」（「地球サミット」）で採択された『アジェンダ21』第17章17.1参照。
（3）海洋プラスチックごみが日本で話題となったのはごく最近であるが，1960年頃から報告され，1984年には国際会議（第1回海洋ごみ国際会議）が米国海洋大気庁（NOAA）により開催されていたことなどについて，独立行政法人国際協力機構（JICA）Webサイト『全世界海洋プラスチックごみの実態把握及び資源循環に係る本邦技術の活用に向けた情報収集・確認調査最終報告書』（2020）参照。

体物質が海に排出されること，船舶内で発生した廃棄物が海に投棄されること，座礁事故等によって燃料または積荷の油が海に流出することのほか，船舶が燃料として油を燃焼させることによって大気汚染物質を排出していることなどが主たるものである。最近では，船舶のバラスト水（後掲Ⅱ5参照）が海の生態系に悪影響を及ぼしていることが分かっている。これら船舶からの汚染に対処する法律としては，海洋汚染防止法があり，また，海の生態系の保護に関しては，自然公園法（海域公園地区制度）および自然環境保全法（海域特別地区制度）がある。

Ⅱ　海洋環境に関する国際法・国内法

1　国連海洋法条約

　海は，陸地とは異なって世界でつながって1つであり，世界各国が利用するため，長らく積み重ねられた慣習法が存在した。それらを法典化した国連海洋法条約は，「海の憲法」として海洋の法的秩序を定めており，海洋環境について単独の部（第12部）を設けている。そこでは，締約国は海洋環境を保護・保全する一般的義務があり，「あらゆる発生源からの海洋環境の汚染を防止し，軽減しおよび規制するため，利用することができる実行可能な最善の手段を用い，かつ，自国の能力に応じ，単独でまたは適当なときは共同して，この条約に適合するすべての必要な措置をとるものとし，また，この点に関して政策を調和させるよう努力する」ことが求められている。

　なお，同条約は，海洋環境の汚染について，人間による海洋環境（三角江を含む。）への物質またはエネルギーの直接的または間接的な導入であって，生物資源および海洋生物に対する害，人の健康に対する危険，海洋活動（漁獲およびその他の適法な海洋の利用を含む。）に対する障害，海水の水質を利用に適さなくすること並びに快適性の減殺のような有害な結果をもたらしまたはもたらすおそれのあるものと定義しており，自然由来の汚染を含めず，人為的なものに限っている。

同条約は，たとえば陸の汚染原因に対しては，国際的に合意される規則および基準並びに勧告される方式および手続を考慮して，陸にある発生源（河川，三角江，パイプラインおよび排水口を含む。）からの海洋環境の汚染を防止し，軽減しおよび規制するため法令を制定することを締約国に求めており，国連環境計画（UNEP）などが国際的取組みのための議論の場となっている[4]。

船舶を原因とする汚染については，権限のある国際機関または一般的な外交会議を通じ，船舶からの海洋環境の汚染を防止し，軽減しおよび規制するため，国際的な規則および基準を定めることを同条約は締約国に求めている。1958年に設立された国際海事機関（IMO）[5]が「権限のある国際機関」としてその役割を果たしており，この分野で早くから国際法を形成してきた。もとより国際的に移動する船舶（外航船舶）に対しては，各国・地域がそれぞれ取り組むよりも国際社会として統一的に取り組むことが望ましいからである。

2　海洋環境保護条約と国内実施法

(1)　総　論

海洋環境を保護する条約として国際海事機関（IMO）で採択された主なものとして，海水油濁防止条約（1954年），油汚染事故公海措置条約（1969年），ロンドン条約（1972年），73MARPOL条約（1973年），73/78MARPOL条約議定書（1978年），OPRC条約（1990年），AFS条約（2001年），バラスト水管理条約（2004年）が挙げられる。また，船舶所有者の責任や補償等に関しては，CLC条約（1969年），FC条約（1971年），HNS条約（1996年）など

（4）UNEPにおける当初の取り組みとして，1985年の「陸上起因汚染に対する海洋環境保護のためのモントリオールガイドライン（Montreal Guidelines for the Protection of the Marine Environment against Pollution from Land-based Sources)」（国連デジタル図書館にて書誌情報を閲覧可）や，1995年の「陸上活動からの海洋環境の保護に関する世界行動計画（Global Program of Action for the Protection of the Marine Environment from Land-based Activities)（UNEP Webサイト参照）が挙げられる。
（5）設立当初の名称は政府間海事協議機関（IMCO）で，1982年に現在名に改称した。

がある。海水油濁防止条約が1954年に採択された事実に見られる通り，船舶による汚染を対象とした国際法の形成は比較的早いが，とりわけ1967年に英仏海峡で発生した大型タンカー「トリー・キャニオン号」の事件[6]は，その後の発展を促す契機となった。

(2)　MARPOL 条約

　海洋環境保護条約のうち，中心となるのは MARPOL 条約である。船舶から排出される油による海洋汚染への対応として，1954年に海水油濁防止条約が採択されたが，いっそうの海洋環境保護に対する関心の高まりや，油以外の有害物質が船舶で輸送されることが増えつつあったことなどを背景として，より包括的な条約の必要性が広く認識され，1973年に「1973年の船舶による海洋汚染防止のための国際条約」（73MARPOL 条約）が採択された。

　同条約は，軽油を規制対象として追加するなど油の排出規制を強化するとともに，新たに有害液体物質，汚水，廃棄物などに対する排出規制および設備規制を導入するなど，画期的な内容であった。しかし，有害液体物質の排出規制には技術上の問題が浮上し，各国にとって実施は困難であったため，同条約は発効に至らなかった。そこで，同条約を一部修正し，また，同条約採択後に機運の高まったタンカーに対する規制強化を盛り込んで1978年に「1973年の船舶による汚染の防止のための国際条約に関する1978年の議定書」（海洋汚染防止条約議定書）が採択された。一般に MARPOL 条約または船舶汚染防止国際条約と言う場合，1978年の改正議定書によって改正された1973年の海洋汚染防止条約（MARPOL73/78条約）を指す[7]。

　1978年の議定書は，1973年の条約を基礎としてその附属書の実施を図るものである。条約附属書にはⅠからⅥまであり，附属書Ⅰ（油による汚染の防

---

(6)リベリア国籍のトリー・キャニオン（Torrey Canyon）号は，1967年３月18日にシリー諸島沖の岩礁に乗り上げ，貨物タンクから流出した9.3万 kl の原油により英仏の海岸を汚染し，魚介類，海鳥類等に多大な被害をもたらした。日本海事センター編『海洋法と船舶の通航（改訂版）』（成山堂書店，2010）126頁参照。
(7)但し，1997年に採択された「1973年の船舶による汚染防止のための国際条約に関する1978年の議定書によって修正された同条約を改正する1997年の議定書」によって附属書Ⅵが追加されている。

止のための規則）は，船舶の運航や事故に伴う油の排出による海洋汚染の防止に関する規則やタンカーの二重底規則について，附属書Ⅱ（ばら積みの有害液体物質による汚染の規制のための規則）は，有害液体物質をばら積み輸送する船舶の貨物タンクの洗浄および洗浄水の排出方法や設備要件等について，附属書Ⅲ（容器に収納した状態で海上において運送される有害物質による汚染の防止のための規則）は，有害物質の包装方法や積み付け方法について，附属書Ⅳ（船舶からの汚水による汚染の防止のための規則）は，船舶の運航中に生じたふん尿や汚水の排出について，附属書Ⅴ（船舶からの廃物による汚染の防止のための規則）は，船舶の運航中に生じた廃棄物の排出について，附属書Ⅵ（船舶からの大気汚染防止のための規則）は，船舶の運航中に生じた窒素・硫黄酸化物の排出等について，それぞれ規定している。

(3) 海洋汚染防止法

① 制定の経緯

MARPOL 条約を日本で実施するための法律として海洋汚染防止法がある。海洋汚染防止法は，海水油濁防止法（1967年）および海洋汚染防止法（1970年）を前身とする。海水油濁防止法は，日本の海洋汚染防止対策として船舶からの油の排出を初めて本格的に規制するものであったが，これは日本が1967年に批准した海水油濁防止条約を実施するためでもあった。その後，同条約の改正（1969年）および油汚染事故公海措置条約の採択（1969年）を受けて，1970年に海洋汚染防止法（旧法）が制定されたが，国内においては海上災害の発生により，海洋汚染の防止に加え海上災害の防止も望まれたため，1976年に海洋汚染防止法（現行法）となった。

② 規制内容

海洋汚染防止法は，たとえば船舶からの油（原油，重油，潤滑油など）の排出を一般的に禁止しつつ，ビルジ（船底にたまる油性混合物）の排出は，油分濃度（15ppm 以下）や海域（一般海域等）などを条件に許容している。また，油の取り扱いについて記録する油記録簿を船内で作成・保存すること，その作成・保管のほか，船舶からの油の不適正な排出の防止を担う者として油濁防止管理者を船舶職員の中から選任すること，油濁防止管理者の選任手

続きや油の不適正排出防止のための措置などをとりまとめた油濁防止規程を
定めること，不適正な油の排出があった場合などに直ちにとるべき措置を記
した油濁防止緊急措置手引書を作成することなどを船舶所有者に義務付けて
いる。なお，油濁防止管理者は，公害防止組織法（特定工場における公害防止
組織の整備に関する法律）における公害防止管理者と同様に国家資格である。

　廃棄物の排出についても基本的に禁止するが，一定の場合には廃棄物の種
類，船舶の種類，海域，方法によって許容している。船内で発生する廃棄物
としては，船員の日常生活に伴って生じるふん尿，ごみ（日常系廃棄物。プ
ラスチック，食物くずなど。），輸送活動などに伴って生じるごみ（業務系廃棄
物。ロープなどの貨物積み付け資材など。）などがあるところ，たとえばふん尿
については，国際公海に従事する総トン数400トン以上または最大搭載人員
16名以上の船舶の場合，すべての国の領海の基線からその外側12海里の線を
超える海域にあっては，航行中（対水速度４ノット以上での航行）に海面下に
対して未処理で排出することが認められている。同様の船舶で，領海の基線
からその外側３海里の線を超える海域にあっては，ふん尿等排出防止装置に
より処理されたものに限り，航行中に海面下に対して排出することができ
る。船舶は，船内で発生した廃棄物を適切に取り扱うために，船舶発生廃棄
物汚染防止規程を策定し，また，船舶発生廃棄物記録簿を作成，保管しなけ
ればならない。

　船舶の原動機（ディーゼルエンジンや発電機など）から排出される大気汚染
物質ついては，たとえば窒素酸化物に関しては，原動機の種類や規模，海域
などに応じて「放出基準」が定められており，原動機製作者は，原動機が船
舶に設置される前に放出基準に適合するものであることについて国土交通大
臣の確認を受けなければならない。硫黄酸化物に関しては，燃料規制（燃料
油に含まれる硫黄分の濃度基準）を採用するとともに，当該規制に適合した燃
料油であることを証明する燃料油供給証明書を船内に備え置くことを義務づ
けている。

3　地球温暖化問題

　地球温暖化という観点からは海洋環境に関して，船舶からの二酸化炭素の
排出抑制と海底下での二酸化炭素の貯留とが注目されている。

(1)　船舶による二酸化炭素の排出

　陸上における二酸化炭素などの温室効果ガス（GHG）の排出抑制について
は，国連気候変動枠組条約や京都議定書，パリ協定などの国際的な規制があ
るが，国際的に移動する船舶（外航船舶）や飛行機から排出される二酸化炭
素については京都議定書の対象外とされている[(8)]。外航船舶からの二酸化炭
素の排出は，ほとんどが燃料油の燃焼によるものであり，その排出量は2018
年時点で約7億トンとされ，世界全体の排出量の約2％を占めている[(9)]。

　IMO での議論は時間を要したが，2011年に世界で初めて先進国と途上国
との区別のない排出規制を導入した。それは，MARPOL 条約附属書 VI に
盛り込まれた燃費規制たるエネルギー効率設計指標（Energy Efficiency De-
sign Index：EEDI）および船舶エネルギー効率マネジメントプラン（Ship
Energy Efficiency Management Plan：SEEMP）であり，新造船（2013年以降に
建造契約が締結されるなど新たに建造される船舶）を対象とする。日本では，
海洋汚染防止法に取り込まれており，EEDI は船舶の二酸化炭素排出性能を
示す「二酸化炭素放出抑制指標」として，1トンの貨物を1マイル輸送する
際に船舶が放出する二酸化炭素の量で示され，船舶の用途および大きさに応
じて定められた基準値を満たすことを求めている（19条の26）。SEEMP は，
いわば省エネ運航計画であり，「二酸化炭素放出抑制航行手引書」として，
船舶からの二酸化炭素放出量を削減するための取組内容や削減目標などを記

(8)京都議定書は，「附属書Ⅰに掲げる締約国は，国際民間航空機関及び国際海事機関を
　通じて活動することにより，航空機用及び船舶用の燃料からの温室効果ガス（モント
　リオール議定書によって規制されているものを除く。）の排出の抑制又は削減を追求
　する。」（2条2項）と規定し，IMO 及び国際民間航空機関（ICAO）の対応に委ねて
　いる。
(9)ちなみに国際航空は世界全体の1.8％を占めており，国別では，中国28.4％，米国
　14.7％，EU（欧州連合）9.2％，インド6.9％，ロシア4.7％，日本3.2％と並ぶ。国土交
　通省海事局『海事レポート2022』（国土交通省 Web サイト参照）9頁参照。

載するもので，船舶所有者は当該手引書を作成し，国交大臣の承認を受けなければならない（19条の25）。

IMO は，既に就航している船舶（現存船）に対しては，2021年に燃費規制（Energy Efficiency Existing Ship Index：EEXI）および燃費実績格付制度（Carbon Intensity Indicator：CII）を導入した（2022年11月発効，2023年1月適用開始）。EEXI は，2023年時点の新造船の EEDI 規制値と同等に設定され，未達成の場合には新造船への更新をも促すものである。CII は，船舶の1年間の燃費実績について5段階で格付けを行い，低評価の船舶に対して改善計画の作成などを求めることで，継続的な省エネ運航を促すものである。日本においては，海洋汚染防止法施行規則の改正によって導入されている（同規則38条）。

IMO は，2018年4月に「GHG 削減戦略」[10]を採択し，2050年までに少なくとも GHG の排出を2008年比50％削減し，今世紀中に排出ゼロを実現することを打ち出している。外航海運という特定産業について世界共通の野心的な目標が示され，世界各国・関係業界が努力を続けていることは注目に値する。

(2)　海底下での二酸化炭素の貯留

1972年のロンドン条約（廃棄物その他の物の投棄による海洋汚染の防止に関する条約。1975年発効）は，陸上で発生した廃棄物の海洋投棄や洋上焼却による海洋汚染を防止するもので，同条約の1996年議定書（2006年発効）は，海底下も海洋の一部とした上で，附属書Ｉに掲げる廃棄物等を除いて海洋投棄を原則として禁止していた。しかし，火力発電所など大規模な二酸化炭素排出源から排出される二酸化炭素を他のガスから分離・回収して，地中または海洋に貯留する手法（Carbon Dioxide Capture and Storage：CCS）が地球温暖化対策のひとつとして有力視され始めたため，同議定書は2006年に附属書Ｉを改正し，CCS のための二酸化炭素を海洋投棄が可能なものとして追加した。

日本では，海洋投棄についても海洋汚染防止法により対応していたが，

---

(10) その全文は，IMO Web サイト参照。

1996年議定書の2006年改正を受けて同法を2007年に改正し，二酸化炭素の海底下廃棄について許可制度を創設した。同制度は，二酸化炭素の海底下廃棄には環境大臣の許可を要するものとし，当該許可申請者は，二酸化炭素を海底下廃棄することが海洋環境に及ぼす影響について事前に評価をしなければならず，また，廃棄後には当該海域の状況について監視しなければならない。二酸化炭素の海底下での貯留は，地球温暖化対策のひとつとして大きな期待が寄せられるものであり，日本でも2012年度より北海道苫小牧市で実証実験が始まっている[11]。

4　バラスト水問題

バラスト水とは，貨物が無いときに船舶を安定させる重しとして船のタンクに取り込まれ，貨物を積むときには船舶から海中に放出されるもので，2004年のバラスト水管理条約においては，「船舶の縦傾斜，横傾斜，喫水，復原性又は応用力を制御するため，懸濁物質と共に船舶に取り入れられた水」と定義される。

バラスト水は，海水中の水生生物や病原菌を含んでいるため，それら生物等も船舶の移動とともに本来の生息地以外の海域に移動することとなり，排水されると，そこでの生態系を破壊したり，漁業に悪影響を及ぼしたり，伝染病を拡散させる危険などを生じさせる。たとえば，1970年代にアメリカ大陸東岸のクラゲがバラスト水を通じて黒海に侵入し，そこでのアンチョビ漁業を崩壊させたと言われている。

バラスト水についての国際的な議論は1970年代に本格化し，IMO は1973年に「伝染病バクテリアを含むバラスト水排出の影響調査を求める決議」を採択した。作業部会等での検討を経て1993年には総会決議として「船舶バラスト水・沈殿物排出による好ましくない生物・病原体侵入防止のためのガイドライン」を作成した。その後，同ガイドラインの改正や条約作成に向けた準備が続き，バラスト水規制管理条約が採択され，2017年に発効した。同条

---

(11) 当該実験の紹介につき，苫小牧市 Web サイト参照。

約では，基準値を超えるバラスト水の排出を禁止するとともに，船舶ごとに
バラスト水管理計画の作成・実施やバラスト水記録簿を備えることを義務づ
け，また，船舶に設置すべきバラスト水処理装置について旗国検査および寄
港国検査の仕組みが導入されている。

　日本では，同条約について海洋汚染防止法等を改正し国内で実施してい
る。同法では「最少径50マイクロメートル以上の水中の生物の数が 1 立方
メートル当たり10個以上」や「最少径10マイクロメートル以上50マイクロ
メートル未満の水中の生物の数が 1 立方センチメートル当たり10個以上」が
含まれるバラスト水などを「有害水バラスト」として，その船舶からの排出
を禁止し，船舶所有者に対して所定の有害水バラスト処理設備の設置を求
め，また，船舶ごとに有害水バラスト汚染防止管理者の選任，有害水バラス
ト汚染防止措置手引書および水バラスト記録簿の作成・備置等を義務付けて
いる。有害バラスト水の処理は，フィルタリング（濾過），電気分解（銀・銅
イオンによる処理），UV 照射（紫外線による殺菌処理），薬剤注入（塩素などの
薬剤による殺菌処理）などが単独または組み合わせて行われる。

5　旗国検査と寄港国検査

　MARPOL 条約などの条約では，実効性を高めるために旗国検査（自国を
船籍国とする船舶の条約適合性等について当該旗国が行う検査）と寄港国検査
（自国に寄港する外国籍の船舶の条約適合性等について当該寄港国が行う検査）と
が用意されている。条約の対象となる船舶は，旗国検査を経て，条約の基準
に適合していることを証明する証書の発給を受け，寄港した際には，寄港国
検査において当該証書を寄港国に提示するという仕組みである。寄港国検査
の際に適切な証書を提示できず，条約の基準に適合していないことが判明し
た場合には，寄港国は当該船舶の出航を禁ずることなどが認められている。

　海洋汚染防止法では，MARPOL 条約の証書に相当するものとして，国土
交通大臣が検査を経て発給する海洋汚染等防止証書を踏まえて交付する国際
海洋汚染等防止証書があり，所定の船舶は有効な当該証書を受けなければ航
行等をしてはならないとしている。

いずれの検査も条約上の仕組みであるため，一般的な国際法の考え方によれば，当該条約を締結していない国の船舶に対して，その条約を適用することは不可能である。しかし，非締約国の船舶が締約国の船舶よりも有利な取り扱いを受けない（No more favorable treatment）とする考え方に基づき，たとえば，MARPOL 条約では「締約国は，この条約の締約国でない国の船舶が一層有利な取扱いを受けることのないよう，必要な場合にはこの条約を準用する」と明記され，条約の締約国にならないことがメリットを生み出さないよう工夫がなされている。

第22章

文化財保護と法

I　文化財保護制度の発展

1　将来世代への継承

　日本には，歴史的建造物や美術工芸品など価値のある文化財が数多く残されている。これら貴重な文化財は国や地域の歴史や文化を私たちに伝えてくれるものであるため，十分に保護していくことが重要であるが，これらを単に過去の遺産として守るだけでなく，文化財が先人たちの弛まぬ努力によって守り受け継がれてきたものであることを意識しながら，現代に生きる者の責務として将来世代へと確実に継承していくことが必要である。

2　文化財保護制度の変遷

　日本では，主に文化財保護法の下で文化財の保護が行われている[1]が，文化財保護に関する法制度は，明治以降，その時代の社会情勢を背景として発展を遂げてきた[2]。

（1）文化財関係法令として，他にも「地域における歴史的風致の維持及び向上に関する法律」，「文化財の不法な輸出入等の規制等に関する法律」，「美術品の美術館における公開の促進に関する法律」などが存在するが，本章では文化財保護法の下での保護に焦点を当てる。

306

(1) 文化財保護法制定以前の法制度

近代国家としての日本における初めての文化財保護に関する法令は，欧化主義や廃仏毀釈の流れによる文化財の滅失等を背景に1871年に発せられた太政官布告「古器旧物保存方」である。

その後，日清戦争を経て古社寺保存の機運が高まり，1897年に「古社寺保存法」が制定された。同法は，古社寺の建造物や宝物類の保護を目的としたものであり，それらの維持・修理が困難な社寺に対する国の補助を定めるとともに，「特ニ歴史ノ証徴又ハ美術ノ模範トナルヘキモノ」を内務大臣（1913年6月以降は文部大臣）が「特別保護建造物」または「国宝」に指定すること，また，指定された文化財の処分・差押の禁止や出品命令などを規定していた。同法による保護の対象は古社寺関連の文化財に限定されていたものの，重要な文化財の指定，指定文化財の管理・修理・公開，国による助成等が法制度化されており，現在の文化財保護法の下での保護制度の原型といえる。

古社寺保存法により古社寺関連の文化財の法的保護が図られたが，古墳・貝塚などの史跡や天然記念物については通達等による保護にとどまっていた。そのような中，日清・日露戦争を経て急速な近代化が進んだ日本では，開発事業に起因する史跡等の破壊が問題視されはじめた。そこで，1919年に「史蹟名勝天然紀念物保存法」が制定され，内務大臣（1928年12月以降は文部大臣）による指定を通じた保護が図られることとなった。

昭和初期には，経済不況による宝物類の散逸などの事態が生じ，また，長年放置されてきた城郭も修理が必要となるなど，古社寺保存法の下では対象外とされた文化財を保護する必要性が生じた。そこで，1929年に古社寺保存法が廃止され，新たに「国宝保存法」が制定された。同法は，「建造物，宝物其ノ他ノ物件」で「特ニ歴史ノ証徴又ハ美術ノ模範ト為ルベキモノ」を主務大臣が「国宝」として指定するとし，保護の対象を拡大するとともに，古

（2）文化財保護制度の変遷については，中村賢二郎『わかりやすい文化財保護制度の解説』（ぎょうせい，2007）14頁以下，文化財保存全国協議会編『文化財保存70年の歴史─明日への文化遺産』（新泉社，2017）14頁以下参照。

社寺保存法の下では特別保護建造物と国宝に区別されていた重要な文化財を国宝に一本化して指定するように改めた。また，新たに，国宝の輸出や現状変更等が許可制となるなど，規制が大幅に強化されている。

　国宝保存法により国宝の輸出は原則として禁止されたが，長引く経済不況により未指定の美術工芸品の海外流出が続出する事態が生じた。そこで，1933年に「重要美術品等ノ保存ニ関スル法律」が制定され，重要な価値があるものの国宝保存法の下では未指定の美術工芸品の認定制度とそれらの輸出等について許可制が導入された。

(2)　文化財保護法の制定

　第二次世界大戦の勃発による文化財の指定・認定の停止，戦中戦後の社会経済の混乱による国宝建造物の荒廃や美術工芸品の海外流失など，日本の文化財保護行政は大きな危機を迎えることとなる。さらに1949年1月26日には，法隆寺金堂の火災により世界最古の木造建造物の壁画が焼失するという事件が発生した。戦後復興の最中に起きたこの事件は国民に強い衝撃を与え，これを契機に文化財保護制度の抜本的な改革を求める世論が高まった。

　これらの事態を背景に，1950年5月に「文化財保護法」が制定され，同法は同年8月29日に施行された。文化財保護法では，これまで複数の法制度の下で文化財の類型ごとに別個に行われていた文化財の保護が1つの法律の下で図られることとなったほか，新たに無形文化財や民俗資料などが対象に加えられた。また，同法により，文化財保護委員会が文部省の外局として設置され，それまで文部省社会教育局の文化財保存課で処理されていた文化財保護事務が移管された。その後，文部省設置法の1968年改正により同委員会は廃止され，文化財保護事務は新たに設置された文化庁に移管されている。

　同法の制定は，日本おける文化財の保護体制を大幅に強化するものであり，複数回にわたる大規模改正を経て現在の姿になっている[3]。

（3）同法の大規模改正については，椎名慎太郎「文化財保護法2018年改定について」『明日への文化財』80号（2019）7頁以下参照。

Ⅱ　文化財保護法

1　目的等

　文化財保護法は，「文化財を保存し，且つその活用を図り，もつて国民の文化的向上に資するとともに，世界文化の進歩に貢献すること」（1条）を目的としており，保護に「保存」と「活用」の両方の意味を込めている。

　同法は，国および地方公共団体の任務として，その保存が適切に行われるよう周到の注意をもって法律の趣旨の徹底に努めなければならないこと，一般国民の心構えとして，国および地方公共団体の措置に誠実に協力しなければならないこと，文化財の所有者等の心構えとして，文化財が貴重な国民的財産であることを自覚し，これを公共のために大切に保存するとともに，公開等その文化的活用に努めなければならないことを規定した上で，国および地方公共団体に対して，関係者の所有権その他の財産権の尊重を義務付けている。

2　国による保護の体系

　文化財保護法は，保護の対象となる文化財を有形文化財，無形文化財，民俗文化財，記念物，文化的景観，伝統的建造物群の6つに分類し[4]，国は，これら文化財のうち重要なものを，指定・選定・登録・選択することにより重点的な保護を行っている[5]。

(1)　指　定

　指定による重点的な保護は，有形文化財，無形文化財，民俗文化財，記念物について制度化されている。なお，国による指定（または指定の解除）

（4）同法は，この分類以外にも「埋蔵文化財」（92条1項）および「文化財の保存技術」（147条）を保護の対象としている。

（5）指定等の基準は，有形文化財の指定に関する「国宝及び重要文化財指定基準」など，文化財の類型ごとに文部科学省の告示で定められている。

は，文部科学大臣が，文化庁に設置されている文化審議会[6]にあらかじめ諮問し，その答申を受けて行う。

　①　有形文化財

　建造物，絵画，彫刻，工芸品，書跡，典籍，古文書などで歴史上または芸術上価値の高いものや，考古資料など学術上価値の高い歴史資料を「有形文化財」と呼ぶ。有形文化財は，一般的に，建造物とそれ以外の美術工芸品に分けられる。

　同法は，文部科学大臣が，有形文化財のうち「重要なもの」を「重要文化財」に，重要文化財のうち「世界文化の見地から価値の高いもので，たぐいない国民の宝たるもの」を「国宝」に指定することができるとし，二段階の指定制度を採用している。

　②　無形文化財

　演劇，音楽，工芸技術その他の無形の文化的所産で歴史上または芸術上価値の高いものを「無形文化財」という。

　文部科学大臣は，無形文化財のうち「重要なもの」を「重要無形文化財」に指定することができ，指定にあたっては，それらの保持者または保持団体を認定しなければならない。

　③　民俗文化財

　衣食住，生業，信仰，年中行事等に関する風俗慣習，民俗芸能，民俗技術やこれらに用いられる衣服，器具，家屋などで国民の生活の推移の理解のため欠くことのできないものを「民俗文化財」と呼ぶ。民俗文化財は，風俗慣習などの無形民俗文化財とこれらに用いられる有形民俗文化財に分類される。

　文部科学大臣は，有形民俗文化財のうち「特に重要なもの」を「重要有形民俗文化財」に，無形民俗文化財のうち「特に重要なもの」を「重要無形民俗文化財」に指定することができる。

（6）文化審議会における文化財関連の調査審議は同審議会に置かれる文化財分科会が行うこととされており，調査審議を円滑に行うため，同分科会には6つの専門調査会が設けられている。

④　記念物

貝塚，古墳，都城跡，城跡，旧宅などの遺跡で歴史上または学術上価値の高いもの，庭園，橋梁，峡谷，海浜，山岳などの名勝地で芸術上または観賞上価値の高いもの，動物（生息地等を含む），植物（自生地を含む），地質鉱物（特異な自然の現象が生じている土地を含む）で学術上価値の高いものを「記念物」と呼ぶ。

文部科学大臣は，記念物のうち「重要なもの」をそれぞれ「史跡」，「名勝」，「天然記念物」に，そのうち「特に重要なもの」を「特別史跡」，「特別名勝」，「特別天然記念物」にそれぞれ指定することができるとされ，有形文化財と同様，二段階指定制度が採用されている。なお，記念物については，国による指定前に都道府県または指定都市の教育委員会が行う仮指定制度も存在する。

⑵　選　　定

選定は，文化的景観および伝統的建造物群を対象とする。なお，選定（または選定の解除）についても，文化審議会への諮問が必要である。

①　文化的景観

地域における人々の生活または生業および当該地域の風土により形成された景観地で国民の生活または生業の理解のため欠くことのできないものを「文化的景観」と呼ぶ。

文部科学大臣は，都道府県または市町村の申出に基づき，景観法に規定する景観計画区域または景観地区内にある文化的景観であって，当該地方公共団体がその保存のため必要な措置を講じているもののうち「特に重要なもの」を「重要文化的景観」として選定することができる。

②　伝統的建造物群

周囲の環境と一体をなして歴史的風致を形成している伝統的な建造物群で価値の高いものを「伝統的建造物群」という。

市町村は，都市計画法により指定された都市計画区域または準都市計画区域においては都市計画に，それ以外の区域においては条例の定めるところにより，伝統的建造物群保存地区を定めることができ，文部科学大臣は，市町

村の申出に基づき，当該区域の全部または一部で「価値が特に高いもの」を
「重要伝統的建造物群保存地区」として選定することができる。

(3)　登　録

　日本では，古都保存法の時代から，文化財保護制度の中心は国主導による
指定であったが，保護対象や保護措置の拡大といった観点から，文化財保護
法の1996年改正において，文化財登録原簿への登録制度が導入された。同制
度は，国が重要な文化財を厳選し強い規制を通じた保護を行う指定制度を補
完するものであり，指定には至らないものの保護すべき文化財を登録し，届
出制と指導・助言・勧告を基本とした保護を行うものである。文化財の所有
者が登録の申請を行うことも可能であり，国主導の指定制度とは厳密に区別
されるべき制度である[7]。

　有形文化財の登録について，文部科学大臣は，国または地方公共団体が指
定しているものを除く有形文化財のうち，その価値に鑑み，「保存及び活用
のための措置が特に必要とされるもの」を，文化審議会への諮問のうえ，文
化財登録原簿に登録することができる。なお，国による文化財の登録につい
ては，原則として関係地方公共団体の意見を聴くものとされており，国と地
方公共団体との連携が重視されている。

　導入当初，登録の対象は有形文化財のうち建造物に限定されていたが，
2004年改正によって，その対象が美術工芸品，有形民俗文化財，記念物にも
拡大され，さらに2021年改正においては，無形文化財，無形民俗文化財も対
象に加えられた。

(4)　選　択

　文化庁長官は，指定・登録されていない無形文化財および無形民俗文化財
のうち「特に必要のあるもの」を文化審議会への諮問のうえ選択し，記録の
作成・保存・公開等の措置を講じることができる。

（7）佐滝剛弘『登録有形文化財―保存と活用からみえる新たな地域のすがた』（勁草書
　　房，2017）23頁。

312

文化財の体系図

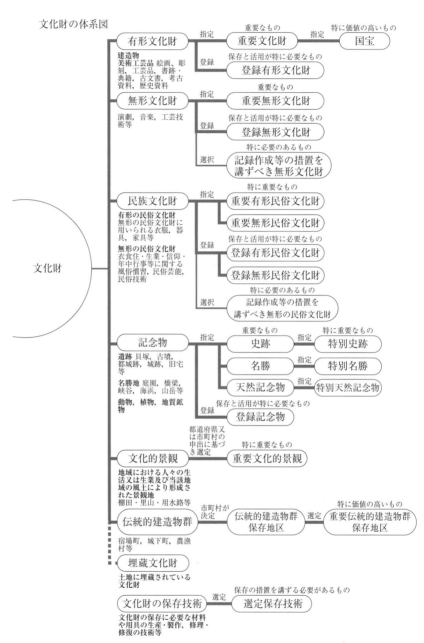

出典：文化庁「文化財の体系図」

3　有形文化財の保護

　文化財の指定等の措置にはどのような法律効果があるのだろうか。ここでは，文化財の分類のうち，国による指定・登録の件数が最も多い有形文化財[8]について，文化財保護法が定める主な効果を概観する。

(1)　管理・修理

　有形文化財の価値を長く維持するためには，適切な管理と周期的な修理が不可欠であることから，文化財保護法はそれらの管理・修理について詳細な規定を置いている。

①　管理の主体

　重要文化財および登録有形文化財は原則として所有者が管理義務を負い，文化庁長官は，重要文化財の管理に関し必要な指示をすることができる。なお，登録有形文化財の管理に関する指示については規定されていない。

②　管理責任者・管理団体

　重要文化財および登録有形文化財の所有者は，適切な管理のため必要があるときは，自己に代わって文化財保存活用支援団体等を管理責任者に選任することができる。

　また，所有者が判明しない場合や，所有者または管理責任者による管理が著しく困難または不適当であると明らかに認められる場合には，文化庁長官は，適当な地方公共団体その他の法人を管理団体に指定し，必要な管理等を行わせることができる。なお，登録有形文化財については，関係地方公共団体の申出がある場合に管理団体を指定できる。

　管理責任者は文化財の管理についてのみ所有者に代わる権利義務を有するが，管理団体は管理のみならず修理や公開についても権利義務を有し，これらの費用も原則として管理団体が負担することとなる。

---

(8) 2023年6月1日現在，建造物については5373棟2557件が重要文化財（そのうち294棟230件が国宝）に，美術工芸品については10820件が重要文化財（そのうち902件が国宝）にそれぞれ指定されている。

③　修理の主体

　重要文化財および登録有形文化財の修理は，所有者または管理団体が行う。

④　届出義務

　重要文化財および登録有形文化財の管理・修理においては，原則として，以下のような文化庁長官への届出義務が課せられる。なお，登録有形文化財について，重要文化財について課せられる修理の届出義務は規定されていない。

項　　目	届出を行う者	期　　限	根　　拠
管理責任者の選任・解任	所有者（管理責任者との連署）	20日以内	31条3項，60条4項
所有者の変更	新たな所有者	20日以内	32条1項，60条4項
管理責任者の変更	所有者（新たな管理責任者との連署）	20日以内	32条2項，60条4項
所有者・管理責任者の氏名・名称・住所変更	所有者，管理責任者，管理団体	20日以内	32条3項，60条4項
全部又は一部の減失・毀損・亡失・盗難	所有者，管理責任者，管理団体	10日以内	33条，61条
所在変更	所有者，管理責任者，管理団体	20日前まで	34条，62条
重要文化財の修理	所有者，管理団体	30日前まで	43条の2第1項

⑤　費用の補助

　政府は，重要文化財の管理・修理のための費用の一部を補助することができる。なお，登録有形文化財についての補助は規定されていないが，実際は，建造物の修理等にかかる設計監理費の2分の1を国が補助している[9]。

⑥　命令・勧告

　重要文化財を管理する者が不適任であるなどの理由で減失・毀損・盗難のおそれがあると認められる場合には，文化庁長官は，その管理について必要な措置を命令・勧告することができる。国宝が毀損している場合には，文化

（9）文化庁『登録有形文化財建造物制度の御案内—建物と地域と文化に』（2020）6頁。

庁長官は，修理について命令・勧告を，国宝以外の重要文化財が毀損してい
る場合には修理の勧告をすることができる。修理についての命令・勧告に関し
ては，国宝と国宝以外の重要文化財で扱いが異なる点に注意が必要である。
なお，管理・修理についての命令は，文化審議会の必要的諮問事項である。

⑦　国宝の修理等の直接執行

重要文化財の所有者等が，管理・修理についての命令に従わないとき，ま
たは国宝が毀損している若しくは滅失・毀損・盗難のおそれがある場合に所
有者等に修理や防止の措置をさせることが適当でないと認められるときは，
文化庁長官は，文化審議会に諮問の上，国宝について自ら修理を行い，また
は滅失・毀損・盗難の防止の措置をすることができる[10]。

これら国による直接執行にかかる費用は国庫負担とされ，原則として費用
の一部を所有者等から徴収することができる。

⑧　その他

他にも，文化財保護法には，重要文化財の管理・修理の委託，重要文化
財・登録有形文化財の管理・修理に関する技術的指導の要求，重要文化財に
ついての国の優先買取権などが規定されている。

(2)　現状変更等

重要文化財に関し，現状を変更または保存に影響を及ぼす行為（以下，
現状変更等）をしようとするときは，文化庁長官の許可を受けなければなら
ない[11]。文化庁長官は，許可を与える際，その条件として必要な指示をす
ることができ，相手方がそれに従わなかった場合には，停止を命じまたは許
可を取消すことができる。なお，現状変更等の許可は文化審議会の必要的諮
問事項である。ただし，現状変更については維持の措置または非常災害のた

---

(10) 文化庁長官は，修理等の直接執行につき，都道府県教育委員会に委託することができ
　　る（186条1項）。
(11) 現状変更等のうち，（1）建造物である重要文化財と一体のものとして重要文化財に
　　指定された土地などの現状変更等，および（2）金属，石又は土で作られた重要文化
　　財の型取りに係る許可等は都道府県，指定都市又は中核市の教育委員会が（184条1
　　項2号，施行令5条3項1号），文化庁長官が許可した現状変更等の停止命令は都道
　　府県教育委員会が行う（施行令5条1項2号）。

316

めに必要な応急措置を執る場合，保存に影響を及ぼす行為については影響が軽微である場合には許可を要しない。

　文化庁は，許可が必要とされる現状変更の例として，建造物を建築当時またはある時期の姿に復原する行為，構造補強などの保存管理上の行為，身体障害者用エレベーターの設置など活用のための行為を，保存に影響を及ぼす行為の例として，建造物隣接地における大規模掘削など，物件の形状に直接的物理的な変化を生ずるものではないが，材質などに化学変化を起こしまたは経年変化を促進させる行為を挙げている(12)。なお，登録有形文化財については許可制ではなく，現状変更の場合にのみ，原則として30日前までの文化庁長官への届出義務が課されている。

　(3)　輸　出

　重要文化財は，文化庁長官が特に必要と認めて許可した場合にのみ輸出が認められる。登録有形文化財の輸出については届出制とされている。

　(4)　環境保全

　倒木や崖崩れなどの災害による悪影響が及ばないよう，建造物周辺の環境には配慮が必要である。そこで文化財保護法は，重要文化財について，文化庁長官が文化審議会への諮問のうえ，地域を定めて一定の行為の制限・禁止または必要な施設を命ずることができるとする。なお，当該命令が特定の者に対して行われる場合には，聴聞を行わなければならない。

　(5)　報告の徴収と実地調査

　文化庁長官は，重要文化財および登録有形文化財の所有者等に対し，それらの現状等につき報告を求めることができる。また，文化庁長官は，重要文化財について，現状変更等の許可の申請があったときや，それらが毀損しているときなど特別な事情がある場合に，報告によっても状況の確認ができず，かつ他に方法がないと認めるときは，実地調査をすることができる(13)。なお，登録有形文化財についての実地調査は認められていない。

(12) 文化庁『国宝・重要文化財建造物—保存・活用の進展をめざして』(2020) 9頁。
(13) 報告の徴収と実地調査の一部は，都道府県，指定都市又は中核市の教育委員会が行う(184条1項5号，施行令5条3項3号)。

⑹　公　開

　文化財の保護には保存と活用の両方の意味が込められていることから，文化財を日常的に管理・修理するだけでは目的は達成されない。価値のある文化財を将来世代へと確実に継承していくためには，美術工芸品を広く国民に公開したり，建造物を公開活用したりすることで，国民1人1人が文化財に親しみ，理解を深めていくことが不可欠である[14]。重要文化財および登録有形文化財の公開は所有者または管理団体が行うが，第三者が，文化財保護法の下でそれらを公開することも可能である。

　重要文化財については，文化庁長官が，所有者等に対し，3ヶ月以内の期間を限って公開の勧告を，1年以内の期間を限って，国立博物館等において文化庁長官の行う公開のための出品の勧告をすることができる。また，管理・修理につき国が費用を負担しまたは補助金を交付したものについては公開または出品の命令をすることができる[15]。なお，重要文化財について，所有者または管理団体以外の者が主催する展覧会等においてそれらを公開しようとするときは，原則として，文化庁長官の許可が必要である。登録有形文化財については公開や出品の命令・勧告は規定されていないが，文化庁長官は，所有者等に対し，公開等について必要な指導または助言をすることができる。

⑺　保存活用計画

　個々の文化財の確実な継承のため保存活用制度の見直しを図るという観点から，2018年改正において「重要文化財保存活用計画」および「登録有形文化財保存活用計画」の制度が導入されており，重要文化財および登録有形文化財の所有者または管理団体は，これらの保存活用計画を作成し，文化庁長官の認定を申請することができる。

---

(14)文化財の活用には公開，教育，まちづくり，観光振興などの側面があるが，ここでは文化財保護法の定める「公開」についてのみ触れる。
(15)国立博物館等における公開について，文化庁長官は，出品された重要文化財の管理事務を，公開を行う施設が所在する都道府県，指定都市又は中核市の教育委員会が行うことができる（185条1項，施行令7条1項）。

重要文化財保存活用計画が認定を受け，当該計画に記載された現状変更等を行う場合には文化庁長官の許可ではなく事後的な届出でよいとされ，また，当該計画に記載された修理を行う場合にも事後の届出でよいとされている[16]。また，登録有形文化財保存活用計画が認定を受けた場合に，当該計画に記載された現状変更を行う場合にも，事後的な届出でよいとされる。

(8)　**重要文化財の損壊等に対する罰則**

重要文化財を損壊，毀損または隠匿した者は，5年以下の懲役若しくは禁錮または100万円以下の罰金に処するとされているが，それらが所有者によって行われた場合には，2年以下の懲役若しくは禁錮または50万円以下の罰金若しくは科料に処すると量刑が軽減されている。

Ⅲ　国際的な取組み

1　ユネスコによる文化財保護の取組み

国際連合専門機関であるユネスコ（United Nations Educational Scientific and Cultural Organization: UNESCO）は，歴史的・文化的に価値のある文化財を「人類共通の遺産」であると捉え，国際的な視点から文化財保護の取組みを行っており，ユネスコ総会においては，数多くの文化財保護関連の条約や勧告が採択されている。

ユネスコが関与した文化財保護関連の条約には，「武力紛争の際の文化財の保護に関する条約」（1954年），「文化財の不法な輸出，輸入及び所有権譲渡の禁止及び防止に関する条約」（1970年），「世界の文化遺産及び自然遺産の保護に関する条約（世界遺産条約）」（1972年），「水中文化遺産保護に関する条約」（2001年）および「無形文化遺産の保護に関する条約」（2003年）がある。このうち，国際的な文化財保護の取組みとして広く知られている世界

---

(16)重要文化財に指定された美術工芸品について，計画の認定を受けた上でそれらを美術館等に寄託した場合には，租税特別措置法に基づく相続税の納税猶予等が行われる場合がある。

遺産条約に基づく文化財保護制度について概観する。

2　世界遺産条約

⑴　世界遺産条約とは

　世界遺産条約は，「文化遺産」および「自然遺産」を全人類のための世界の遺産として，損傷・破壊等の脅威から保護するための国際的な協力・援助体制の確立を目的として，1972年11月16日に採択され，1975年12月17日に発効したものである[17]。2023年5月現在194ヶ国が締約国となっており，日本も1992年に同条約を批准している。

　世界遺産条約が保護の対象としている「文化遺産」とは，記念工作物，建造物群，遺跡であって顕著な普遍的価値を有するものをいう。締約国は，自国の領域内に存在する文化遺産および自然遺産を認定し，保護・保存・整備し，また将来世代へ継承しなければならず，その履行のために最善を尽くさなければならない。

⑵　「世界遺産リスト」と「危機遺産リスト」

　世界遺産条約の定める主な保護措置に「世界遺産リスト」への記載がある。ユネスコには「顕著な普遍的価値を有する文化遺産及び自然遺産の保護のための政府間委員会（世界遺産委員会）」が設置されており，同委員会は，各締約国によって作成・提出された世界遺産候補物件目録（暫定リスト）に記載された物件のうち締約国によって推薦されたものについて，顕著な普遍的価値を有すると認めるものを世界遺産リストに記載する。記載の基準や手続は「世界遺産条約履行のための作業指針」（以下，作業指針）で示されており，委員会は，専門機関[18]による評価・勧告をもとに，候補物件の記載を判断する。2023年5月現在，文化遺産900件，自然遺産218件，両者の複合遺

---

(17)1960年代，ユネスコは，エジプトのヌビア遺跡（アブ・シンベル神殿など）をアスワン・ハイ・ダムの建設工事に伴う水没の危機から救うため，遺跡群の移築保存運動を行った。この運動によって「人類共通の遺産」という考え方が広がり，世界遺産条約の採択へと繋がった。公益社団法人日本ユネスコ協会連盟 Web サイト参照。
(18)文化遺産については国際記念物遺跡会議（ICOMOS）が，自然遺産については国際自然保護連合（IUCN）がそれに当たる。

締約国による暫定リスト の作成，物件の推薦	→	専門機関による 評価・勧告	→	世界遺産委員会による 世界遺産リストへの記 載の決定

産39件が世界遺産リストに記載されている[19]。

　また，世界遺産委員会は，世界遺産リストに記載されている物件のうち，重大かつ特別な危険にさらされている物件で，保存のために大規模な作業が必要とされ，かつ条約の規定に基づいて援助が要請されているものを「危機にさらされている世界遺産リスト」（危機遺産リスト）に記載する。2023年5月現在，文化遺産39件，自然遺産16件が危機遺産リストに記載されている。

　世界遺産条約に基づき，締約国の分担金や寄付金等を財源とする「世界遺産基金」が設立されており，締約国は，世界遺産リストに記載されている物件について，同基金を第一の資金源とした国際援助を要請することができる。なお，作業指針によると，国際援助は，危機遺産リストに記載されている物件を優先するとされている。

COLUMN 1

地方公共団体による文化財保護

　文化財保護法制定以前，文化財保護行政は原則として国の専属的な権限に属するとされ，地方公共団体に認められていた権限はごく限られたものに過ぎなかった。その後，同法の制定・改正により，条例に基づく文化財の指定制度（182条2項）等が導入され，地域の実情に応じた保護措置が執られるようになる。また，2000年の地方分権一括法施行に伴い，国の権限の一部が教育委員会に移譲され，地方公共団体による文化財保護体制がさらに強化された。

　近年，過疎化や少子高齢化を背景とした文化財の滅失・散逸等の防止が緊急の課題とされ，文化財をまちづくりに活かしつつ，地域社会総がかりでそ

---

(19)日本では1993年12月に「法隆寺地域の仏教建造物」および「姫路城」が文化遺産として，「屋久島」および「白神山地」が自然遺産として世界遺産リストに初めて記載され，2023年5月現在，文化遺産20件と自然遺産5件が記載されている。

の継承に取り組んでいくことが必要であると考えられている。

このような観点から，地方公共団体による保護の強化を図るための法改正が活発化しており，たとえば，文化財保護法の2018年改正では，都道府県教育委員会による「文化財保存活用大綱」（183条の2）や，市町村教育委員会による「文化財保存活用地域計画」（183条の3）が法制度化されたり，市町村教育委員会による「文化財保存活用支援団体」の指定制度が導入されている（192条の2）。また，同改正に併せた「地方教育行政の組織及び運営に関する法律」の改正では，地方公共団体の教育委員会が所管している文化財保護の事務を，条例の定めるところにより，首長部局に移管することができる（23条1項4号）とされた。

また，文化財保護法の2021年改正では，条例に基づく文化財の登録制度（182条3項）が導入されるとともに，地方公共団体が登録した文化財であって，国によって登録されることが適当であると思慮するものについて，教育委員会が文部科学大臣に対し，国の文化財登録原簿への登録を提案することができるようになった（182条の2第1項）。

COLUMN 2

武力紛争と文化財保護

第二次世界大戦における文化財の破壊を背景に，ユネスコの主導により，武力紛争時における文化財の保護を目的とした「武力紛争の際の文化財の保護に関する条約」および「第一議定書」が1954年5月14日に作成された（1956年8月7日発効）。

条約は，保護の対象として，「(a)：各人民にとってその文化遺産として極めて重要である動産又は不動産」，「(b)：(a) に規定する動産の文化財を保存し，または展示することを主要なおよび実際の目的とする建造物」，「(c)：(a) および (b) に規定する文化財が多数所在する地区」を挙げており（1条），締約国はこれらを保全し尊重する義務を負う。

条約には，保全の義務として，締約国は，適当と認める措置をとることにより，自国の領域内に所在する文化財を武力紛争による予見可能な影響から保全することにつき，平時において準備すること（3条），尊重の義務として，締約国が①絶対的にやむを得ない軍事上の必要がある場合を除き，武力紛争時に自国及び他の締約国の領域内に所在する文化財等を破壊または損傷

の危険にさらすおそれがある目的のために使用してはならず，また当該文化財に対する敵対行為を差し控えること，②文化財の盗取・略奪・横領・損壊の禁止・防止・停止，③復仇の手段として行われる文化財に対するいかなる行為をも差し控えること（4条）が規定されている。

　また，条約は「武力紛争の際に動産の文化財を収容するための避難施設」，「記念工作集中地区」，「特に重要な不動産の文化財」が，大規模工業地区または重要軍事目標から十分な距離を置いて所在し，軍事的目的のために利用されていない場合に，それらを特別の保護の下に置くことができる（8条1項）としていた。

　さらに，1990年代に入り，民族・宗教紛争において文化財の破壊が続いたことから，条約を補足するものとして1999年3月26日に「第二議定書」が作成された（2004年3月9日発効）。

　日本は，1954年9月6日に条約に署名したものの長い間批准には至らなかったが，2007年4月27日に「武力紛争の際の文化財の保護に関する法律」が制定され，同年9月10日に条約と両議定書を批准している。

事項索引

324

執筆者紹介（五十音順）

奥田　進一（拓殖大学教授）　第１章、第２章、第５章

神山　智美（富山大学教授）　第14章、第17章

久米　一世（中部大学准教授）　第11章、第18章

黒坂　則子（同志社大学教授）　第３章、第９章

鳥谷部　壌（摂南大学講師）　第13章、第20章

長島　光一（帝京大学講師）　第６章、第７章、第15章

野村　摂雄（明治学院大学非常勤講師）　第10章、第21章

林　　晃大（近畿大学教授）　第４章、第22章

原島　良成（中央大学教授）　第８章、第19章

二見絵里子（東京経済大学講師）　第12章、第16章

編　者

奥田　進一（おくだ　しんいち）

　　昭和44年　神奈川県川崎市生まれ
　　平成 5 年　早稲田大学法学部卒業
　　平成 7 年　早稲田大学大学院法学研究科修士課程修了
　　現職：拓殖大学政経学部教授
　　専攻：民法、環境法

長島　光一（ながしま　こういち）

　　昭和58年　東京都葛飾区生まれ
　　平成18年　明治大学法学部卒業
　　平成28年　明治大学大学院法学研究科博士後期課程単位取得退学
　　現職：帝京大学法学部講師
　　専攻：民事訴訟法、環境法、医事法

環境法──将来世代との共生──

令和 5 年 9 月10日　初　版第 1 刷発行

　　　編　　者　　奥　田　進　一
　　　　　　　　　長　島　光　一
　　　発行者　　阿　部　成　一

〒162-0041　東京都新宿区早稲田鶴巻町514

発行所　株式会社　成　文　堂

電話03(3203)9201㈹　FAX03(3203)9206
http://www.seibundoh.co.jp

製版・印刷・製本　藤原印刷
©2023　Okuda, Nagashima　Printed in Japan
☆乱丁・落丁本はおとりかえいたします☆
ISBN978-4-7923-3433-8　C3032

定価（本体3000円＋税）